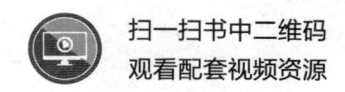

新型工业化・新计算・大学计算机系列

计算机与
大数据基础

主　编◎缪春池　张义刚
副主编◎张　英　蒋义军　林　珣
　　　　郭黎明　陈　蓓　周　峰

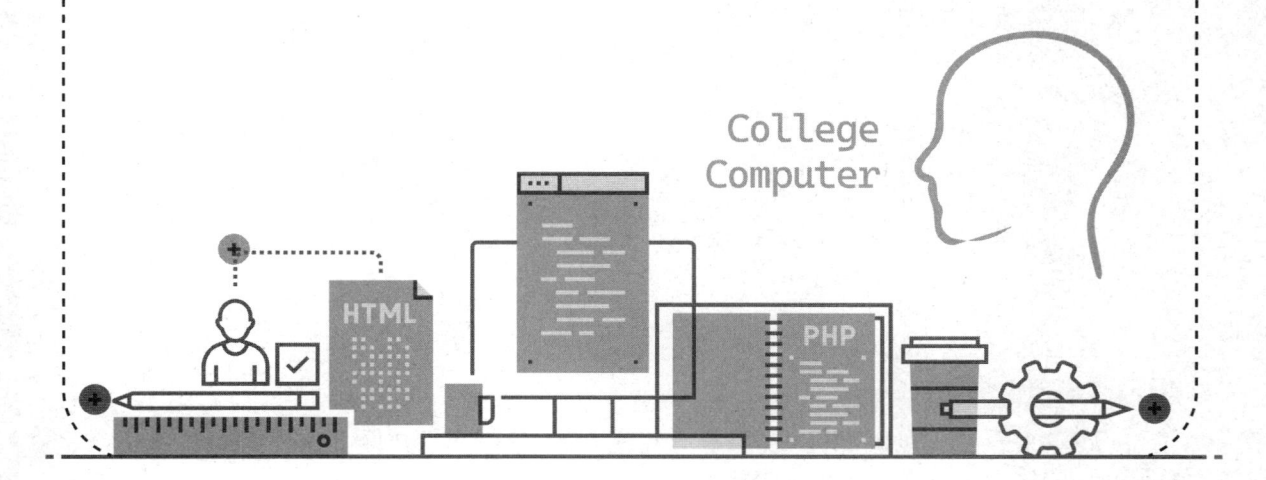

电子工业出版社
Publishing House of Electronics Industry
北京・BEIJING

内 容 简 介

本书是结合大学计算机通识教育课程的教学要求，顺应计算机各领域技术的发展，服务于大学计算机通识基础课程的教材。本书的教学目标是培养学生的计算机素养，使其掌握基本的计算机知识，熟练地使用常用操作系统，认识和掌握数据处理的主要工具，具备对数据进行处理和分析的能力。教材的知识由浅入深、层层递进，既有讲述计算机基础知识和操作技能的章节，又组织了数据处理这条主线，形成从电子表格到数据库应用，再到大数据基础的数据处理脉络。教材提供丰富的操作实例，让学生从理论到实践都有更深刻的学习体验。

本书分为 5 章，各章内容如下：第 1 章计算机与信息技术基础，包括计算机系统的构成、计算机中数据的表示和存储、计算机网络和信息安全等；第 2 章计算机操作系统，包括 Windows 10 操作系统和 Linux 操作系统；第 3 章 WPS 电子表格，介绍如何对数据进行高效的计算、统计和分析处理；第 4 章数据库应用基础，讲述数据库系统基本概念，介绍 PostgreSQL 数据库的建立和查询，增强学生对数据处理的进一步认识和理解；第 5 章大数据基础，介绍大数据的概念和关键技术，列举和分析与大数据相关的应用案例。

本书适合作为高等院校各专业本科生计算机基础课程的教材，也可以作为其他对计算机基础，尤其是数据处理感兴趣的读者的参考书。

未经许可，不得以任何方式复制或抄袭本书之部分或全部内容。
版权所有，侵权必究。

图书在版编目（CIP）数据

计算机与大数据基础 / 缪春池，张义刚主编.
北京：电子工业出版社，2025. 5. -- ISBN 978-7-121-50188-3

Ⅰ. TP3；TP274
中国国家版本馆 CIP 数据核字第 2025669QB9 号

责任编辑：刘 瑀
印　　刷：三河市龙林印务有限公司
装　　订：三河市龙林印务有限公司
出版发行：电子工业出版社
　　　　　北京市海淀区万寿路 173 信箱　邮编：100036
开　　本：787×1 092　1/16　印张：16　字数：410 千字
版　　次：2025 年 5 月第 1 版
印　　次：2025 年 5 月第 1 次印刷
定　　价：69.00 元

凡所购买电子工业出版社图书有缺损问题，请向购买书店调换。若书店售缺，请与本社发行部联系，联系及邮购电话：(010) 88254888，88258888。
质量投诉请发邮件至 zlts@phei.com.cn，盗版侵权举报请发邮件至 dbqq@phei.com.cn。
本书咨询联系方式：liuy01@phei.com.cn。

前言

云计算、大数据、区块链、人工智能等不断涌现的新名词和新热点,彰显了计算机技术的飞速发展,也不断拓展着计算机知识领域的深度和广度,同时要求大学计算机通识基础教育必须与时俱进,不断地更新、升级,满足新时代人才培养的需求。

本书是结合大学计算机基础课程的教学要求和长期的教学经验,不断顺应计算机各领域技术的发展及人才培养目标的升级,精心打造的、服务于大学计算机通识教育课程的教材。

本书的教学目标是培养学生的计算机素养,使其掌握基本的计算机知识,熟练地使用常用操作系统,认识和掌握数据处理的主要工具,具备对数据进行处理和分析的能力。教材的知识由浅入深、层层递进,既有讲述计算机基础知识和操作技能的章节,又包含数据处理这条主线,形成从电子表格到数据库应用,再到大数据基础的数据处理脉络。教材提供丰富的操作实例,让学生从理论到实践都有更深刻的学习体验。

本书加强了对数据库和大数据等内容的讲解,让学生更全面地了解数据处理的多种方式以及大数据技术的概貌,促使学生结合本专业的应用需求,利用多种数据处理平台进行有效的数据分析和信息管理,为学生进一步学习其他计算机类课程提供了基础和支撑。

本书分为5章。

第1章计算机与信息技术基础,目的是让学生具备基本的计算机系统常识。本章对计算机基础知识进行了精编,加强了对人工智能的介绍。主要内容包括:计算机的产生和发展、分类与特点、应用领域,人工智能,计算机硬件系统和软件系统,计算机中数据的表示和存储,计算机网络及应用,信息安全及社会伦理等。

第2章计算机操作系统,主要介绍Windows 10操作系统和Linux操作系统,其中Windows 10操作系统是主流的单用户多任务操作系统,需要学生熟练掌握并使用,而Linux操作系统在网络服务器领域及云计算领域占据了越来越多的市场份额,学生需要学习这一多用户多任务网络操作系统的基本操作。主要内容包括:操作系统的定义、分类和功能,Windows 10操作系统基本概念、基本操作、文件和文件夹的管理、应用程序的管理、磁盘管理、附件、常用快捷键等;Linux操作系统的基本情况、发行版本、安装、文件系统、基本命令和文本编辑器vi等。

第3章WPS电子表格。在本章中,学生可通过学习国产软件WPS Office中WPS表格这一功能强大的数据处理工具,具备对数据进行高效生成、计算、统计和分析的能力。主要内容包括:WPS表格的界面组成、基本操作,数据的输入与表格的编辑,公式的使用,函数的使用,数据分析和图表生成等。

第 4 章数据库应用基础，目的是让学生了解数据库的组织架构，掌握数据库系统的基本操作和 SQL 命令，对数据处理有更深层次的认识和理解。主要内容包括：数据库系统基本概念、数据模型、关系模型、关系数据库标准语言 SQL、PostgreSQL 数据库的建立和查询等。

第 5 章大数据基础，对大数据的概念和关键技术进行了介绍，列举和分析了若干领域的大数据应用案例，让学生一窥大数据分析的全貌。主要内容包括：大数据的定义、特征、发展、应用场景、关键技术，不同领域的大数据应用案例，以及结合 Hadoop 框架体系对大数据应用案例进行实例分析。

本书由缪春池、张义刚担任主编，张英、蒋义军、林珣、郭黎明、陈蓓、周峰担任副主编。具体的编写分工如下：第 1 章由蒋义军编写；第 2 章由郭黎明、周峰编写；第 3 章由缪春池、陈蓓、张义刚编写；第 4 章由张英编写；第 5 章由林珣编写。全书由缪春池负责统稿工作。

在本书的编写过程中，西南财经大学计算机与人工智能学院的领导和老师提供了全方位的支持和帮助，提出了宝贵的修改意见，在此表示衷心的感谢。

本书作者根据多年的教学实践，合力撰写此书，希望能满足大学计算机通识教育课程的教学需要，并为更多读者提供帮助。本书提供教学大纲、电子课件（PPT）、习题解答、教学视频等资源，读者可登录"华信教育资源网"免费下载，本书还有配套的数字教材，有需要的读者可在电子工业出版社数字教材平台上购买。

由于水平有限，书中难免存在一些问题与不足，恳请专家和读者多多指正、提出宝贵的意见和建议，非常感谢！

编　者
2025 年 5 月

目 录

第 1 章 计算机与信息技术基础 ··········· 1
1.1 计算机概述 ··········· 1
1.1.1 计算机的产生和发展 ··········· 1
1.1.2 计算机的分类与特点 ··········· 3
1.1.3 计算机的应用领域 ··········· 4
1.1.4 人工智能 ··········· 5
1.2 计算机系统的构成 ··········· 6
1.2.1 计算机硬件系统 ··········· 6
1.2.2 计算机软件系统 ··········· 8
1.2.3 微型计算机系统 ··········· 10
1.3 计算机中数据的表示和存储 ··········· 14
1.3.1 进位计数制 ··········· 14
1.3.2 计算机的数值表示方法 ··········· 17
1.3.3 计算机的字符表示方法 ··········· 17
1.3.4 计算机中数据的存储单位 ··········· 18
1.4 计算机网络及应用 ··········· 19
1.4.1 计算机网络概述 ··········· 19
1.4.2 有线局域网 ··········· 23
1.4.3 无线通信网 ··········· 25
1.4.4 网络互联 ··········· 26
1.4.5 互联网及其应用 ··········· 28
1.5 信息安全及社会伦理 ··········· 33
1.5.1 信息安全 ··········· 33
1.5.2 计算机病毒与防范 ··········· 34
1.5.3 隐私与产权保护 ··········· 35
1.5.4 法律约束与社会责任 ··········· 36
思考题 ··········· 37

第 2 章 计算机操作系统 ··········· 38
2.1 操作系统概述 ··········· 38

2.1.1　操作系统的定义 ……………………………………………………… 38
　　　2.1.2　操作系统的分类 ……………………………………………………… 38
　　　2.1.3　操作系统的功能 ……………………………………………………… 39
　　　2.1.4　常用操作系统 ………………………………………………………… 39
　2.2　Windows 10 操作系统 …………………………………………………………… 40
　　　2.2.1　Windows 10 概述 …………………………………………………… 40
　　　2.2.2　Windows 10 基本概念和基本操作 ………………………………… 42
　　　2.2.3　Windows 10 文件和文件夹的管理 ………………………………… 53
　　　2.2.4　Windows 10 应用程序的管理 ……………………………………… 61
　　　2.2.5　Windows 10 磁盘管理 ……………………………………………… 63
　　　2.2.6　Windows 10 附件 …………………………………………………… 65
　　　2.2.7　Windows 10 常用快捷键 …………………………………………… 67
　2.3　Linux 操作系统 …………………………………………………………………… 68
　　　2.3.1　Linux 基本情况 ……………………………………………………… 68
　　　2.3.2　Linux 发行版本 ……………………………………………………… 69
　　　2.3.3　安装 Linux …………………………………………………………… 70
　　　2.3.4　Linux 文件系统 ……………………………………………………… 74
　　　2.3.5　Linux 基本命令 ……………………………………………………… 75
　　　2.3.6　Linux 文本编辑器 vi ………………………………………………… 80
　思考题 ……………………………………………………………………………………… 82

第 3 章　WPS 电子表格 ………………………………………………………………………… 84

　3.1　WPS Office 与 WPS 电子表格概述 …………………………………………… 84
　　　3.1.1　WPS Office 概述 …………………………………………………… 84
　　　3.1.2　WPS 表格概述 ……………………………………………………… 87
　　　3.1.3　WPS 表格的界面组成 ……………………………………………… 87
　　　3.1.4　WPS 表格的基本操作 ……………………………………………… 88
　3.2　数据的输入与表格的编辑 ……………………………………………………… 93
　　　3.2.1　数据与数据类型 ……………………………………………………… 93
　　　3.2.2　数据的输入 …………………………………………………………… 94
　　　3.2.3　数据的填充 …………………………………………………………… 98
　　　3.2.4　数据有效性 ………………………………………………………… 102
　　　3.2.5　格式处理 …………………………………………………………… 104
　　　3.2.6　常见的实用操作 …………………………………………………… 109
　3.3　公式的使用 ……………………………………………………………………… 112
　　　3.3.1　常量 ………………………………………………………………… 112
　　　3.3.2　运算符 ……………………………………………………………… 112
　　　3.3.3　单元格引用和名称 ………………………………………………… 113
　　　3.3.4　有关公式的操作 …………………………………………………… 116

3.4 函数的使用 ... 117
3.4.1 函数概述 ... 117
3.4.2 数学和三角函数 ... 120
3.4.3 统计函数 ... 121
3.4.4 文本函数 ... 128
3.4.5 逻辑函数 ... 130
3.4.6 日期时间函数 ... 132
3.4.7 查找与引用函数 ... 134
3.4.8 信息函数中的 IS 类函数 ... 143
3.4.9 财务函数 ... 144
3.5 公式与函数应用案例 ... 146
3.5.1 IF 函数的使用 ... 146
3.5.2 条件统计 ... 146
3.5.3 在条件格式中使用公式 ... 147
3.6 数据分析 ... 149
3.6.1 排序 ... 149
3.6.2 筛选 ... 150
3.6.3 重复项 ... 153
3.6.4 分类汇总 ... 154
3.6.5 数据透视表 ... 156
3.6.6 单变量求解 ... 160
3.7 图表生成 ... 162
3.7.1 柱形图 ... 162
3.7.2 饼图 ... 167
3.7.3 散点图 ... 168
3.7.4 组合图表 ... 170
3.7.5 迷你图 ... 171
3.8 WPS 表格常用快捷键 ... 172
思考题 ... 173

第 4 章 数据库应用基础 ... 175
4.1 为什么要学习和使用数据库 ... 175
4.2 数据库系统概述 ... 176
4.2.1 数据库系统基本概念 ... 177
4.2.2 数据模型 ... 181
4.2.3 关系模型 ... 185
4.2.4 关系数据库标准语言 SQL ... 191
4.3 建立 PostgreSQL 数据库 ... 193
4.3.1 PostgreSQL 数据库简介与安装 ... 193

  4.3.2 创建 PostgreSQL 数据库 ……………………………………………… 197
  4.3.3 PostgreSQL 数据库数据的导入与导出 …………………………… 204
 4.4 查询 PostgreSQL 数据库 ……………………………………………………… 206
  4.4.1 SQL 查询语句基本格式 …………………………………………… 206
  4.4.2 单表数据查询 ……………………………………………………… 207
  4.4.3 多表连接查询 ……………………………………………………… 214
  4.4.4 嵌套查询 …………………………………………………………… 215
 思考题 ……………………………………………………………………………… 217

第 5 章 大数据基础 ………………………………………………………………… 218
 5.1 大数据的概念 ………………………………………………………………… 218
  5.1.1 大数据的定义 ……………………………………………………… 218
  5.1.2 大数据的特征 ……………………………………………………… 218
  5.1.3 大数据的发展 ……………………………………………………… 220
  5.1.4 大数据应用场景 …………………………………………………… 221
 5.2 大数据关键技术 ……………………………………………………………… 222
  5.2.1 大数据的采集 ……………………………………………………… 222
  5.2.2 大数据的预处理 …………………………………………………… 223
  5.2.3 大数据计算 ………………………………………………………… 225
  5.2.4 大数据挖掘 ………………………………………………………… 226
  5.2.5 大数据安全 ………………………………………………………… 227
  5.2.6 大数据可视化 ……………………………………………………… 228
 5.3 大数据应用案例 ……………………………………………………………… 229
  5.3.1 金融大数据应用案例 ……………………………………………… 229
  5.3.2 互联网大数据应用案例 …………………………………………… 230
  5.3.3 其他领域大数据应用案例 ………………………………………… 232
 5.4 Hadoop 大数据分析 …………………………………………………………… 233
  5.4.1 Hadoop 框架体系 ………………………………………………… 233
  5.4.2 HDFS ……………………………………………………………… 233
  5.4.3 MapReduce ………………………………………………………… 234
  5.4.4 YARN ……………………………………………………………… 234
  5.4.5 Hadoop 相关技术及生态系统 …………………………………… 235
 5.5 Hadoop 大数据分析实践 ……………………………………………………… 236
  5.5.1 应用 Hive 进行大数据分析 ……………………………………… 236
  5.5.2 应用 HDFS 和 Python Spark 进行大数据分析 ………………… 240
 思考题 ……………………………………………………………………………… 246

参考文献 ………………………………………………………………………………… 247

第1章 计算机与信息技术基础

【学习目标】
1. 了解计算机的特点、分类、发展及应用领域。
2. 理解计算机的硬件系统、软件系统及其工作原理。
3. 掌握计算机内部数据的表示方式。
4. 理解计算机网络相关知识。
5. 了解互联网协议及其应用。
6. 了解信息安全相关的基本概念、法律法规及社会责任。

本章旨在让学生理解计算机的硬件系统、软件系统及其工作原理，计算机内部的信息表示方式，了解计算机网络和信息安全等相关内容。

1.1 计算机概述

在人类社会的发展过程中，有许多用于辅助计算的工具被发明和应用，从古老的"结绳记事"，到算盘、计算尺、计算器，再到计算机。计算机一出现，便被人们广泛应用于科学研究、工程设计、经营管理等领域。现在世界上较先进的计算机有电子计算机、生物计算机、光子计算机、量子计算机等。我们这里谈论的"计算机"实际上是指通用型的电子数字式计算机，是一种能按照指令处理数据的电子设备。

微课视频

1.1.1 计算机的产生和发展

1. 计算机的发展历程

1946年，世界上第一台电子数字式计算机在美国宾夕法尼亚大学诞生，如图1-1-1所示。这台名为"Electronic Numerical Integrator And Calculator"（ENIAC）的"庞然大物"被认为是第一台真正意义上的计算机。ENIAC主要是为解决弹道计算问题而研制的，其硬件系统的核心部件由1万多个电子管、1万多个电容器、7千多个电阻和1千多个继电器构成。ENIAC占地170平方米，重量达30吨，耗电量达150千瓦，运算速度为5000次/秒。ENIAC不能存储程序，只能存储20个字长为10位的十进制数。尽管在今天看来，这是一台性能并不完善的计算机，但它标志着电子数字式计算机时代的到来。

　　ENIAC 问世以来，计算机的发展经历了以下 4 个阶段。

　　第一阶段为 1946 年至 1957 年。这个阶段的计算机采用电子管（如图 1-1-2 所示）作为基本的电子器件，称为第一代计算机。第一代计算机的特点是体积大、重量大、耗电量大、制造成本高、运行维护费用高，运算速度一般为每秒几千次至几万次。软件方面，其主要使用二进制编码的机器语言来编写程序。总之，第一代计算机的性能较差，造价昂贵，性价比很低，应用领域仅限于军事和科学计算。

图 1-1-1　ENIAC　　　　　　　　　　　图 1-1-2　电子管

　　第二阶段为 1958 年至 1964 年。这个阶段的计算机采用的电子器件是晶体管（如图 1-1-3 所示），称为第二代计算机。第二代计算机相较于第一代计算机体积缩小，重量减轻，容量扩大，功能增强，可靠性提高，运算速度提高到每秒几万次至几十万次。软件方面，其使用接近于自然语言的高级程序设计语言来编写程序。总之，第二代计算机的各项性能都有大幅度提高，同时价格和运行维护成本大幅降低，应用领域也扩大到数据处理、事务管理和工业控制方面。

　　第三阶段为 1965 年至 1970 年，这个阶段，集成电路出现，如图 1-1-4 所示。计算机的核心部件不再由一个个晶体管组装而成，而由集成电路构成。一块集成电路芯片上有成千上万个晶体管。这个阶段的计算机称为第三代计算机。第三代计算机采用小规模集成电路和中规模集成电路，体积大大缩小，维护成本进一步降低，耗电量更低，可靠性更高，功能更强大，运算速度已达到每秒几十万次至几百万次。软件方面，其可以采用多种高级语言来编写程序，并开始使用操作系统。这个阶段的计算机已广泛应用于科学计算、文字处理、自动控制与信息管理等方面。

图 1-1-3　晶体管　　　　　　　　　　　图 1-1-4　集成电路

　　第四阶段为 1971 年至今，随着科学与工程技术的发展，计算机全面采用大规模和超大规模集成电路,如图 1-1-5 所示。这个阶段的计算机称为第四代计算机。第四代计算机的存储容量、运算速度和功能都有极大提高,采用的硬件和软件更加丰富和完善。除各项性能指标进一步提高,价格和成本进一步降低外,计算机硬件的小型化和微型化也取得突破性进展。微型计算机的出现使计算机应用进入突飞猛进的发展阶段。

2．计算机的发展趋势

图 1-1-5　大规模和超大规模集成电路

未来的计算机将朝着巨型化、微型化、网络化与智能化的方向发展。

1）巨型化

巨型化是指运算速度更快、存储容量更大、功能更强。超级计算机或巨型计算机(简称巨型机)就是巨型化的具体体现。巨型机的运算速度可达每秒百亿次、千亿次甚至更快,其海量存储能力使其可以轻而易举地存储一个大型图书馆的全部信息。目前,世界上最快的超级计算机拥有近 50,000 个处理器,速度超过 100,000 台笔记本电脑同时工作的速度。

2）微型化

微型化是指计算机更加小巧,且软件丰富、功能强大。随着超大规模集成电路的进一步发展,笔记本型、掌上型、手表型等微型个人计算机不断涌现。随着生物电子的日益发展,微型计算机甚至可以嵌入人的血液里。

3）网络化

网络化是指将不同区域、不同种类的计算机连接起来,实现计算资源、存储资源、数据资源、信息资源、知识资源、专家资源的全面共享。未来计算机将会进一步向网络化方向发展,人和物体都能随时随地接入网络中并进行信息交换。

4）智能化

智能化是让计算机具有人类的逻辑思维判断能力,通过思考与人类沟通交流,或者直接对自身及其他计算机发出指令。现代计算机或计算机网络中的多台计算机的联合,使计算机拥有了更强的功能、更高的存储能力、更快的运算速度和更高的可靠性,为计算机模拟、延伸和扩展人的智能创造了条件。未来,计算机一定会变得越来越"聪明",越来越好用。

1.1.2　计算机的分类与特点

1．计算机的分类

根据计算机的规模,计算机可分为巨型机、大中型计算机、小型计算机、微型计算机等。这里的规模是一个综合性的指标,综合了计算机相关的性能、价格(或研发成本)、体积、对运行环境的要求、维护费用和对维护人员的要求等。

根据计算机的用途,计算机可分为通用型计算机、专用型计算机等。通用型计算机具有较完备的指令系统和外部设备,可以应用在多个场景中。比如,通常在办公室、教室、网吧等场所为普通人服务。专用型计算机是为某特定工作场所或工作目的而研发的系统，例如，医疗影像处理计算机。

2．计算机的特点

（1）运算速度快。早期的第一代计算机就已经能够达到每秒进行数千次加法运算的速度，今天的计算机能够轻松地达到每秒 1 亿次的运算速度。

（2）存储容量大。计算机有"记忆"能力，能够将大量数据、程序保存在外部存储器中。目前市面上常用的 4TB 移动硬盘就能存储约 3000 部电影或 75 万首歌曲，又或 2700 万张照片。

（3）计算精度高。计算机内部采用二进制数进行运算，可以满足多种计算精度的要求。例如，通过设计专门的程序，计算机可轻易地将圆周率的精度精确到小数点后 200 万位。

（4）具有逻辑判断能力。计算机可以进行逻辑运算和条件判断，比如，解决"字符串 acaf 和字符串 aaa 中字母的排列情况是否一致""变量 v 是不是逻辑型变量"等问题。

（5）运行高度自动化。计算机能够存储程序，人们一旦对它发出指令，它就能自动快速地按指定步骤完成任务。今天我们看到的各种计算机应用案例，无一例外，都是计算机按我们事先设计好的程序工作的结果。

（6）可靠性高。硬件方面，随着超大规模集成电路的应用，计算机硬件的可靠性大大提高，可以连续无故障运行几个月，甚至几年。软件方面，计算机通过实时监控、自诊断等技术，能够及时发现并修复错误，防止系统崩溃。

1.1.3 计算机的应用领域

计算机的主要应用领域如下。

（1）科学计算。科学计算是计算机最早的应用领域。人们借助计算机的高速计算能力来解决一些计算量非常大的数学问题，常见于科学研究、工程设计、气象预报、地震预测、航天技术等领域。计算机的运算速度和精度使得解决这些数学问题变得可能。

（2）数据处理。数据处理是计算机应用最为广泛的领域。计算机对各种数据进行采集、存储、整理、筛选、分类、统计、转换，产生新的数据集合或数据结构，再对其进行解读与分析，以得到有用的新信息。80%以上的计算机主要用于数据处理，如应用于办公自动化、信息管理与决策、情报检索、图书管理等领域。

（3）过程控制。过程控制是指在生产过程中采集检测数据，按最佳值对控制对象进行自动调节，从而实现有效的计算机控制。今天人们看到的自动化生产线、无人机等都是计算机过程控制的产物。计算机过程控制广泛应用于冶金、石油、化工、纺织、水电、机械、航天等领域。

（4）计算机辅助。计算机辅助包括计算机辅助设计（CAD）、计算机辅助制造（CAM）、计算机辅助教学（CAI）、计算机辅助医疗（CAT）等，用以提高工程设计质量及效率、管理和优化制造过程，提高教学质量，帮助医生提高诊断的准确性等。

（5）计算机通信。计算机通信是计算机技术和通信技术结合的产物。随着计算机网络的飞速发展，微信、QQ、电子邮件、WWW 浏览、远程登录、搜索引擎、文件传输服务等已经成为人们生活的一部分。

（6）人工智能。人工智能是新兴的计算机应用领域，也是新一轮科技革命和产业变革的重要驱动力量。

1.1.4 人工智能

人工智能是研究、开发用于模拟、延伸和扩展人的智能的理论、方法、技术及应用系统的一门新的技术科学，包括机器人、语音识别、图像识别、自然语言处理、专家系统、机器学习，计算机视觉等。人工智能的发展正深刻影响着社会结构及人类生活的很多方面。

人工智能的概念始于英国数学家和逻辑学家艾伦·图灵，如图 1-1-6 所示。他提出的图灵测试被广泛认为是衡量机器智能的第一个标准。其核心思想是：如果一台机器能够在文字交流中让一个人无法辨别它与另一个真实人类的区别，那么这台机器可以被认为具有"智能"。尽管至今没有哪个人工智能系统能完全通过图灵测试，但这一概念对于人工智能的发展方向产生了深远影响。

图 1-1-6　艾伦·图灵

随着计算机性能和计算能力的提高，越来越多研究人员开始利用计算机来模仿人类特有的思维活动，比如模拟人的学习能力、理解能力、决策能力和适应能力等，试图了解智能的本质，并设计出一种能以与人类智能相似的方式做出反应的智能机器。1997 年，国际商业机器公司（IBM）开发的超级计算机"深蓝"击败世界国际象棋冠军加里·卡斯帕罗夫。2016 年，人工智能围棋程序 AlphaGo 击败世界围棋冠军李世石。这些都展示了人工智能和深度学习解决复杂问题的能力。

近年来，人工智能相关技术发展十分迅猛，尤其是规模庞大、参数众多、计算结构复杂的大（语言）模型技术。"大模型"是一种机器学习模型，能够处理海量数据，完成复杂任务，如自然语言处理、图像识别等。2023 年 1 月，美国公司 OpenAI 的大模型产品 ChatGPT 推出两个月后就已拥有约 1 亿个月活跃用户。ChatGPT 是基于自然语言处理技术的聊天机器人，不仅能够通过分析文本来理解人类的语言，还能生成文本与人类进行模拟对话。ChatGPT 的出现，极大地提升了人与机器之间的交互体验，是人工智能发展的新里程碑。

我国也在人工智能领域积极布局，科技巨头（如百度、阿里巴巴、腾讯等）、高校和科研机构、中小企业甚至初创企业都参与其中，共同推动人工智能的创新性发展。目前，我国在人工智能各应用方向上都有长足进步。例如，我国在无人驾驶和智能交通领域已经达到世界先进水平，无人驾驶汽车平台"萝卜快跑"全国日均订单量已达 1 万单；在自然语言处理领域，我国在大模型、机器翻译、文本生成等方面都取得重要突破。众多大模型产品获批上市，如"文心一言""讯飞星火""豆包""Kimi""元宝"等；在生成式人工智能（AIGC）领域，我国的研究人员在图像生成、视频生成等方面都取得了显著成果。值得一提的是，在大模型主流榜单中，我国初创企业"深度求索"公司2024年推出的DeepSeek-v3在开源大模型中位列榜首，与世界上先进的闭源大模型不分伯仲。

可以预见，随着算法优化、计算能力的提升和数据的积累，人工智能可能与生物学、心理学、物理学、社会学等多个学科交叉融合，形成新的研究热点。人工智能将在医疗领域提供精准的诊断和治疗方案，推动个性化医疗和远程手术的发展；在智能家居、智能客服等领域提供更加智能化的服务；在人机协作领域实现人机共生，共同创造价值。

人工智能的发展也将对社会产生深远影响，一方面，它可能会取代部分重复性高的岗位；另一方面，它也会创造新的就业机会。此外，人工智能带来的伦理和隐私问题也将日益凸显，需要社会各界共同努力解决。

1.2 计算机系统的构成

一般来讲，一台可供使用的计算机系统由硬件系统和软件系统两大部分构成。计算机硬件是计算机系统的基础，计算机软件是计算机系统的"灵魂"。

计算机的硬件是指计算机中看得见（或者应该看得见）、摸得着（或者应该摸得着）、有体积和质量的设备和元器件，如电路板、集成电路芯片、键盘、鼠标、显示器、线缆接口等。

计算机软件是指附着或存储在计算机硬件中的数据代码、程序代码等。比如，存储在计算机中的数据、程序、电子表格、数码照片、数字音频，从网上下载的网页，在计算机上安装的Windows操作系统、Office办公软件，显示在显示器上的一串字符等。

计算机系统中的硬件系统和软件系统是按照一定的层次关系进行组织的。硬件处于最内层，其外面是系统软件中的操作系统。操作系统是系统软件的核心，它把用户和计算机硬件系统隔离开来，将用户对计算机的操作转化为对系统软件的操作，所有其他软件都必须在操作系统的支持和服务下运行。操作系统之外是其他系统软件，最外层为用户应用软件。各层完成各层的任务，层间定义接口，这种层次结构非常便于软件的开发、扩充和使用。计算机系统的层次结构如图1-2-1所示。

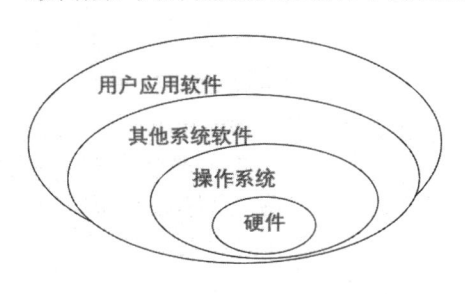

图1-2-1 计算机系统的层次结构

图1-2-2 冯·诺依曼

1.2.1 计算机硬件系统

1946年，数学家冯·诺依曼（如图1-2-2所示）提出能存储程序并自动运行的现代数字计算机的基本工作原理。该原理规定，在计算机中，所有数据和指令均以二进制数的形式表示，所有数据和由指令组成的程序必须事先存放在存储器中，程序会按照顺序和控制流程自动运行。在此基础上，人们设计出了由运算器、控制器、存储器、输入设备、输出设备五大功能部件构成的计算机硬件系统。这一结构被沿用至今，称为冯·诺依曼体系结构，如图 1-2-3 所示。

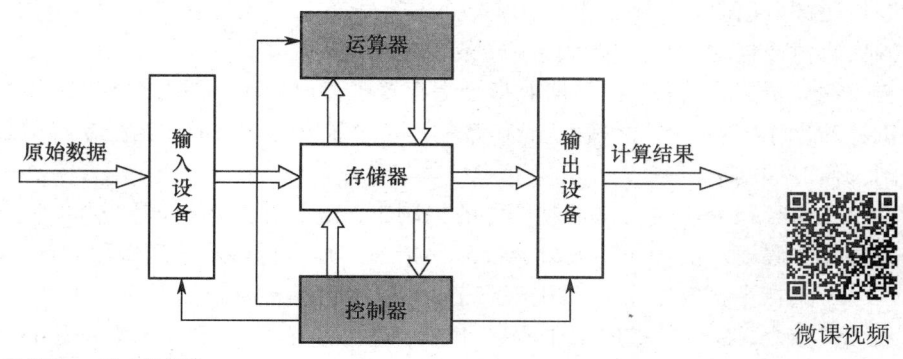

注：⇨代表数据流，→代表控制流

图 1-2-3　冯·诺依曼体系结构

1. 五大功能部件

运算器又称算术逻辑部件，是对信息或数据进行处理和运算的部件，实现算术运算、逻辑运算及其他一些特殊运算。算术运算是按照算术规则进行的运算，如加、减、乘、除等，逻辑运算是非算术运算，如与、或、非、比较、移位等。运算器的工作速度是计算机运算速度的核心指标。

控制器是计算机的神经中枢和指挥中心，负责从存储器中读取程序指令并进行分析，然后产生完成指令必需的控制信号，控制存储器、运算器等相关设备协调工作，实现指令功能。控制器是理解程序、控制程序运行的基础。

存储器是存储正在运行的程序的指令和数据的部件。存储器的存储容量是计算机硬件系统的主要性能指标之一。存储容量越大，能够一次性存入的程序代码和数据代码就越多，存储器和输入、输出设备之间交换数据的次数就越少，因而计算机运行程序和处理数据需要的时间也就越少。

输入设备是用来把计算机外部的程序、数据等信息送入计算机内部的设备，是计算机硬件系统必需的组成部分。我们熟悉的键盘、鼠标、扫描仪、光笔、麦克风就是常见的输入设备。

输出设备负责将计算机处理的数据结果转换成人们能够理解的信息传递出来，或在屏幕上显示出来，或在打印机上打印出来，又或在外部存储器上存放。常见的输出设备有显示器、打印机、音箱、绘图仪等。

2. 计算机指令

理解计算机的工作原理就是要搞清楚程序运行的过程。程序是由指令系列构成的，理解程序运行的过程就必须理解指令的执行过程。一条指令由操作码和地址码构成。操作码用来表示操作的类型，比如，加法运算、逻辑运算、代码传输操作、输入或输出操作等。地址码用来指定操作数的内存单元地址。一条指令的执行全过程主要包括取指令、分析指令、执行指令三个基本阶段。

在取指令阶段，控制器根据程序计数器中保存的内存单元地址，到内存单元中将指令代码读取出来，并将该指令代码放入控制器的指令寄存器中暂存。同时，程序计数器的代码值会自动增加，以指向下一条指令的地址。

在分析指令阶段，控制器对指令寄存器中存放的指令进行分析，通过操作码确定要执行的操作，通过地址码确定操作数的地址，并将其转换成一组控制存储器和运算器协同工作的控制信号。

在执行指令阶段，在控制信号的控制下，运算器等功能部件驱动各逻辑电路动作，完成操作码要求的操作。如果遇到转移指令，则将转移地址送入程序计数器。

一条指令执行结束，控制器还需要为取下一条指令做好准备。例如，若要顺序取到下一条指令，需要将控制器中程序计数器的代码值加1。整个程序的运行就是不断地重复上述三个基本阶段。

1.2.2 计算机软件系统

软件是计算机系统的"灵魂"，如果计算机不配置任何软件，计算机硬件就无法发挥其作用。

根据在计算机系统中用途的不同，计算机软件系统可分为系统软件和应用软件两大类，如图1-2-4所示。计算机软件系统就是系统软件和应用软件的整合体。

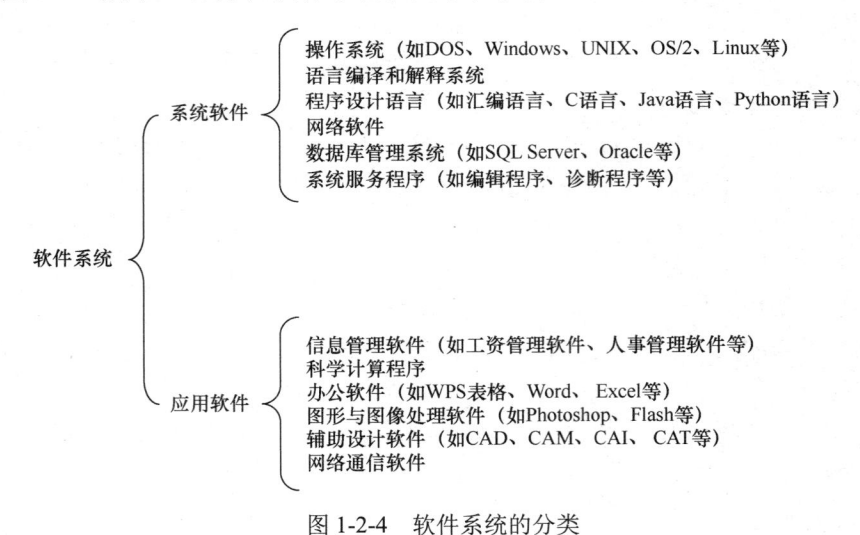

```
软件系统 ┬ 系统软件 ┬ 操作系统（如DOS、Windows、UNIX、OS/2、Linux等）
        │         ├ 语言编译和解释系统
        │         ├ 程序设计语言（如汇编语言、C语言、Java语言、Python语言）
        │         ├ 网络软件
        │         ├ 数据库管理系统（如SQL Server、Oracle等）
        │         └ 系统服务程序（如编辑程序、诊断程序等）
        │
        └ 应用软件 ┬ 信息管理软件（如工资管理软件、人事管理软件等）
                  ├ 科学计算程序
                  ├ 办公软件（如WPS表格、Word、Excel等）
                  ├ 图形与图像处理软件（如Photoshop、Flash等）
                  ├ 辅助设计软件（如CAD、CAM、CAI、CAT等）
                  └ 网络通信软件
```

图1-2-4 软件系统的分类

1. 系统软件

系统软件是负责管理、控制和维护计算机硬件和软件资源的一种软件。系统软件用于发挥和扩大计算机的功能及用途，提高计算机的工作效率，方便用户的使用。系统软件一般包含操作系统、语言编译和解释系统、程序设计语言、网络软件、数据库管理系统、系统服务程序等。下面重点介绍操作系统、数据库管理系统和程序设计语言。

操作系统是系统软件中最重要的一种。操作系统负责控制和管理计算机系统的各种软、硬件资源，比如管理与配置内存、控制输入与输出设备、操作网络、管理文件系统等；同时负责合理组织计算机系统的工作流程，比如决定系统资源供需的顺序；操作系统还能提供用户与系统交互的操作界面。常用的操作系统主要有 UNIX、DOS、Windows、Linux、MacOS、HarmonyOS（鸿蒙）等。其中 Windows 在个人计算机中使用广泛，目前较新的版本是 Windows 11。UNIX 操作系统是在小型计算机、服务器等系统上应用的操作系统。Linux 的基本功能和 UNIX 一致，是一种可以免费使用的操作系统。HarmonyOS 是由我国华为技术有限公司在 2019 年发布的自主产权操作系统，这款分布式操作系统的诞生拉开了永久性改变操作系统全球格局的序幕。

数据库管理系统是专门对数据进行集中处理并提供统一的数据访问接口的系统软件。它负责数据库的定义、建立、操作、管理和维护，保证数据可靠性，提高数据库应用时的简明性和方便性。常见的数据库大多为关系数据库，如 Access、SQL Server、Oracle、DB2、PostgreSQL、MySQL、SQLite 等。

程序设计语言是用于编写计算机程序的语言，它基于一组符号和规则，通过这些符号和规则构成的符号串来描述计算机处理的对象和计算规则。程序设计语言可以是机器语言、汇编语言或高级语言。机器语言面向机器硬件，每一条指令都是由 0 和 1 组成的二进制代码，比如 111010101110000101010。汇编语言使用助记符来表示机器指令，比如 ADD AL,40H。高级语言是由自然语言加上数学公式和逻辑符号编写的指令序列，比如，求 1 到 100 的累加和的 Python 程序，如图 1-2-5 所示。

```
s=0
for i in range(101):
    s=s+i
print(s)
```

图 1-2-5　Python 程序

用机器语言编写的程序能立即被计算机直接运行，无须编译或解释。用汇编语言和高级语言编写的程序需要被编译或解释成机器指令方可运行。在解释模式下，程序由解释程序边解释边运行。在编译模式下，程序由编译程序一次性编译成由机器指令组成的目标程序后运行。

高级语言与具体的计算机硬件无关，其表达方式接近于人们对问题的求解过程，容易理解和记忆，是使用最广泛的程序设计语言。常见的高级语言有 C、C++、Java、Python、R 等。

2．应用软件

应用软件是专门为满足用户的具体工作和生活需求而设计的软件，一种应用软件对应一种类型的用户需求。常用的应用软件如下。

Microsoft Office 是微软公司开发的，主要运行在个人计算机上的一套办公软件，常用组件有 Word、Excel、PowerPoint、Access、Outlook 等。Microsoft Office 有多个版本，Office 2021 是目前较新的版本。

WPS Office 是由北京金山办公软件公司自主研发的智能办公软件。WPS 提供全面的办公解决方案，包括 WPS 文字、WPS 表格、WPS 演示等组件，与 Microsoft Office 中的 Word、Excel、PowerPoint 一一对应，可以直接保存和打开 Word、Excel 和 PowerPoint 文件。此外，用 Microsoft Office 也可以编辑 WPS 文档。

WinRAR 是常用的压缩文件管理工具之一，界面友好，使用方便。它能创建 RAR 和 ZIP 格式的压缩文件，也能解压缩从互联网上下载的 RAR、ZIP 和其他格式的压缩文件。WinRAR 在压缩率和速度方面都有很好的表现。除此之外，常用的压缩软件还有 WinZip、7-Zip、Bandizip、360 压缩等。不同的压缩软件都有其特点和优势，可以根据个人需求进行选择。

SPSS 是用于统计学分析运算、数据挖掘、预测分析和决策支持任务的软件产品。SPSS 提供丰富的统计分析方法，支持各种类型的数据处理，并具有强大的数据处理能力和多种数据可视化工具。SPSS 具有操作简便、功能强大、兼容性好、扩展性强等特点，在社会科学、医学、生物、工程、市场研究等领域得到广泛的应用。目前 SPSS 的较新版本为 SPSS29。

Photoshop 是专门为平面设计人员开发的图形与图像处理软件。Photoshop 具有众多绘图与编修工具，可以对图像进行图层编辑、色彩调整、效果渲染等。我们在大街小巷中看到的各种各样的五彩缤纷的宣传品，很多都是用 Photoshop 或者是类似 Photoshop 的软件辅助制作出来的。

AutoCAD 是目前使用最广泛的计算机辅助绘图和设计软件。使用 AutoCAD，设计人员可以方便地在计算机上进行工程图形设计，保存并交流设计思想和成果，并将设计与制造结合起来。

3ds Max 是用于三维建模和动画制作的软件。该软件被广泛应用于游戏开发、影视制作、建筑设计等多个领域。用户可以通过该软件创建高质量的三维模型，进行复杂的动画设计，以及实现高效的三维可视化。

1.2.3 微型计算机系统

1971 年，随着集成电路芯片的集成度不断提高，一种能够将计算机硬件系统的控制器和运算器功能集成在一起的芯片问世了，这种芯片称为"微处理器"。使用微处理器作为中央处理单元（Central Processing Unit，CPU）的计算机称为"微型计算机"，而包含必要的硬件和软件的微型计算机称为"微型计算机系统"。笔记本电脑属于微型计算机中的一种。

1. 微型计算机的体系结构

微型计算机将 CPU 和存储器集成到一块电路板（称为母板或主板）上，并通过总线系统在主板上连接输入设备、输出设备、外部存储器设备及其他硬件设备（声卡、显卡、网卡等），成为一台完整的计算机。

主板上集成了总线系统、接口、控制电路，主板外形如图 1-2-6 所示。

图 1-2-6　主板外形

2．微型计算机的主要硬件

1）CPU

CPU 是微型计算机硬件系统中的核心部件，计算机的全部操作都受到它的控制。

世界上生产 CPU 的公司主要有 Intel、AMD、Cyrix 等。Intel 公司是目前世界上最大的 CPU 芯片制造商。近年来，国产 CPU 研发能力也在快速提升。我国自主研发的龙芯 3A6000 处理器的性能已经达到 Intel 11 代酷睿 i5 的水平，不仅在个人计算机上有所应用，还在服务器和云计算领域发挥重要作用。Intel i7 和龙芯 CPU 外形如图 1-2-7 所示。

图 1-2-7　Intel i7 和龙芯 CPU 外形

CPU 品质的高低决定一台计算机的档次，CPU 的性能指标如表 1-2-1 所示。

表 1-2-1　CPU 的性能指标

指　标　名	含　　　义
字长	CPU 可以同时处理的二进制数的位数，目前微型计算机的字长大多为 64 位
主频	CPU 的时钟频率，单位为 MHz，时钟频率的高低在很大程度上反映 CPU 速度的快慢
外频	CPU 的基准频率，决定 CPU 与主板之间同步运行的速度
缓存	可以高速存取的存储器，用于内存和 CPU 之间的数据交换

2）内存

内存由 RAM 和 ROM 构成。ROM 是"只读"存储器，用来存放计算机中重要而又固定不变的数据。RAM 是"随机"存储器，可以随时进行读写操作。RAM 一旦断电，它所存储的数据将随之丢失，而 ROM 则不会。根据存储单元工作原理的不同，RAM 可分为静态存储器（SRAM）和动态存储器（DRAM）。SRAM 读写速度快，主要用于 CPU 中的高速缓存。DRAM 适合作为大容量存储器，一般由主板上的内存条构成。ROM 芯片和内存条如图 1-2-8 所示。RAM 的存储容量是微型计算机的主要性能指标之一。

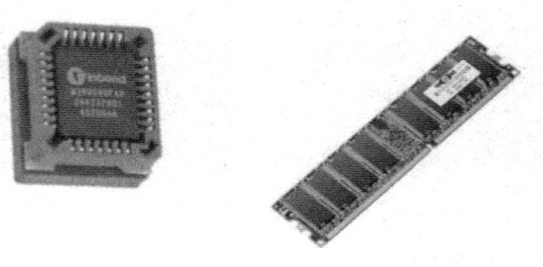

图 1-2-8　ROM 芯片和内存条

3）外存

硬盘是微型计算机中最基本的外部存储设备（简称外存）。硬盘分为机械硬盘和固态硬盘，其中，机械硬盘采用的是磁介质，固态硬盘采用的是半导体存储介质。硬盘中的数据可以永久保存，工作速度快，存储容量大。主流硬盘的容量一般是 500GB 到 4TB。

将微型计算机的数据接口转换成 USB 接口，就可以连接能脱离计算机的外存，比如移动硬盘和 U 盘。移动硬盘容量大、速度快、便于携带，容量基本在 1TB 到 4TB 之间。U 盘的容量一般在 8GB 到 1TB 之间。

光盘使用激光技术进行存储，容量大，数据能永久保存。软盘是一种活动式的存储介质，随着 U 盘的普及已淡出市场。光盘和软盘都需要专门的驱动器进行数据读取。

机械硬盘、固态硬盘、移动硬盘、U 盘如图 1-2-9 所示。

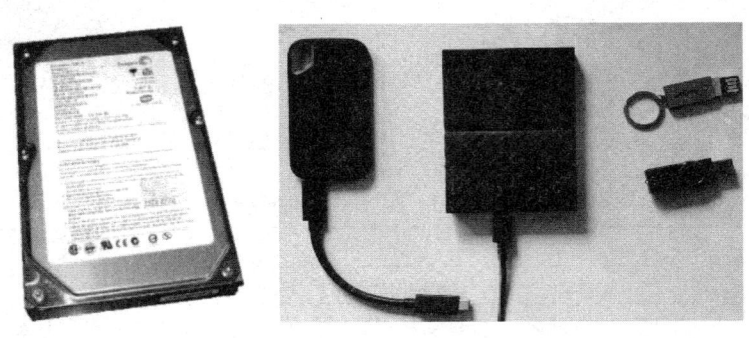

图 1-2-9　机械硬盘、固态硬盘、移动硬盘、U 盘（从左到右）

4）键盘

键盘是计算机最常用的输入设备，是用户与计算机进行交互的主要工具，如图 1-2-10 所示。用户可通过键盘向计算机系统输入数值、字符、字符指令、程序代码等信息，或使用一些操作键和组合快捷键来对系统进行一定程度的干预和控制。

5）鼠标

鼠标是用户操作图形界面必备的一种计算机输入设备，因形似老鼠而得名。一般的鼠标有"左""右"两个按键，移动鼠标可以在显示设备上进行纵横坐标的定位。鼠标分为有线鼠标和无线鼠标。其中，无线鼠标如图 1-2-11 所示。

图 1-2-10　键盘

图 1-2-11　无线鼠标

6）显示器

显示器的性能指标是分辨率，即可视面积上水平像素的数量乘以垂直像素的数量。例如，800×600 的分辨率意味着在整个屏幕的水平方向上可显示 800 个像素点、垂直方向上可显示 600 个像素点，一共可显示 480000 个像素点。在屏幕尺寸一样的情况下，分辨率越高，显示效果就越精细。目前应用较广泛的分辨率是 1080P（1920×1080）。

根据工作原理，显示器可分为阴极射线管（CRT）显示器、液晶显示器等类型，如图 1-2-12 所示。其中，液晶显示器已经取代了 CRT 显示器，CRT 显示器基本已经退出市场。

图 1-2-12　CRT 显示器和液晶显示器

7）打印机

打印机是计算机的输出设备之一，用于将计算机处理结果打印在相关介质上。衡量打印机好坏的指标有三个：打印分辨率、打印速度和噪声。根据工作原理，打印机可分为针式打印机、喷墨打印机、激光打印机等。其中，针式打印机通过打印机和纸张的物理接触来打印字符图形，喷墨打印机通过喷射墨粉来印刷字符图形，激光打印机通过静电成像原理来打印字符图形。目前，喷墨打印机和激光打印机较为常用，如图 1-2-13 所示。

图 1-2-13　喷墨打印机和激光打印机

1.3 计算机中数据的表示和存储

计算机内部的数据表示是一个复杂而精细的工作，涉及数值型数据和非数值型数据如何在计算机中进行存储和处理。

数值型数据的表示主要涉及进制转换，非数值型数据的表示主要涉及编码方案。

1.3.1 进位计数制

进位计数制简称进制，在日常生活中，人们最熟悉的进制是十进制，但是在计算机中，会接触到二进制、八进制、十进制和十六进制。

计算机中常用进制的计数符号和计数原则如表 1-3-1 所示。进制的优点是能够用有限个计数符号记下大量的数值（成千上万）。进制有两个要点：N 个计数符号和逢 N 进一。

表 1-3-1 常用进制的计数符号和计数原则

进 制	计 数 符 号	计 数 原 则
二进制	0，1	逢二进一
八进制	0，1，2，3，4，5，6，7	逢八进一
十进制	0，1，2，3，4，5，6，7，8，9	逢十进一
十六进制	0，1，2，3，4，5，6，7，8，9，A，B，C，D，E，F	逢十六进一

同样的一个数值，在不同进制下的表示是不一样的。十进制数 127，用二进制数表示为 01111111，用八进制数表示为 177，用十六进制数表示为 7F。十进制数 0 至 16 的二进制数、八进制数和十六进制数表示如表 1-3-2 所示。

表 1-3-2 不同进制计数的比较

十进制数	二进制数	八进制数	十六进制数	十进制数	二进制数	八进制数	十六进制数
0	0	0	0	9	1001	11	9
1	1	1	1	10	1010	12	A
2	10	2	2	11	1011	13	B
3	11	3	3	12	1100	14	C
4	100	4	4	13	1101	15	D
5	101	5	5	14	1110	16	E
6	110	6	6	15	1111	17	F
7	111	7	7	16	10000	20	10
8	1000	10	8				

进制转换就是将一个数从一种进制形式转换为另一种进制形式。下面是对整数进行常用进制转换的方法。

1．十进制数转换成二、八、十六进制数

把十进制数转换成二进制数的规则是"除 2 取余"，即先将十进制数除以 2，得到一个商数和一个余数；再将其商数除以 2，又得到一个商数和一个余数；以此类推，直到商数等于 0 为止。每次得到的余数（0 或 1）就是对应二进制数的各位数字。将余数反向排列，便得到与被转换十进制数相等的二进制数（即最先得到的余数排在最低位，最后得到的余数排在最高位）。

把十进制数转换成八进制数或十六进制数的规则，与上述规则类似，采用的规则是"除 8 取余"或"除 16 取余"。

例 1 将十进制数 59 转换二进制数，过程如下：

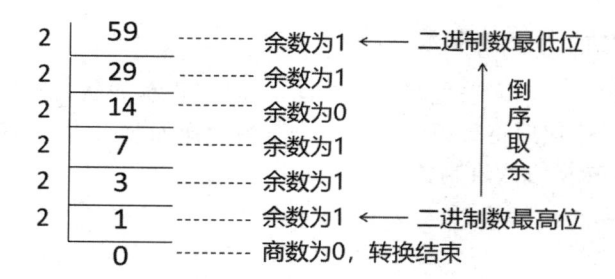

```
2 | 59    ------ 余数为1  ← 二进制数最低位
2 | 29    ------ 余数为1        ↑
2 | 14    ------ 余数为0      倒
2 | 7     ------ 余数为1      序
2 | 3     ------ 余数为1      取
2 | 1     ------ 余数为1  ← 二进制数最高位 余
    0     ------ 商数为0，转换结束
```

因此，十进制数 59 对应的二进制数为 111011，即 $59=(111011)_2$

例 2 将十进制数 63 转换八进制数，过程如下：

```
8 | 63    ------ 余数为7  ← 八进制数最低位  ↑倒 取
8 | 7     ------ 余数为7  ← 八进制数最高位   序 余
    0     ------ 商数为0，转换结束
```

因此，十进制数 63 对应的八进制数为 77，即 $63=(77)_8$

例 3 将十进制数 93 转换十六进制数，过程如下：

```
16 | 93   ------ 余数为13 ← 十六进制数最低位  ↑倒 取
16 | 5    ------ 余数为5  ← 十六进制数最高位   序 余
     0    ------ 商数为0，转换结束
```

因此，十进制数 93 对应的十六进制数为 5D，即 $93=(5D)_{16}$

2．二、八、十六进制数转换成十进制数

把二进制数转换成十进制数的规则是先对二进制数进行按位展开操作（位值乘以位权），然后将按位展开的结果累加，便得到与被转换二进制数相等的十进制数。

把八、十六进制数转换成十进制数的规则，与上述规则类似，区别是位权不同。

例4 将二进制数 111011 转换成十进制数，过程如下：

$(111011)_2 = 1 \times 2^5 + 1 \times 2^4 + 1 \times 2^3 + 0 \times 2^2 + 1 \times 2^1 + 1 \times 2^0$

$= 32+16+8+0+2+1 = 59$

因此，$(111011)_2 = (59)_{10}$

例5 将八进制数 413 转换成十进制数，过程如下：

$(413)_8 = 4 \times 8^2 + 1 \times 8^1 + 3 \times 8^0$

$= 256+8+3 = 267$

因此，$(413)_8 = (267)_{10}$

例6 将十六进制数 1A8F 转换成十进制数，过程如下：

$(1A8F)_{16} = 1 \times 16^3 + 10 \times 16^2 + 8 \times 16^1 + 15 \times 16^0$

$= 4096+2560+128+15 = 6799$

因此，$(1A8F)_{16} = (6799)_{10}$

3．二进制数转换成八进制数、十六进制数

把二进制数转换成八进制数的基本方法是取三合一法，即将二进制数从右向左每三位分为一组，不足三位时用 0 补齐，然后将每组的三位二进制数转换为对应的八进制数。

例7 将二进制数 1110111 转换成八进制数，过程如下：

分组：001　110　111

因此，$(1110111)_2 = (167)_8$

把二进制数转换成十六进制数的基本方法是取四合一法，即将二进制数从右向左每四位分为一组，不足四位时用 0 补齐，然后将每组的四位二进制数转换为对应的十六进制数。

例8 将二进制数 111110111 转换成十六进制数，过程如下：

分组：0001　1111　0111

因此，$(111110111)_2 = (1F7)_{16}$

4．八进制数、十六进制数转换成二进制数

把八进制数转换成二进制数的方法是将八进制数的每一位转换为对应的三位二进制数。

例9 将八进制数 213 转换成二进制数，过程如下：

$(213)_8 = (010\ 001\ 011)_2$

因此，$(213)_8 = (10001011)_2$

把十六进制数转换成二进制数的方法是将十六进制数的每一位转换为对应的四位二进制数。

例10 将十六进制数 1A8F 转换成二进制数，过程如下：

$(1A8F)_{16} = (0001\ 1010\ 1000\ 1111)_2$

因此，$(1A8F)_{16} = (1101010001111)_2$

5．八进制数、十六进制数之间的转换

八进制数、十六进制数之间的转换可以用二进制数作为中间表示，即先把八进制数转换成二进制数，再把二进制数转换成十六进制数。

例 11 将八进制数 213 转换成十六进制数，过程如下：

$(213)_8=(010\ 001\ 011)_2$

$(010\ 001\ 011)_2=(1000\ 1011)_2=(8B)_{16}$

因此，$(213)_8=(8B)_{16}$

1.3.2 计算机的数值表示方法

在计算机中，数值可以通过定点表示法和浮点表示法来表示。在定点表示法中，小数点位置固定。整数一般用定点数表示，分为无符号整数和有符号整数。无符号整数所有位都表示数值大小，而有符号整数则用最高位表示正负号，其余位表示数值大小。例如，用 1 字节（8 位）表示有符号整数时，最高位为符号位，其余 7 位表示数值大小，范围是-127 到 127。

最简单的定点表示法是原码表示法。在这种表示方法下，正数的最高位为 0，其余位表示该数的绝对值。负数的最高位为 1，其余位表示该数的绝对值。

例 12 正整数$(127)_{10}$如何用 1 字节的二进制编码表示？

因为$(127)_{10}=(1111111)_2$，

又因为 1 字节的最高位规定为符号位，"0"表示正数，"1"表示负数，

所以正整数$(127)_{10}$的计算机内编码表示是 01111111。

例 13 负整数$(-127)_{10}$如何用 1 字节的二进制编码表示？

由$(127)_{10}=(01111111)_2$ 可知-127 的原码是$(11111111)_2$，所以，负整数$(-127)_{10}$的计算机内编码二进制编码表示是 11111111。

1.3.3 计算机的字符表示方法

微课视频

字符指计算机中类字形单位或符号，包括字母、数字、运算符号、标点符号和其他符号，以及一些功能性符号。字符在计算机内存放，应规定相应的二进制编码来代表字符。

1．ASCII 编码

ASCII（American Standard Code for Information Interchange）编码是计算机中普遍采用的一种字符编码，常简称 ASCII 码。每个 ASCII 码占 1 字节，由 8 位二进制数组成，其中字符用 7 位二进制数表示，剩下一位作为校验位使用。基本 ASCII 码表示 128 个不同的字符，其中有 94 个可显示字符（10 个数字字符、26 个英文小写字母、26 个英文大写字母、32 个标点符号和专用符号），34 个控制字符。常用字符的 ASCII 码如表 1-3-3 所示。

表 1-3-3　常用字符的 ASCII 码

字符	ASCII 码	十进制码	十六进制码	字符	ASCII 码	十进制码	十六进制码
A	1000001	65	41	f	1100110	102	66
B	1000010	66	42	g	1100111	103	67
C	1000011	67	43	0	0110000	48	30
D	1000100	68	44	1	0110001	49	31
E	1000101	69	45	2	0110010	50	32
F	1000110	70	46	3	0110011	51	33
G	1000111	71	47	,	0101100	44	2C
a	1100001	97	61	.	0101110	46	2E
b	1100010	98	62	+	0101011	43	2B
c	1100011	99	63	−	0101101	45	2D
d	1100100	100	64	回车键	0001101	13	0D
e	1100101	101	65	退格键	0001000	8	08

2. GB2312 编码和 GBK 编码

我国在 1981 年颁布了最早的汉字编码标准 GB2312（中华人民共和国国家标准信息交换用汉字编码）。这种编码方式使计算机能够存储、处理和传输汉字信息。GB2312 编码收录了 6763 个汉字字符和 682 个非汉字图形字符，每个字符占 2 字节。

1995 年，GBK（汉字内码扩展规范）编码被提出，其在 GB2312 的基础上进行扩展，支持多达 20902 个汉字和图形符号。GBK 采用单双字节变长的编码方式，每个英文字符占 1 字节，每个汉字字符占 2 字节。

3. UTF-8 编码

UTF-8 是一种国际化的编码标准，能够表示世界上几乎所有的字符，包括汉字、日文、韩文等。UTF-8 采用变长的编码方式，能够用 1～4 字节表示一个字符，根据字符的常用程度来决定使用多少字节。

UTF-8 在计算机系统中被广泛采用，无论是 Windows、MacOS 还是 Linux 系统，都支持 UTF-8 编码，这使得跨平台的数据交换和处理变得非常方便。UTF-8 目前是计算机中普遍使用的字符编码。

1.3.4 计算机中数据的存储单位

在计算机内部，信息采用二进制数形式被存储、运算、处理和传输。数据和信息常用的存储单位有位、字节等。

1. 位（bit）

位是计算机中最小的数据单位，其值可以是 0 或者 1。2 位二进制数可以表示 4 种状态（00,01,10,11），n 位二进制数可以表示 2^n 种状态。

2．字节（Byte）

字节是计算机中最小的信息单位，每 8 位组成 1 字节。各种信息在计算机中存储、处理时至少需要 1 字节。例如，一个 ASCII 码用 1 字节表示。

> **注意**
> 字长和字节没有直接关系。字节是存储单位，字长是 CPU 的性能指标。

3．扩展的存储单位

随着存储容量的不断扩大，表示计算机各种存储介质（如内存、硬盘等）存储容量的单位不断升级发展。起初以字节描述文件大小和存储容量，但是随着计算机硬件系统和软件系统的飞速发展，在字节的基础上，先后出现 KB（千字节）、MB（兆字节）、GB（吉字节）、TB（太字节）等更大的存储单位，可以预期，随着存储容量的继续增大，存储单位还将继续扩展。常用的存储单位如表 1-3-4 所示。

表 1-3-4　存储单位

单 位 名 称	表 示 符 号	值
位	bit	0 或者 1
字节	Byte	8 位
千字节	KB	2^{10}（1024）字节
兆字节	MB	2^{20}（1024^2）字节
吉字节	GB	2^{30}（1024^3）字节
太字节	TB	2^{40}（1024^4）字节

1.4 计算机网络及应用

计算机网络是计算机技术和通信技术紧密结合的产物。计算机网络及其应用已经对人类社会的经济、政治和文化生活产生了重大影响。

1.4.1 计算机网络概述

1．计算机网络的定义

计算机网络是相互独立的计算机系统以通信线路相连，按照全网统一的网络协议进行数据通信，从而实现网络资源共享的计算机系统的集合，如图 1-4-1 所示。其中，网络协议是通信各方需要遵守的约定。

2．计算机网络的分类

依据通信距离的远近、网络的规模大小和覆盖范围，计算机网络可分为局域网（Local Area Network，LAN）、城域网（Metropolitan Area Network，MAN）和广域网（Wide Area Network，WAN）。局域网覆盖范围小，适用于办公楼群、校园等小范围区域，结构灵活，成本低。城域网覆盖范围一般在一个城市内，传输速率高；广域网覆盖范围广泛，适用于远程数据传输和大规模通信，结构复杂，成本较高。

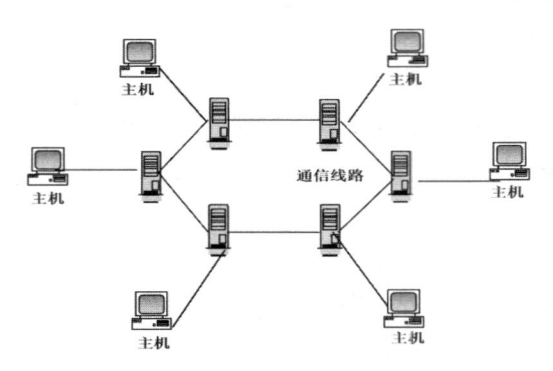

图 1-4-1　计算机网络

3．计算机网络的功能

计算机网络的主要功能为资源共享和数据通信。

资源共享是计算机网络最主要的功能，也是建立计算机网络的主要目的之一。这里的资源包括硬件资源、软件资源和数据资源。硬件资源包括 CPU、存储设备、特殊的外部设备等；软件资源包括各种语言处理程序、服务程序、应用程序等；数据资源包括各种数据文件、数据库等。

数据通信是计算机网络的基本功能，其任务是使网络中的计算机与计算机之间可以快速可靠地交换各种数据和信息。

除此之外，计算机网络可以将大型复杂的计算问题分配给网络中的多台计算机协作完成，若网络中的某台计算机或部分线路出现故障，则可调度网络中具有相同资源和功能的计算机和线路继续完成任务，大大提高了整个系统的可靠性。

4．计算机网络的拓扑结构

网络中的计算机等通信设备要实现互联，就需要以一定的结构进行连接，这种结构称为"拓扑结构"。常见的网络拓扑结构主要有总线型结构、环形结构、星型结构、树型结构和网状结构等。

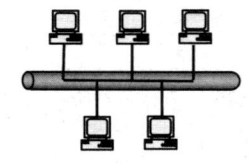

图 1-4-2　总线型结构

1）总线型结构

总线型结构是一种共享通道的线路结构，其采用一条通信线路作为公共的传输通道，通过接口将节点连接到总线上进行数据传输，如图 1-4-2 所示。总线型结构的信道利用率高，资源共享能力较强。但是若总线本身出现故障，则将对整个系统的工作产生影响，并且连接在总线上的设备越多，网络发送和接收数据的速度就越慢。

2）环形结构

环形结构是一种闭合的总线型结构，多个设备共享一个环路，如图 1-4-3 所示。各通信节点地位相同，相互顺序连接，构成一个封闭的环，数据在环中可以单向或双向传输。任意两个节点间都要通过环路实现通信。环形结构简单，传输延时确定，但环中任何一个节点出现线路故障，都可能造成网络瘫痪。任何节点间的通信线路都会成为网络可靠性的瓶颈。

3）星型结构

星型结构中存在着中心节点，每个节点通过通信线路直接与中心节点连接，中心节点控制全网通信，如图 1-4-4 所示。星型结构中的一个节点若向另一个节点发送数据，首先会将数据发送到中心节点，然后由中心节点转发到目标节点。这种结构简单，易于实现，便于管理。在星型结构中，网络的中心节点是全网可靠性的瓶颈，其故障可能造成全网瘫痪。

4）树型结构

在树型结构中，节点按层次连接，上下分层，形如一棵倒置的树，顶端是树根，树根以下连接分支，每个分支还可再连接子分支，如图 1-4-5 所示。树型结构容易扩展，出现故障易于分隔，但如果根节点出现故障，整个系统就不能正常工作了。

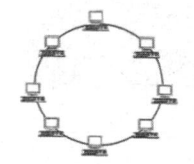

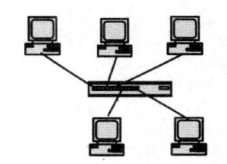

图 1-4-3 环形结构　　　　图 1-4-4 星型结构　　　　图 1-4-5 树型结构

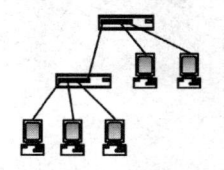

5）网状结构

网状结构中两两节点之间的连接是任意的，没有主次之分，如图 1-4-6 所示。网状结构中有多条通信线路，可以选择最佳通信线路，减少延时，改善流量分配，提高网络性能。这种结构复杂，线路成本高，不易管理和维护。

5．计算机网络的传输介质

计算机网络的传输介质可以分为两大类，分别是有线传输介质和无线传输介质。下面介绍有线传输介质，无线传输介质将在无线通信网部分介绍。

双绞线是最常用的有线传输介质，由两根、四根或八根绝缘导线组成，两根为一线对螺旋状扭绞在一起，如图 1-4-7 所示。双绞线可分为屏蔽双绞线和非屏蔽双绞线。非屏蔽双绞线因价格低廉、安装方便而被广泛使用。常见的非屏蔽双绞线有三类线、五类线、超五类线以及六类线，类型数字越大，技术越先进。与其他传输介质相比，双绞线在传输距离、信道宽度和数据传输速度等方面均受到一定限制。双绞线电缆的传输距离一般小于 100 米。

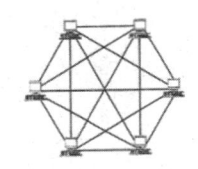

图 1-4-6 网状结构　　　　图 1-4-7 双绞线

同轴电缆由绝缘层包围的中央铜线、网状金属屏蔽层以及塑料封套构成，如图 1-4-8 所示。铜线用来传输电磁信号，网状金属屏蔽层用来屏蔽噪声和作为接地线。同轴电缆的传输距离比双绞线更远，可达几千米至几十千米，抗干扰能力较强，使用与维护非常方便，但价格比双绞线高。

光缆即光纤电缆，主要由光纤组成。一条光缆中包含多条光纤，如图 1-4-9 所示。将玻璃或塑料拉成极细的能传导光波的细丝，外面再包裹上多层保护材料，就形成了一条光纤。光纤通过内部的全反射来传输一束经过编码的光信号。光缆具有数据传输率高、大容量、抗干扰性强、误码率低以及安全保密性好的特点，适用于需要高带宽、低延迟和长距离传输的场合，如军事通信、干线网建设、跨海通信等。截至 2024 年年末，全国光缆线路总长度达 7288 万千米。

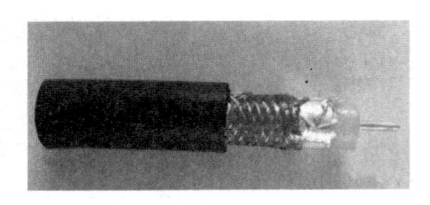

图 1-4-8　同轴电缆　　　　　　　　图 1-4-9　光缆

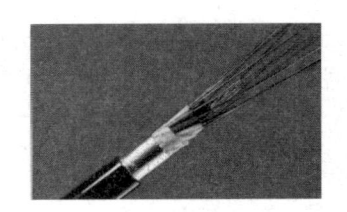

6. 计算机网络的性能指标

计算机网络的性能指标是衡量网络运行质量的重要标准，如表 1-4-1 所示。

表 1-4-1　计算机网络的性能指标

指标名	含义	单位
速率	表示计算机在信道上传输数据的速率，也称数据率或比特率	bps（比特每秒）
带宽	表示单位时间内通信信道能够传输的数据量	bps（比特每秒）
吞吐量	表示单位时间内通过某个网络的数据量，是衡量网络传输能力的关键指标	bps（比特每秒）
延时	表示数据（或一个报文、分组）从网络一端传输到另一端所需要的时间	ms（毫秒）

速率、带宽和吞吐量的单位都是 bps，但它们之间存在区别。速率是两个设备之间数据流动的物理速度，速率越高，数据传输越快，用户体验越好。例如，家庭宽带的速率通常以 Mbps（兆比特每秒）为单位，速率越高，下载和上传速度越快。带宽是描述网络或信道在给定时间内可以传输的最大数据量。较高的带宽意味着可以同时传输更多的数据，如大型文件、视频和音频文件。

吞吐量可以理解为实际的带宽，它不仅受到带宽本身影响，还受到 CPU 的处理能力、网络拥堵程度等其他因素的影响。网络实际传输的数据量可能低于带宽。

7. 网络协议

计算机网络要实现数据通信和资源共享，仅有计算机和通信设备是不够的，必须采用一致的网络协议才能实现。国际标准化组织（International Standards Organization，ISO）在 20 世纪 80 年代提出开放系统互联网参考模型（Open System Interconnection，OSI），将计算机网络协议划分为七个层次，每一层都有其特定的功能和协议。

（1）物理层负责传输比特流，为各种物理介质如同轴电缆、光缆之间的数据传输提供可靠的环境。这一层规定通信设备的机械、电气、功能方面的特性，例如，什么信号代表 1，什么信号代表 0，每一位持续多长时间等。

（2）数据链路层负责在两个相邻节点间传输数据，并提供流量控制和差错控制。相邻节点之间的数据交换是分组进行的。数据链路层对损坏、丢失和重复的分组进行处理并同时进行流量控制。

（3）网络层负责网络节点通信过程中的路由选择和数据分组传输。当传输的数据分组跨越网络边界时，网络层对不同网络中分组的长度、寻址方式、通信协议进行变换，使得异构型网络能够互联互通。

（4）传输层负责端到端的连接建立，即在底层协议的基础上提供一种通用的传输服务，使得使用者既不必考虑下层通信网络的工作细节，又能使数据传输高效和可靠地进行。

（5）会话层负责建立、维护和终止会话，确保数据传输的连续性。会话管理主要是建立和释放会话连接以及控制两个表示实体间的数据交换过程，如决定该谁说，该谁听。

（6）表示层负责数据格式化和编码转换，确保数据在不同系统间正确传输。表示层规定所传输数据的表现方式、语法和语义，例如，数据编码、数据压缩格式等。

（7）应用层是 OSI 的最高层，其他层都是为支持这一层的功能而存在的。这一层协议直接为用户提供应用服务，如超文本传输协议（HTTP）、文件传输协议（FTP）、简单邮件传输协议（SMTP）等。

1.4.2 有线局域网

有线局域网（本节简称局域网）是在一个局部地区范围内，采用专用通信设备和有线传输介质，如网卡、集线器、同轴电缆、双绞线、光缆等把各种计算机、终端、外围设备等相互连接起来组成的计算机通信网，主要采用以太网技术实现。

1. 局域网的主要特点

（1）覆盖范围较小：通常为几米到几百米，一般只在一个建筑物内或相对较小的区域内。

（2）传输速度快：传输速度从最初的几 Mbps 发展到如今的千 Mbps 甚至万 Mbps。

（3）拓扑结构简单：常用的拓扑结构包括总线型、星型和环形，结构简单，容易实现和维护。

（4）可靠性高：网络控制一般采用分布式，减少了单点故障的影响，提高了系统的可用性。

（5）安全性高：通过物理隔离、网络隔离及数据加密等多种方式确保数据安全。

（6）支持多种传输介质：包括双绞线、同轴电缆、光缆等。早期多采用同轴电缆，后来发展为采用更加普遍的双绞线。

2．局域网的工作模式

局域网的工作模式主要有对等网络模式和客户机/服务器（C/S）模式。对等网络模式下，局域网中的各台计算机有相同的功能，没有主从之分，任意一台计算机都可作为服务器，为网络中其他计算机提供共享资源，如图 1-4-10 所示。

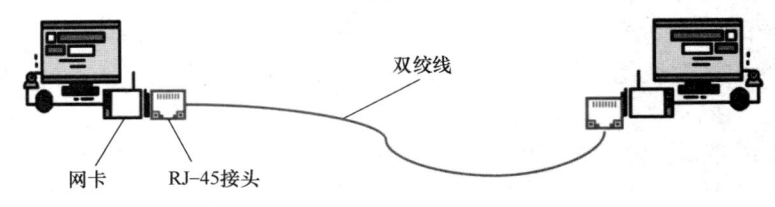

图 1-4-10　对等网络模式

C/S 模式下，网络中的计算机分为服务器和客户机，服务器是网络的核心，客户机是网络的基础，服务器为客户机提供所需的网络资源，如图 1-4-11 所示。

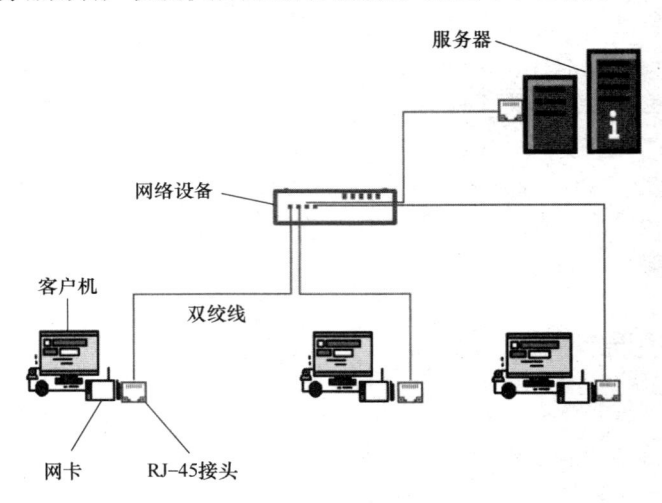

图 1-4-11　C/S 模式

3．局域网的主要设备

以 C/S 模式为例，局域网的主要设备有：网卡、网络设备、服务器和客户机等。

1）网卡

网络接口卡简称网卡，一端通过插件方式连接到局域网中的计算机上，另一端通过 RJ-45 接头连接到双绞线上。RJ-45 接头又称为水晶头，在局域网中专门用于连接非屏蔽双绞线。

图 1-4-12　集线器

2）网络设备

集线器是早期局域网的基本连接设备，如图 1-4-12 所示。集线器的功能是对接收到的信号进行再生、整形、放大，以增加网络的传输距离。随着技术的发展和需求的变化，集线器逐渐被交换机和路由器替代。

3）服务器和客户机

服务器常选用性能和配置较高的计算机担任，不仅可以管理网络，还可以为客户机提供服务。局域网中常用的服务器有文件服务器、打印服务器等。一般性能的计算机则作为客户机接入局域网中。

1.4.3 无线通信网

无线通信网是无须布线就能实现各种通信设备互联的网络，包括面向语音通信的移动电话网络以及面向数据传输的无线局域网、无线城域网和无线广域网。

其中，无线局域网（WLAN）在家庭中得到广泛应用，主要用于连接家庭成员的各种设备，如智能手机、平板电脑、电视等，实现互联互通和共享资源。

1. 无线传输介质

无线传输介质利用电磁波实现没有直接物理连接线路的两个站点之间的通信，不仅能有效地简化移动终端之间的通信，还能简化移动终端与互联网之间的通信，从而让数据传输变得更加迅速高效。常用的无线传输介质有无线电波、红外线、激光等。

无线电波的通信原理是：利用导体中电流强弱改变会产生无线电波的特性，通过调制将信息加载于无线电波之上，当电波通过空间传播到达接收端时，电波引起的电磁场变化又会在导体中产生电流，通过解调将信息从电流变化中提取出来，就达到信息传输的目的。

无线电波包括 Wi-Fi、蓝牙、微波等。

微课视频

1）Wi-Fi

Wi-Fi 主要工作在 2.4GHz 和 5GHz 频段，传输距离较长，一般在 30 米至 300 米之间，适用于室内外的大范围网络覆盖，如家庭、办公室、公共场所等。Wi-Fi 支持多个终端设备同时传输，方便多设备同时接入互联网，其传输速度快，可达 11Mbps 或更高，但安全性相对较低，通常需要密码保护。

2）蓝牙

蓝牙主要工作在 2.4～2.485GHz 频段，传输距离短，一般在 10 米左右，常用于笔记本电脑、手机、耳机、音箱等设备之间的数据通信。蓝牙传输速度较慢，最大带宽为 1Mbps。两个蓝牙设备传输之前需要进行发现和配对，抗干扰能力强，数据传输安全性较高。

3）微波

微波主要工作在 300MHz～300GHz 频段，比一般的无线电波频率高，通常称为"超高频电磁波"。当两点间直线距离内无障碍时就可以使用微波传输。微波通信具有容量大、质量好并可传至很远的距离的特点，是国家通信网的一种重要通信手段，也普遍适用于各种专用通信网。

2．无线局域网

利用无线通信技术取代传统线缆组建局域网络，构成可以互相通信和实现资源共享的网络体系——无线局域网。

无线局域网常用的硬件设备是无线 AP 和无线网卡。AP 是 Access Point 的简称，无线 AP 就是无线局域网的接入点，它的作用类似于有线网络中的集线器。无线网卡作为无线局域网的接口，能够实现无线局域网各客户机之间的连接与通信。

无线局域网中常见的拓扑结构是星型结构。在这种结构中，网络有一个中央节点（如无线 AP、无线路由器），其他带有无线网卡的节点通过无线信号与中央节点相连，如图 1-4-13 所示。无线局域网可连接有线和无线的桥接设备，与其他局域网、数据库或处理中心等相连。

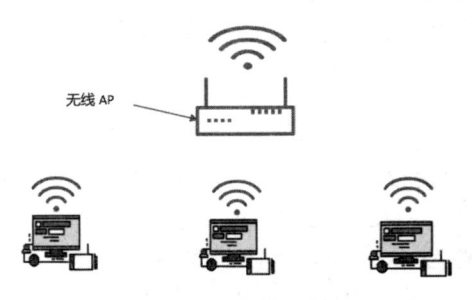

图 1-4-13　无线局域网

无线局域网主要采用 WAPI 和 Wi-Fi 两种上网模式。WAPI 是中国提出的无线局域网安全强制性标准，采用三元认证方式，适用于安全等级较高的场合。Wi-Fi 是基于 IEEE 802.11 标准的无线局域网通信技术，常用于家庭、办公室等空间较小的区域。

相对于有线局域网，无线局域网可以在任何位置接入网络，不受网络设备安放位置的限制，具有安装便捷、使用灵活、易于扩展、易于维护的优点。同时由于无线介质的特点，无线局域网在性能、速率和安全性方面都弱于有线局域网。

1.4.4　网络互联

使用网络互联设备连接多个局域网可以形成城域网和广域网。

1．城域网

城域网是在一个城市范围内所建立的计算机通信网，其覆盖范围在十几米到上百千米。城域网的网络连接可以采用专用线路，如光缆、DDN（数字数据网）等，也可以采用公用通信设施，如电话线、有线电视电缆等。

城域网的重要用途之一是作为骨干网，将位于同一城市内不同地点的主机、数据库以及局域网等互相连接起来，满足政府机构、金融保险等单位对高速率、高质量数据通信业务的需求。

2．广域网

广域网是连接不同地区局域网或城域网进行计算机通信的远程网,通常由公共通信部门利用现有的公用通信网设备,如有线通信网、无线通信网、卫星通信网等构建。广域网可以是国际性的远程网络,但并不等同于互联网。互联网是广域网之一。

广域网具有以下特点。

（1）覆盖范围广：广域网的覆盖范围可以从几十千米到几千千米,能够连接多个地区、城市和国家。

（2）传输速度快：广域网的传输速度通常为 56kbps～155Mbps,能够满足不同速度的需求。

（3）拓扑结构复杂：广域网中常见的拓扑结构是树型结构和网状结构。

广域网技术主要应用于 OSI 模型的网络层和传输层。

构建广域网通常采用的技术如下。

DDN（数字数据网）：提供高质量的数据传输通道,适合远程局域网间的固定互联。

X.25 分组交换数据网：通过存储-转发方式传送数据,适合低速互联。

PSTN（公共电话网）：覆盖广泛,价格低廉,但传输速率较低。

ISDN（综合业务数字网）：利用电话线提供多种业务通信。

3．网络互联设备

由于各种异构网络使用的技术不同,若要实现网络之间的互联互通就要使用相应的网络互联设备。网络互联设备可以根据其工作的协议层进行分类:中继器工作于物理层；网桥和交换机工作于数据链路层；路由器工作于网络层；而网关工作于网络层以上的协议层。这种根据 OSI 协议层的分类只是概念上的,实际的网络互联产品可能是几种功能的组合,从而可以提供更复杂的网络互联服务。

1）中继器（Repeater）

中继器用于连接两个局域网或广域网,以便在它们之间传输数据,如图 1-4-14 所示。中继器通过放大信号强度来延长信号的传输距离。当它接收到输入信号时,会将信号放大并传输到另一个网络中。中继器在传输过程中不会改变信号的内容。

2）网桥（Bridge）

网桥用于连接两个或多个不同的局域网,在数据链路层中进行数据交换,如图 1-4-15 所示。它与中继器的不同之处在于,它能够解析收发的数据,并决定是否向其他网段转发。网桥还可以用来连接不同物理介质的网络。例如,可以在网桥一端连接光缆,另一端连接同轴电缆。

3）交换机（Switch）

交换机是一种用于电信号转发的网络设备,可以在局域网和广域网中使用,如图 1-4-16 所示。它为接入交换机的任意两个网络节点提供独享的电信号通路,实现远程通信和数据传输。交换机和集线器的区别在于,交换机为两点间提供"独享通路",

而集线器上连接的所有节点"共享通路"。目前交换机已经逐步取代集线器和网桥,并增强了路由选择功能。

图 1-4-14　中继器　　　　图 1-4-15　网桥　　　　图 1-4-16　交换机

4）路由器（Router）

路由器是在广域网中应用最广泛的互联设备,如图 1-4-17 所示。路由器主要用于实现不同拓扑结构的网络间的互联,如星型局域网和总线型局域网之间的互联。路由器不仅具有网桥的所有功能,还具有路径选择功能,可以为不同网络之间的用户提供最佳通信线路。用路由器连接起来的多个网络仍然保持各自独立的实体地位不变。

5）网关（Gateway）

网关用于消除不同协议的网段之间的差异,实现不同网段之间的通信,如图 1-4-18 所示。网关的功能包括协议转换、数据格式转换、速率转换等。

图 1-4-17　路由器　　　　图 1-4-18　网关

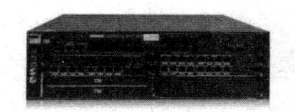

网关与路由器的区别在于,路由器主要负责网络层的路由选择和传输,而网关则工作在传输层及以上层次中,进行协议转换和数据格式转换。

1.4.5　互联网及其应用

互联网将许多广域网和局域网连接起来,构成一个全球性的、开放的信息网络。互联网包含物理设备、网络协议、应用软件等要素,通过分层结构实现。

微课视频

1．TCP/IP 协议

互联网采用的是 TCP/IP 协议（Transmission Control Protocol/Internet Protocol）族。TCP/IP 协议的广泛应用对网络技术发展产生了重要的影响。这些协议可划分为 4 个层次,它们与 OSI 的对应关系如表 1-4-2 所示。

表 1-4-2　TCP/IP 与 OSI 的对应关系

TCP/IP		OSI	
1	网络接口层	1	物理层
^	^	2	数据链路层
2	网络层	3	网络层

TCP/IP		OSI	
3	传输层	4	传输层
4	应用层	5	会话层
		6	表示层
		7	应用层

其中，最重要的是 TCP（传输层协议）和 IP（网络层协议）。TCP 协议的任务是进行数据传输控制，保证数据的可靠交付。IP 协议的任务是解决网间寻址的问题。

2．IP 地址

IP 协议规定，所有连入互联网的计算机必须拥有网内唯一的地址，以便相互识别。这个地址称为 IP 地址。常见的 IP 地址分为 IPv4 与 IPv6 两类。

1) IPv4

IPv4 地址是一个长度为 32 位的二进制数，由网络地址和主机地址组成。用点分十进制表示法可将 IP 地址写成四个十进制整数，每个整数对应 1 字节，用点分隔。

例如，西南财经大学 www 服务器的 IP 地址（11001010 01110011 01110000 00010000）可以写成 202.115.112.16。

IPv4 的编址方案将 IP 地址空间划分为 A、B、C、D、E 五类。其中 A、B、C 是基本类，如图 1-4-19 所示。

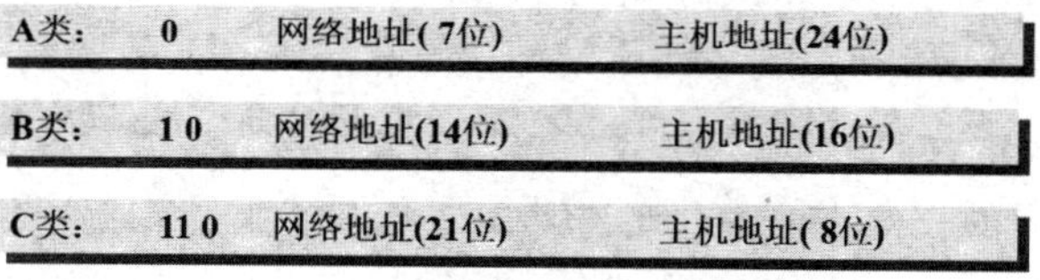

图 1-4-19 IP 地址分类（A、B、C）

根据点分十进制表示法和各类地址的标识，可以分析出 IP 地址第 1 字节的取值范围：A 类为 0～127，B 类为 128～191，C 类为 192～223。各类地址的取值范围如下。

A 类：1.0.0.0～126.255.255.255

B 类：128.0.0.0～191.255.255.255

C 类：192.0.0.0～223.255.255.255

A 类地址最高位固定为 0，另外 7 位可变的网络号可以标识 128（2^7）个网络。0 一般不用，127 用作环回地址，所以共有 126 个 A 类网络，24 位主机号可以标识 1677216（2^{24}）台主机。主机号为全 0 时，用于表示网络地址，主机号为全 1 时，用于表示广播地址，所以每个 A 类网络最多可以容纳 1677214 台主机。

B 类地址最高两位固定为 10，另外 14 位可变的网络号可以标识 16384（2^{14}）个网络，16 位主机号可以标识 65536 台（2^{16}）主机。由于主机号不能为全 0 和全 1，因此每个 B 类网络最多可以容纳 65534 台主机。

C 类地址最高三位固定为 110，另外 21 位可变的网络号可以标识 2097152（2^{21}）个网络，8 位主机号可以标识 256（2^8）台主机，由于主机号不能为全 0 和全 1，因此每个 C 类网络最多可以容纳 254 台主机。

2）IPv6

IPv4 协议的地址空间有限，只有大约 43 亿个地址。地址空间的不足妨碍互联网的进一步发展，为扩大地址空间，IPv6 编址方案重新定义了地址空间。IPv6 采用 128 位地址长度，2^{128} 足够大，使得地址空间可能永远用不完。

一个 IPv6 地址通常分为 8 组，每组为四个十六进制数，每组之间用冒号（:）分隔，例如，下面是一个 IPv6 地址：

2001:db8:130F:0000:0000:09C0:876A:130B

为了书写方便，每组中的前导"0"都可以省略；地址中包含的一个或多个全 0 字段 0000 可以用一对冒号代替。所以上述地址可以简写为：

2001:db8:130F::9C0:876A:130B。

在 IPv4 地址（点分十进制表示）前面加上一对冒号，就成为 IPv6 地址，称为 IPv4 兼容地址，例如，::192.168.1.1。

3．域名系统

互联网用户希望用名字来标识主机，有意义的名字可以表示主机的账号、工作性质、所属的地域或组织等，从而便于记忆和使用。使用互联网的域名系统（Domain Name System，DNS）就可以用一串以点分隔的名字组成互联网上某一台计算机或计算机组的名称。例如，www.swufe.edu.cn 是西南财经大学的 www 服务器的域名。

1）域名的分层结构

DNS 的逻辑结构是一棵分层的域名树。域名的层次结构为：

×××.四级域名.三级域名.二级域名.顶级域名

互联网信息中心（Internet Network Information Center）管理着域名树的根，称为根域。根域没有名称，用英文句号"."表示，通常可以省略。根域下面是顶级域，分为国家顶级域和通用顶级域。国家顶级域名包含 243 个国家和地区代码，例如，cn 代表中国，uk 代表英国等。通用顶级域名即"国际域名"有 com、org、net、int、edu、mil、gov 等。

中国互联网正式注册并运行的顶级域名是 cn。在顶级域名之下，我国的二级域名又分为类型域名和行政区域名两类。类型域名，如 edu 为教育系统的院校、ac 为中国科学院系统的机构、gov 为政府机关、com 为商业机构。行政区域名有 34 个，采用两个字符的汉语拼音分别对应于各省、自治区和直辖市，如 bj（北京市）、sh（上海市）、zj（浙江省）等。例如，www.sc.gov.cn 是四川省人民政府网站域名，www.moe.gov.cn 是教育部网站域名。

在二级域名下面可以划分子域，用专用名称标识分支部门，例如，it.swufe.edu.cn 中的 it 是子域名称，表示西南财经大学的人工智能学院。划分子域的工作可以一直延续下去，直到满足组织机构的管理需要为止。每级域名的长度不能超过 63 个字符，域名总长度不能超过 253 个字符。

2）域名解析和域名服务器

在互联网通信中，网络互联设备只能识别 IP 地址，不能识别域名，因此当用户使用域名时，系统必须根据域名找到与其对应的 IP 地址。将主机域名映射成 IP 地址的过程称为域名解析。

为实现域名解析，需要借助于一组既独立又协作的域名服务器。域名服务器是安装有域名解析软件的主机。互联网中存在着大量的域名服务器，每台域名服务器中都保存着它所负责区域内的主机域名和主机 IP 地址的对照表。由于域名结构是有层次性的，域名服务器也构成一定的层次结构，如图 1-4-20 所示。

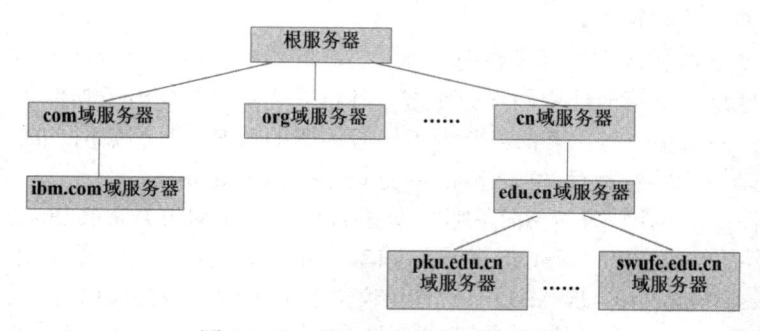

图 1-4-20 域名服务器的层次结构

其中，根服务器是架设互联网必需的基础设施，用来管理互联网的主目录，全世界 IPv4 根服务器只有 13 台，1 台为主根服务器，在美国，其余 12 台均为辅根服务器，其中美国 9 台，欧洲 2 台，日本 1 台。在与现有 IPv4 根服务器充分兼容基础上，中国主导的"雪人计划"于 2016 年在全球 16 个国家完成 25 台 IPv6 根服务器架设。

4．互联网的应用

互联网是一个世界规模的计算机网络，不仅为人们提供方便而快捷的通信与信息检索手段，还为人们提供巨大的信息资源和服务资源。互联网的基本服务包括万维网（WWW）、电子邮件（E-mail）、文件传输（FTP）、远程登录（Telnet）、检索和信息服务等。下面介绍前三种服务。

1）万维网服务

WWW 是 Word Wide Web 的缩写，简称 Web。WWW 服务是互联网最重要、最受欢迎的一种服务，其主要作用是提供信息浏览。Web 界面简单而统一，用户无论访问哪一类互联网资源，都可以轻松获取。

WWW 服务采用客户机/服务器的工作模式，客户机使用浏览器向 WWW 服务器发出请求，WWW 服务器根据请求将特定页面传送至客户机，由浏览器解读成图文并茂的页面。WWW 服务中客户机和服务器之间采用 HTTP（超文本传输协议）进行通信，从网络协议的层次结构看，属于应用层。

客户机和服务器传输的页面是一种可以含有文本、图形、图像、声音、视频等的超文本文件，称为网页或者 Web 页。若干主题相关的 Web 页构成 Web 网站，响应远程浏览器发来的浏览请求，为用户提供所需要的 Web 页。每个 Web 网站都有一个主页（入口网页），可通过主页上的超链接（Hyperlink）跳转到其他网页。网页是由超文本标记语言（HTML）编写的。HTML 通过一系列的标记来定义网页的结构和内容。常用的网页制作软件有 Dreamweaver、WordPress 等。

2）电子邮件服务

用户使用电子邮件服务在互联网上发送和接收邮件，邮件内容可以是文本、声音、图像、视频等。在电子邮件系统中，发件人将邮件提交给邮件服务器，由邮件服务器根据邮件中的目的地址，将其传送至收件人的邮件服务器，然后由收件人的邮件服务器将其转发到收件人的邮箱中。

用户首次发送和接收电子邮件时，必须在服务器中申请一个合法账号，每个账号对应一个邮箱地址。邮箱地址由两部分组成，其格式为：账号@电子邮件服务器域名。其中，第一部分为邮箱账号，第二部分为邮件服务器的域名，两部分用"@"分隔。例如，西南财经大学校园网管理员的邮箱为：webmail@swufe.edu.cn。

电子邮件系统常用协议包括简单邮件传输协议（Simple Mail Transfer Protocol，SMTP）、接收电子邮件的邮局协议（Post Office Protocol 3，POP3）和交互式数据消息访问协议（Internet Message Access Protocol 4，IMAP4）。这些协议位于 TCP/IP 协议的应用层。SMTP 采用客户机/服务器模式，负责将邮件从一台机器传至另一台机器，POP3 负责把邮件从邮箱传输到本地，而 IMAP4 也提供面向用户的邮件收取服务，是 POP3 的一种替代协议。

3）文件传输服务

文件传输服务提供在互联网上进行文件传输的功能。它支持文件的上传和下载，允许用户通过网络从远程服务器上获取文件或将文件上传到远程服务器上。

文件传输服务采用客户机/服务器模式，其中服务器提供文件存储和访问服务，而客户机则用于与服务器进行交互，实现文件的传输。客户机和服务器之间的通信协议称为文件传输协议。

文件传输服务有两种运行模式：主动模式和被动模式。在主动模式下，服务器主动连接客户机的数据端口。在被动模式下，客户机主动连接服务器的数据端口。这两种模式确保在不同网络环境下文件传输服务的稳定运行。

5．统一资源定位器（Uniform Resource Locator，URL）

URL 用于在 Web 上指定信息位置，互联网上的每个文件都有唯一的 URL，它包含的信息指出文件的位置以及浏览器应该怎样处理文件。

URL 的一般格式为：

<协议类型>://<域名或 IP 地址>/路径及文件名

其中，"协议类型"可以是 HTTP（超文本传输协议）、FTP（文件传输协议）、Telnet（远程登录协议）等；"域名或 IP 地址"指明要访问的服务器；"路径及文件名"指明要访问的页面名称。

例如，西南财经大学 Web 服务器中有关学校科研概况的网页 URL 地址为：https://www.swufe.edu.cn/kxyj.htm，其中的"https://"表示以超文本传输协议进行数据传输；"www.swufe.edu.cn"为西南财经大学 Web 服务器的主机域名；"/kxyj.htm"为介绍学校科研情况的超文本文件所在的路径及文件名。

1.5 信息安全及社会伦理

互联网及信息产业的发展在给人们带来新机遇的同时，也带来了新的威胁，例如，机密信息在网络上泄露，内部网络被攻击破坏，个人隐私泄露等。信息安全及相关的社会伦理问题迫切需要得到重视。

微课视频

1.5.1 信息安全

信息安全是指信息系统的硬件、软件及系统中的数据受到保护，不被偶然或者恶意地破坏、更改，不会泄露，系统能连续可靠正常地运行，信息服务不中断。

1．信息安全的内容

根据信息安全的定义，信息安全主要包括以下内容。
真实性：能对信息的来源进行判断，能对伪造来源的信息予以鉴别。
机密性：保证信息不被未授权的个人、实体或进程访问或使用。
完整性：保证数据的一致性，防止数据被非法用户篡改。
可用性：保证授权用户能够在需要时正常访问和使用信息。
不可否认性：保证使用信息系统的用户不能否认其行为。
可控制性：对信息的传播及内容具有控制能力。
可审查性：对出现的网络安全问题提供调查的依据和手段。

2．信息安全面临的威胁

信息安全面临的威胁大多具有相同的特征：威胁的目的都是破坏系统的机密性、完整性或者可用性；威胁的对象包括数据、软件和硬件；威胁的实施者包括自然灾害、授权用户或恶意攻击者。

按照来源，威胁可分为内部威胁和外部威胁。

1）内部威胁

内部威胁包括以下四类。

（1）信息泄露、数据篡改、恶意软件使用等。员工或前员工滥用访问权限或工作疏忽导致了安全漏洞，而这些漏洞被外部攻击者利用。

（2）系统软件漏洞。这类漏洞是网络协议或操作系统等因设计上的不完备而留下的"漏洞"。美国微软公司就经常发布 Windows 补丁程序解决这类漏洞。

（3）硬件故障。如网卡、内存、硬盘等设备的物理损坏等。

（4）安全管理不规范或管理混乱。如不当安装设备或软件、不小心删除文件、升级错误文件、忽视密码更换等行为。

2）外部威胁

外部威胁包括以下三类。

（1）网络攻击。信息在公共通信网络上存储、共享和传输，可能导致被非法窃听、截取、篡改或毁坏等。例如，用密码猜测攻击、缓冲区溢出攻击、拒绝服务攻击等手段对信息系统进行攻击和入侵。

（2）病毒和恶意代码。它们具有自我复制、自我传播能力，可以像生物病毒一样传染其他程序，对信息系统构成破坏。

（3）自然和环境灾害，如高温、湿度、照明、火灾、地震等。

1.5.2 计算机病毒与防范

1. 计算机病毒的定义

计算机病毒是在计算机程序中插入的破坏计算机功能或者破坏数据，影响计算机使用并且能够自我复制的一组计算机指令或者程序代码。

计算机病毒具有如下特征。

（1）破坏性。这是计算机病毒的主要特征，可以对软硬件系统造成不同程度的危害。如抢占系统资源、干扰系统运行，破坏数据或文件，甚至破坏计算机硬件。

（2）潜伏性。计算机病毒侵入系统后一般要经过一段时间才发作。潜伏期长短不一，可能为数十小时，也可能为数天甚至更久。

（3）隐蔽性。病毒程序通常隐藏在其他程序和数据文件中。计算机感染病毒后，用户几乎感觉不到它的存在，只有当病毒发作时，用户才知道。

（4）传染性。计算机病毒可以通过各种渠道（如文件复制、网络传输、文件执行等）进行自我复制和迅速传播。一个文件中毒，如果不及时清理，病毒就会在这台计算机上迅速扩散。

（5）触发性。许多病毒在特定条件成熟后才会被触发。触发条件可能是日期、时间、特殊的标识符等。

2. 如何防范计算机病毒

用户应养成良好的使用习惯，增强对计算机病毒的防范意识，降低和避免计算机病毒可能带来的危害。良好的使用习惯包括但不限于以下几点：

（1）不下载和安装来历不明的软件，不打开可疑电子邮件的附件，不访问不安全的网站。

（2）安装杀毒软件，对存储介质（如U盘、移动硬盘等）进行病毒检测，确认安全后方可使用。不打开从互联网上下载的未经杀毒软件检测的文件。

（3）安装防火墙和病毒防护软件，设置访问规则，过滤不安全的网站和病毒木马，实时检测和排除风险。

（4）定期升级杀毒软件，更新病毒库。杀毒软件只能查找并且清除"已知"病毒，更新病毒库才能更可靠地保护计算机系统。

（5）备份重要文件。备份策略能使重要数据保存下来。例如，当计算机感染病毒无法启动时，如果有系统恢复盘，90%以上的系统数据都可以完全恢复。

（6）定期更新系统和软件。某些病毒会利用系统漏洞或者软件弱点传播，及时"打补丁"不失为一个好的安全措施。

1.5.3 隐私与产权保护

随着科技的飞速发展，隐私保护和知识产权保护方面的问题日益凸显。如何在享受科技带来的便利的同时，确保个人隐私和知识产权不被侵犯，是每个人都需要面对的重要问题。

1. 计算机中的隐私保护

隐私保护就是对个人的私密信息、活动及设备进行保护，确保这些信息不被未经授权的人获取或滥用。

保护个人的信息安全不仅关乎尊严和自由，还直接影响我们的生活质量和安全。如果个人信息被不法分子获取，可能导致身份被盗用、遭到诽谤、接到骚扰电话、收到诈骗短信等一系列问题，对个人和社会造成危害。

从计算机行业出发，保护计算机用户的隐私就是要尽可能地使用先进的技术手段提高计算机安全性，比如，在互联网通信中使用 HTTPS、SSL 等加密技术将敏感数据转化为密文传输；使用虚拟私人网络（VPN）保护在线活动不被监听或追踪；使用区块链技术以加密链的形式记录数据的所有交易等。

从计算机用户的角度出发，保护个人隐私需要养成良好的行为习惯。

（1）在社交媒体及其他在线平台上谨慎分享信息，避免在不安全的网络环境下分享敏感信息，如身份证号、银行卡号等。

（2）在设置重要的账户密码时使用强密码，即密码包含大小写字母、数字和特殊字符，长度不少于 8 位。

（3）避免多个账户使用相同密码。这样即使一个账户被攻破，其他账户也能保持安全。

（4）定期更换密码或设置手机验证码及指纹等验证方式，以降低账户被盗的风险。

（5）谨慎使用设备提供的共享功能，如蓝牙、Wi-Fi 和位置共享等。

2. 计算机中的产权保护

计算机中的产权保护主要是软件知识产权保护。软件知识产权是计算机软件人员对自己的研发成果（软件和文档）依法享有的权利。大多数国家使用著作权法来保护软件知识产权。此外，还可以使用专利法、合同法、商标法、反不正当竞争法等进行保护。

中国根据《中华人民共和国著作权法》制定了《计算机软件保护条例》，其规定了人身权和财产权。人身权是指发表权、开发者身份权；财产权是指使用权、使用许可和获得报酬权、转让权。它们的含义如表 1-5-1 所示。

表 1-5-1 《计算机软件保护条例》中的人身权和财产权

名　　称	含　　义
发表权	决定软件是否公之于众的权利
开发者身份权	表明开发者身份的权利以及在其软件上署名的权利
使用权	在不损害社会公共利益的前提下，以复制、展示、发行、修改、翻译、注释等方式使用其软件的权利
使用许可和获得报酬权	许可他人以部分或者全部方式使用其软件的权利和由此获得报酬的权利
转让权	向他人同时转让使用权、使用许可和获得报酬权

软件的开发需要大量智力和财力的投入，软件本身是高度智慧的结晶，与有形财产一样，也应受到法律的保护。打击侵权盗版，保护软件知识产权，建立一个尊重知识，尊重知识产权的良好市场环境，可以提高开发者的积极性和创造性，促进软件产业的发展，从而促进人类文明的进步。

1.5.4 法律约束与社会责任

信息系统和计算机网络的用户，应遵守国家相关法律法规，承担相应的社会责任。

1. 信息安全的相关法规

我国出台了一系列与信息安全相关的法律法规（如表 1-5-2 所示），用以保障网络安全，维护个人和组织的合法权益，促进信息技术的健康发展。这些法律法规共同构成我国信息安全法律体系的基础。

表 1-5-2　与信息安全相关的法律法规

名　　称	主　要　内　容	施　行　时　间
《中华人民共和国网络安全法》	规定网络运营者应当履行的安全保护义务，包括制定内部安全管理制度、采取技术措施防范网络攻击等	2017 年 6 月 1 日
《中华人民共和国个人信息保护法》	赋予个人对其信息处理的知情权、决定权，并规定个人信息的收集、存储、使用、加工、传输、提供、公开、删除等环节的合法性和规范性	2021 年 11 月 1 日
《中华人民共和国数据安全法》	规范数据的收集、存储、使用、加工、传输、公开等行为，确保数据的安全和合法使用	2021 年 9 月 1 日
《网络数据安全管理条例》	规范网络数据处理活动，保障网络数据安全，促进网络数据依法合理有效利用	2025 年 1 月 1 日

此外，还有其他相关法律法规和政策，如《关键信息基础设施安全保护条例》《网络安全等级保护条例》《中华人民共和国电子签名法》等，这些法律法规进一步细化了不同领域和信息系统的安全要求，形成较为完善的信息安全法律体系。

通过遵守这些法律法规和承担相应的社会责任，用户可以更好地保护自己和他人的合法权益，促进网络空间的健康发展。

2. 信息世界中的社会责任

用户在使用计算机和网络时需要承担的社会责任主要包括以下五方面。

1）保护个人隐私

保护个人隐私，不随意泄露身份证号、手机号、私密照片等重要资料，以防止个人信息被滥用。

2）尊重他人权益

在使用网络时，用户应尊重他人的知识产权、隐私权等合法权益，不进行任何侵犯他人权益的行为。例如，不泄露他人隐私，不非法获取、存储、处理他人的个人信息和数据，不盗用他人智力成果。

3）合法合规地使用计算机与网络资源

用户在使用计算机与网络资源时，不得进行任何违法犯罪活动。例如，不得蓄意破坏他人的计算机系统设备及资源，不得制造或传播计算机病毒，不得利用网络进行诈骗。

4）维护网络秩序

用户应积极参与网络文明建设，不发布虚假信息、不发布和传播违法信息、不参与网络暴力，文明使用网络语言，抵制网络有害信息和低俗之风，共同维护网络空间的良好秩序和安全。

5）维护网络安全

用户应积极采取措施防范网络攻击，如使用正版防病毒软件、定期更新系统、设置强密码等；积极参与安全教育和培训，增强自身的网络安全意识和技能，共同维护网络空间安全。

思考题

1．计算机中的信息是如何表示的？
2．计算机的发展可以划分为哪几个阶段？每个阶段具有哪些特征？
3．简述计算机硬件系统的五大功能部件的基本功能。
4．简述 RAM 和 ROM 的含义及区别。
5．简述计算机的工作原理。
6．计算机网络的主要功能是什么？
7．简述 A、B、C 类 IP 地址中网络地址和主机地址各自占用的字节数。
8．信息安全领域面临的外部威胁有哪些？
9．简述计算机病毒的预防和清除方法。
10．在信息世界里，如何保证个人隐私？

第 2 章 计算机操作系统

【学习目标】
1. 了解操作系统的基础知识。
2. 了解 Windows 10 的特点。
3. 熟练掌握 Windows 10 的基本概念及基本操作。
4. 熟练掌握 Windows 10 对文件系统、应用程序和磁盘的管理方式。
5. 了解并掌握 Windows 10 附件中的常用应用程序。
6. 了解 Linux 的定义、特点、应用领域。
7. 熟悉 Linux 常见发行版本的特点和用途,学会安装 Linux 的方法。
8. 理解 Linux 文件系统的结构和功能,运用基本命令进行文件和目录操作。
9. 掌握 vi 编辑器的基本使用方法,能够运用其编写简单程序。

2.1 操作系统概述

2.1.1 操作系统的定义

操作系统(Operating System,OS)是计算机系统中核心的系统软件,它管理和控制计算机的硬件与软件资源,提供用户与计算机之间的交互界面。操作系统的主要功能包括进程管理、内存管理、文件系统管理、设备管理、作业管理等。

2.1.2 操作系统的分类

操作系统可以根据不同的标准进行分类。按用途分类,可以分为桌面操作系统(如 Windows、MacOS)、服务器操作系统(如 Linux、UNIX)、嵌入式操作系统(如 VxWorks、Android)。按用户界面分类,可以分为命令行界面(CLI)操作系统(如 DOS)、图形用户界面(GUI)操作系统(如 Windows)。按许可模式分类,可以分为开源操作系统(如 Linux)和专有操作系统(如 Windows)。

微课视频

2.1.3 操作系统的功能

1. 进程管理

进程是程序在计算机上的动态执行实例,是操作系统进行资源分配和调度的基本单位。操作系统通过进程管理实现多任务处理,确保各个进程能够公平、高效地使用并共享系统资源。

2. 内存管理

内存管理是操作系统的重要功能之一,它负责分配、回收内存资源,以及对内存进行保护和共享。虚拟内存技术是内存管理中的关键技术,它通过在内存和外存之间架设桥梁,解决了内存和外存之间访问速度和存储容量不匹配的问题,实现了以有限的内存空间运行和处理大程序和大文件的目的。

3. 文件系统管理

文件系统是操作系统中用于存储、组织和读写文件的系统,它定义了文件的命名规则、存储结构、访问方式等,使得用户能够方便地存储、检索、管理和访问文件。

4. 设备管理

设备管理负责管理计算机硬件设备,如磁盘驱动器、打印机、键盘、声卡、网络接口等各类输入设备和输出设备,通过驱动程序实现设备与操作系统的交互。

5. 作业管理

作业管理提供用户与操作系统交互的界面,如命令行界面和图形用户界面。允许用户通过输入命令或使用图形界面操作来表达自己的操作意图,控制计算机运行程序、完成任务。

2.1.4 常用操作系统

1. Windows

Windows 是微软公司开发的一系列操作系统,广泛用于个人计算机、服务器和移动设备。Windows 提供图形用户界面,易于使用,支持广泛的软件和硬件,具有强大的网络和多媒体功能。目前常用的版本有 Windows 10、Windows 11 等。

2. MacOS

MacOS 是苹果公司为其 Mac 系列计算机开发的操作系统。MacOS 以其优雅的图形用户界面和出色的性能而闻名,MacOS 与苹果公司的硬件紧密集成,提供流畅的用户体验。目前常用的版本有:Big Sur、Monterey 等。

3．Linux

Linux 是一个开源的类 UNIX 操作系统。Linux 高度可定制，适用于各种硬件平台，具有强大的网络功能，常用于服务器和嵌入式系统。目前的发行版本有：Ubuntu、Fedora、Debian、Red Hat Enterprise Linux 等。

4．UNIX

UNIX 是一个强大的多用户、多任务操作系统，最初由 AT&T 的贝尔实验室开发。UNIX 具有稳定、安全、高效的特点，对系统资源的管理非常出色。UNIX 的变种有：Solaris、AIX、HP-UX 等。

5．Android

Android 是由 Google 开发的基于 Linux 内核的操作系统，主要用于触屏移动设备，如智能手机和平板电脑。Android 用户友好，拥有庞大的应用生态系统，支持多种设备和硬件配置。

6．iOS

iOS 是苹果公司为其 iPhone、iPad 和 iPod Touch 等移动设备开发的操作系统。iOS 与苹果公司的硬件紧密集成，提供流畅、直观的用户体验，拥有严格的应用审核流程，确保应用质量。

7．Windows Server

Windows Server 是微软公司为服务器环境开发的操作系统。Windows Server 提供强大的服务器功能，如活动目录、文件服务、打印服务等，支持多种网络协议和安全特性。

2.2　Windows 10 操作系统

2.2.1　Windows 10 概述

2.2.1.1　版本特色

Windows 10 是微软公司研发的跨平台及设备应用的操作系统。2015 年 1 月 21 日，微软在华盛顿发布新一代 Windows 系统。同年 3 月 18 日，微软中国官网正式推出了 Windows 10 中文介绍页面。同年 7 月 29 日，微软发布 Windows 10 正式版。

Windows 10 有 7 个发行版本：家庭版、专业版、企业版、教育版、移动版、移动企业版和物联网核心版。下面列举 Windows 10 的一些特色功能。

（1）生物识别技术：Windows 10 新增的 Windows Hello 功能带来一系列对于生物识别技术的支持。除了常见的指纹扫描，系统还能通过面部或虹膜扫描来进行登录。当然，用户需要使用新的 3D 红外摄像头来获取这些新功能。

（2）Cortana 搜索功能：Cortana 可以用来搜索硬盘内的文件、系统设置、安装的应用，甚至是互联网中的其他信息。作为一个私人助手，Cortana 还能像在移动平台上那样设置基于时间和地点的备忘录。

（3）平板模式：微软在照顾老用户的同时，也没有忘记随着触控屏幕成长的新一代用户。Windows 10 提供了针对触控屏设备优化的功能，同时还提供了专门的平板计算机模式，"开始"菜单和应用都将以全屏模式运行。如果设置得当，系统会自动在平板计算机与桌面模式间切换。

（4）桌面应用：微软放弃激进的 Metro 风格，回归传统风格，用户可以调整应用窗口大小，标题栏重回窗口上方，最大化与最小化按钮也给了用户更多的选择和自由度。

（5）多桌面：如果用户没有多显示器配置，但依然需要对大量的窗口进行重新排列，那么 Windows 10 的虚拟桌面应该可以帮到用户。在该功能的帮助下，用户可以将窗口放进不同的虚拟桌面当中，并在其中进行轻松切换，使原本杂乱无章的桌面变得整洁。

（6）"开始"菜单进化：微软在 Windows 10 中带回了用户期盼已久的"开始"菜单功能，并将其与 Windows 8 开始屏幕的特色相结合。用户单击屏幕左下角的"开始"按钮打开"开始"菜单之后，不仅会在左侧看到系统关键设置和应用列表，标志性的动态磁贴也会出现在右侧。

（7）任务切换器：Windows 10 的任务切换器不再仅显示应用图标，而支持通过大尺寸缩略图的方式进行内容预览。

（8）文件资源管理器升级：Windows 10 的文件资源管理器会在主页面上显示出用户常用的文件和文件夹，让用户可以快速获取到自己需要的内容。

（9）新技术融合：Windows 10 在易用性、安全性等方面进行了深入的改进与优化。针对云服务、智能移动设备、自然人机交互等新技术进行融合。

2.2.1.2 安装与激活

1．Windows 10 安装的硬件要求

在安装 Windows 10 之前，用户需要确认计算机是否支持 32 位或 64 位的操作系统，需要确保计算机满足以下硬件要求。

（1）处理器：1 GHz 或更快的处理器或系统单芯片（SoC）。

（2）内存：1 GB（32 位操作系统）或 2 GB（64 位操作系统）RAM。

（3）硬盘空间：16 GB 或更大空间（32 位），32 GB 或更大空间（64 位）。

（4）显卡：DirectX 9 或更高版本显卡，具有 WDDM 1.0 驱动程序，显示器支持 800×600（像素）分辨率。

2．Windows 10 的安装与激活

目前，中国的许多高校都与微软（中国）有限公司签订了合作协议。通过校园网，学生可以下载安装正版的 Windows 10 操作系统。主要步骤如下：

（1）通过校园网下载正版的 Windows 10 安装文件。

计算机与大数据基础

（2）将下载下来的安装文件，使用"软碟通"制作 U 盘启动盘，将 U 盘插到需要安装系统的计算机上。

（3）启动计算机时，切换到 U 盘启动选项（切换方法查看对应的计算机说明手册）。启动后，计算机将从 U 盘中读取安装文件进行安装。一般可以在安装向导中直接单击"下一步"按钮进行安装，但在进行磁盘分区时应注意，操作系统应该安装在主分区上。

（4）重启计算机，完成安装。

（5）进入系统。

（6）进行联网设置，成功连接网络后进行激活，激活时需要以管理员方式运行 DOS 窗口，在窗口中依次输入序列号（参见所在校园网的安装提示信息）。

2.2.2 Windows 10 基本概念和基本操作

在安装 Windows 10 后，因更新的版本不一样，操作系统界面略有差别，本书以 19045.4046 版本为例进行讲解。

微课视频

1. 鼠标的基本操作

鼠标是 Windows 10 界面操作的主要输入设备之一。鼠标的基本操作包括单击、双击、右击、滚动、拖曳、悬停等，如表 2-2-1 所示。

表 2-2-1 鼠标的基本操作

鼠标操作	操作方法	功能
单击	将鼠标指针指向某个对象，按鼠标左键，并快速释放	选择一个对象或激活一个按钮，选择后的对象和没有选择的对象在颜色上有区分
双击	将鼠标指针指向某个对象，连续快速双击鼠标左键	通常用于打开文件或运行程序
右击	将鼠标指针指向某个对象，按鼠标右键，并快速释放	右击某个对象会打开一个菜单（快捷菜单），选择其中的选项可以快速执行菜单命令
滚动	滚动鼠标中间滚轮	用于在文档或网页中上下浏览
拖曳	将鼠标指针指向要移动的对象，按住鼠标左键不放并移动鼠标到目标位置，再释放鼠标	用于移动窗口、文件或其他对象
悬停	将鼠标指针移动到某个对象上但不做任何动作	用于显示工具提示，在许多应用中，将鼠标悬停在按钮、图标或链接上时，会显示一个工具提示，提供关于该对象的简短帮助信息

在 Windows 10 中，鼠标指针有各种不同的标记符号，出现的位置和含义也不相同。表 2-2-2 列出了 Windows 10 常见的鼠标指针标记符号的含义。

表 2-2-2　鼠标指针标记符号的含义

鼠标指针	含　义	鼠标指针	含　义
▶	正常选择	⊘	不可用
▶?	帮助选择	↔	水平调整
▶⧖	后台运行	↕	垂直调整
⧖	忙	↖↘ 或 ↗↙	沿着对角线调整
＋	精确定位	✥	移动
I	选中文本	☝	链接选择

2．桌面

桌面是指启动 Windows 10 后用户看到的显示器主屏幕区域。桌面是用户工作的一个平台，桌面上包括快捷方式图标（常用程序和文件的）、"开始"菜单、任务栏、通知区域、桌面背景等。成功安装 Windows 10 后的桌面如图 2-2-1 所示。

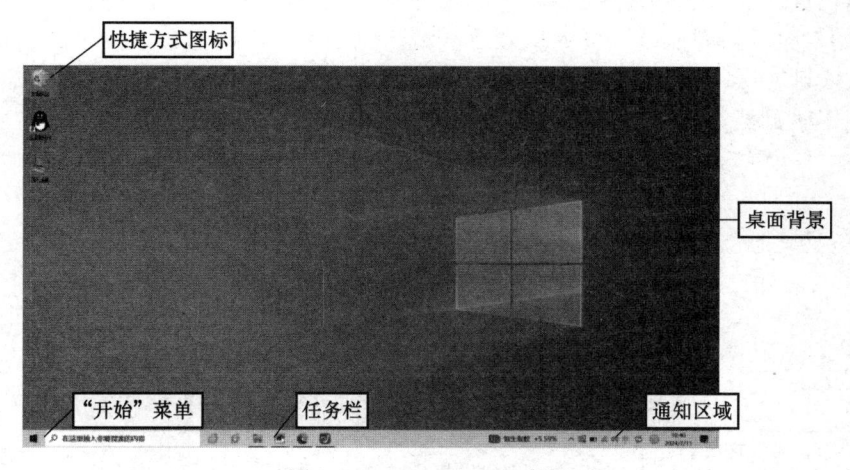

图 2-2-1　Windows 10 桌面

单击桌面右下角的竖条（即"桌面显示"按钮），可以快速显示桌面。通过个性化设置修改桌面的背景：右击桌面空白区域，在快捷菜单中选择"个性化"选项，如图 2-2-2 所示。在"背景"中选择一张图片作为桌面背景，如图 2-2-3 所示。

3．"开始"菜单

菜单（Menu）是 Windows 中的一个用户界面元素，它是一种列表，包含了一系列的选项或命令供用户选择。菜单分为快捷菜单和下拉菜单。右击某个对象，可以打开该对象的快捷菜单，用户可以快捷地对该对象进行一些常用的操作。

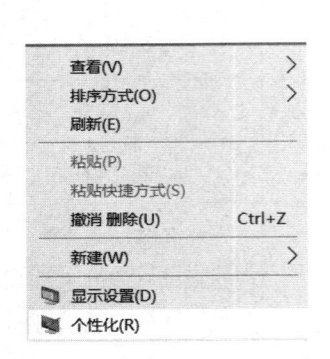

图 2-2-2　桌面快捷菜单　　　　　　　图 2-2-3　修改桌面背景

1)"开始"菜单概述

Windows 10 的"开始"菜单是用户访问应用程序、文件以及进行系统设置的主要入口。"开始"菜单位于桌面的左下角,单击"开始"按钮 将打开一系列的菜单选项,并可通过这些菜单选项来启动程序、打开文件或文件夹、设置选项、添加软硬件,以及关闭计算机等。

"开始"菜单最左侧是"常用"项目区域,包括用户、电源、设置等。中间是"应用列表"项目区域,显示按首字母排序的所有应用。右侧是"开始屏幕"区域,用来固定常用应用磁贴或图标,如图 2-2-4 所示。

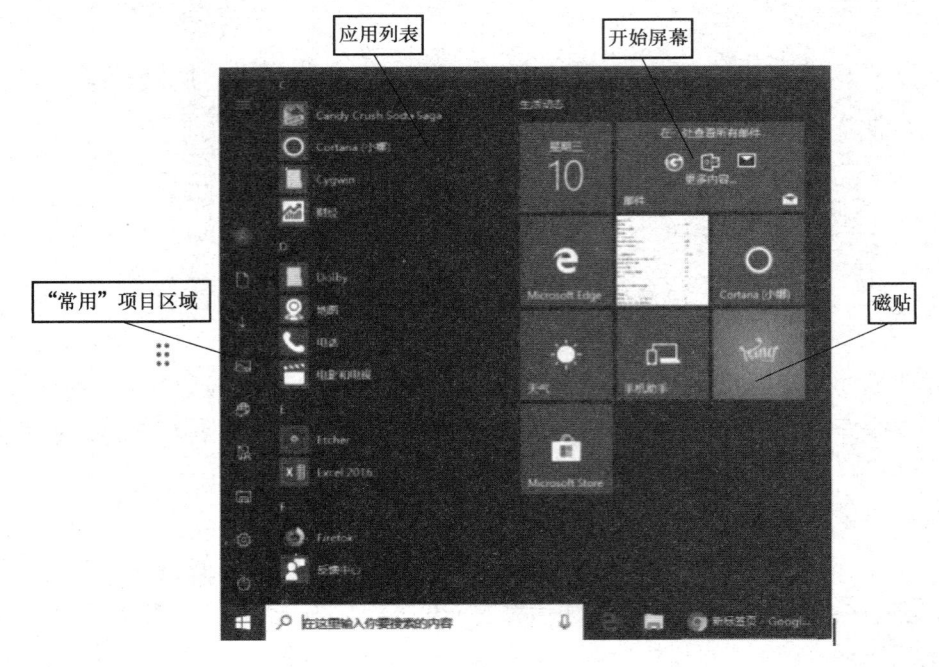

图 2-2-4　"开始"菜单

2）启动和关闭"开始"菜单

启动和关闭"开始"菜单有如下三种方法。

方法 1：单击任务栏左下角的"开始"按钮 ▇ 。

方法 2：按键盘上的 Windows 键（一般在键盘左下角 Ctrl 键和 Alt 键之间），然后释放按键。

方法 3：按 Ctrl+Esc 快捷键，先按 Ctrl 键不放，然后按 Esc 键打开"开始"菜单，再按 Esc 键关闭"开始"菜单。

3）电源管理

在"开始"菜单中，可以进行电源管理。单击"开始"菜单中的"电源"选项 电源 ，打开"电源"菜单，该菜单提供了"睡眠""关机""重启"等功能，如图 2-2-5 所示。

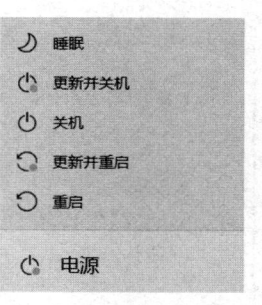

图 2-2-5　"电源"菜单

（1）睡眠：计算机进入睡眠状态时，显示器将关闭，计算机的风扇也会停止，但计算机没有完全关闭，耗电量极少，只需要维持内存中的工作。

（2）关机：关闭所有打开的应用程序，关闭操作系统，关闭计算机电源。

（3）重启：重新启动操作系统。

4）"开始"菜单设置

单击"开始"菜单中的"设置"按钮 设置 ，选择"个性化"选项，单击"开始" 开始 按钮，可以设置"开始"菜单，如图 2-2-6 所示。

单击"选择哪些文件夹显示在'开始'菜单上"选项，可以设置"开始"菜单显示的文件夹选项，如图 2-2-7 所示。

图 2-2-6　"开始"菜单设置　　　　图 2-2-7　"开始"菜单文件夹选项设置

4．图标

1）图标的概念

Windows 图标是各种项目的图形化标识，通常代表一个文件、程序、网页或命令。

图标因标识项目的不同而分为文件夹图标、快捷方式图标、文件图标、磁盘驱动器图标等，部分常用图标如表 2-2-3 所示。

表 2-2-3　部分常用图标

图　标	标 识 项 目	图　标	标 识 项 目
	文件夹		WinRAR 压缩文件
	磁盘驱动器		MP3 音乐文件
	BMP 图片文件		AVI 视频文件
	记事本文件		WPS 文档文件
	PDF 文件		"微信"快捷方式

2）快捷方式图标

快捷方式是 Windows 应用程序、文件夹、文件的快速链接。用户双击快捷方式图标，能够快速启动程序、打开文件或文件夹。为了高效工作，可以将经常要启动的应用程序、经常访问的文件或文件夹的快捷方式放到桌面上。

例如，要创建腾讯 QQ 快捷方式图标，可以单击桌面最右下角的竖条，显示桌面；单击"开始"菜单，在应用列表中找到"腾讯 QQ"图标，用鼠标将其拖动到桌面上，就可以创建该程序的快捷方式。

微课视频

3）桌面图标的查看和排列

桌面图标的排列有两种方式：自动排列和非自动排列。自动排列方式下，系统会自动调整图标的位置，保持整齐排列。非自动排列方式下，用户可以随意拖曳图标到任何位置，实现自定义排列。

右击桌面空白处，在弹出的快捷菜单中选择"查看"选项，勾选或取消勾选"自动排列图标"选项，即可设置图标的排列方式。在"查看"选项中，还可以设置"大图标"、"中等图标"和"小图标"，设置图标显示的大小，如图 2-2-8 所示。

用户可以设置按名称、大小、项目类型或修改日期来对图标排序。右击桌面空白处，将出现如图 2-2-9 所示的快捷菜单，在"排序方式"子菜单中可以选择一种合适的排序方式。

5. 任务栏

Windows 10 任务栏是操作系统界面的一个重要组成部分，它位于桌面的底部，提供了快速访问常用应用程序和工具的功能。

1）任务栏的组成

任务栏上从左往右依次是"开始"按钮，搜索栏，快速启动区，活动任务区，系统托盘区，如图 2-2-10 所示。

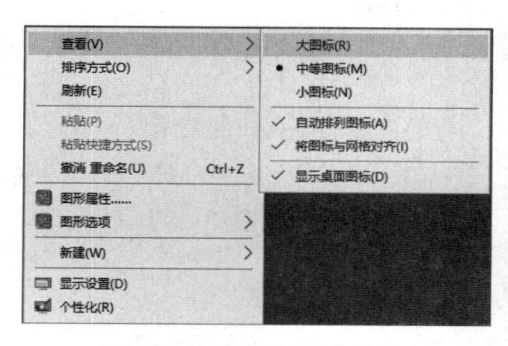

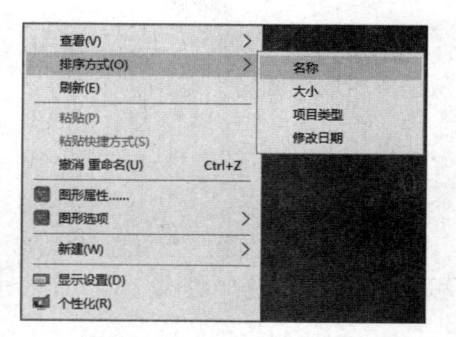

图 2-2-8　桌面图标的查看方式　　　　图 2-2-9　桌面图标的排序方式

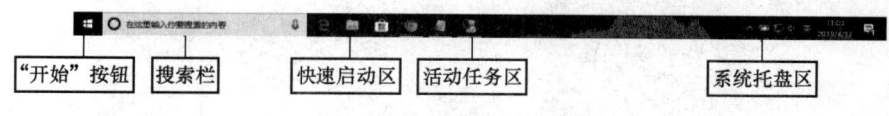

图 2-2-10　任务栏的组成

其中,"开始"按钮已介绍过,这里不再赘述。

(1)搜索栏。用户可以在搜索栏中输入搜索词,快速搜索文件、应用程序、设置等,并可以通过搜索栏启动应用程序。例如,用户在搜索栏中输入"写字板",系统从本地 Windows 中搜索到"写字板"应用程序,如图 2-2-11 所示,单击该应用程序图标即可启动写字板应用程序。

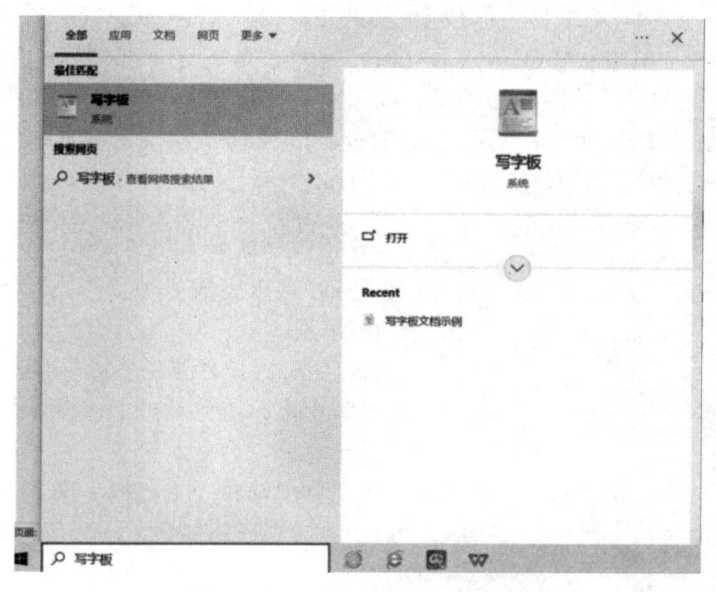

图 2-2-11　搜索栏搜索应用程序

(2)快速启动区。快速启动区给用户提供了快速访问应用程序的功能。用户单击快速启动区中的应用程序图标,可以启动应用程序。

如果用户要在快速启动区添加图标,只需要将相应图标从其他位置(如桌面或"开始"菜单)拖动到这个区域即可。

如果用户想要删除快速启动区中的图标，可右击对应的图标，在快捷菜单中选择"从任务栏取消固定"选项。

（3）活动任务区。该区域显示当前正在运行的应用程序窗口的缩略图标。为了节省更多的空间，用相同的应用程序打开的多个窗口只对应于一个图标。通过活动任务区可以实现如下常见操作。

① 实时预览功能：当鼠标悬停在活动任务区的应用程序图标上时，可以预览该应用程序打开的所有窗口的缩略窗口，如图2-2-12所示。

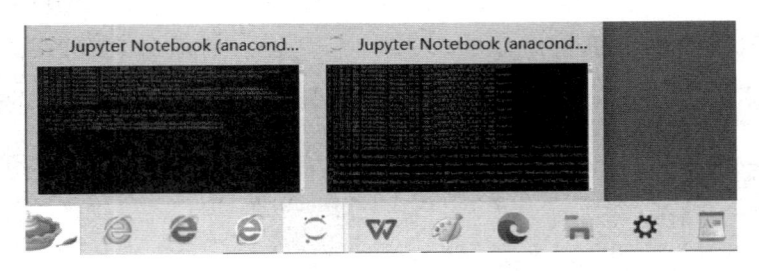

图2-2-12　活动任务区实时预览图

② 快速切换窗口：可以单击活动任务区中的图标快速切换到相应的应用程序窗口。

③ 关闭窗口：右击活动任务区的应用程序图标，在弹出的快捷菜单中选择"关闭窗口"选项，可以关闭该应用程序窗口。

（4）系统托盘区。系统托盘区位于任务栏的右侧，显示系统状态图标，如网络连接 、音量控制 、电池状态（笔记本电脑） 、系统时间 等。单击系统托盘区中的 图标，会出现常驻内存的项目。单击系统托盘区中的 图标或 图标，可以实现中英文输入法的切换（或者使用Ctrl+Space快捷键）。双击系统时间显示区将出现日期和时间属性对话框，可以设定系统的日期和时间，如图2-2-13所示。

图2-2-13　日期和时间属性对话框

2）任务栏的相关设置

设置任务栏可以完成多种工作，以增强用户界面的个性化和功能性。

（1）锁定任务栏。右击任务栏，勾选"锁定任务栏"选项，可以防止不小心移动或更改任务栏上的图标。

（2）任务栏上工具栏的设置。右击任务栏的空白区域，在快捷菜单中选择"工具栏"选项，在下一级子菜单中，可以勾选是否在任务栏上显示地址栏、链接工具栏、桌面工具栏等，如图2-2-14所示。

（3）任务栏设置。右击任务栏的空白区域，在快捷菜单中选择"任务栏设置"选项，可以显示任务栏设置窗口，如图2-2-15所示。用户可以设置任务栏是否隐藏、是否锁定，设置任务栏在屏幕上的位置等。

第 2 章　计算机操作系统

图 2-2-14　任务栏上工具栏的设置　　　　图 2-2-15　任务栏设置窗口

6. 窗口

1）窗口的概念

窗口是 Windows 中用于显示信息和用户界面控件的基本单位。Windows 窗口分为应用程序窗口、文件夹窗口等。用户可以同时打开多个窗口，用户当前操作的窗口，称为活动窗口或前台窗口；其他窗口则称为非活动窗口或后台窗口。前台窗口和后台窗口可以互相切换。

2）窗口的组成

下面以 Windows 附件中的"写字板"应用程序为例介绍窗口的组成。单击"开始"菜单，选择"Windows 附件"选项，单击"写字板"应用程序，打开"写字板"窗口，如图 2-2-16 所示。

微课视频

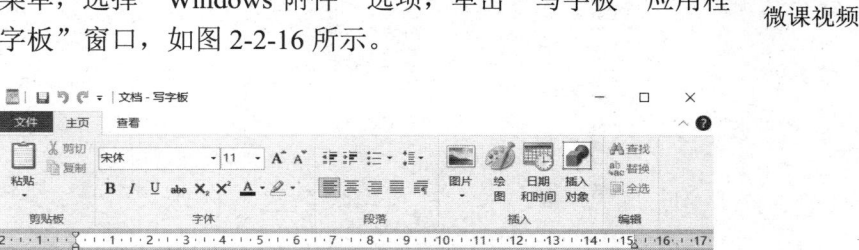

图 2-2-16　"写字板"窗口

a）快速访问工具栏与标题栏

"写字板"窗口最上面的是快速访问工具栏与标题栏，如图 2-2-17 所示。快速访问

49

计算机与大数据基础

工具栏与标题栏上的区域从左至右依次为：控制菜单、快速访问工具栏区、标题区，以及最右边控制窗口大小的区域。

图 2-2-17　快速访问工具栏与标题栏

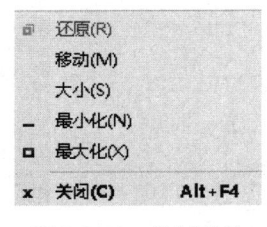

最左边的按钮为控制菜单按钮。单击按钮，即可弹出控制菜单，如图 2-2-18 所示。控制菜单可以实现窗口的还原、移动、最小化、最大化、关闭等操作。

在快速访问工具栏区，单击按钮可以快速实现保存（保存文档）、撤销（撤销上一个操作）、重做（重复上一个操作）操作。

标题区用于显示应用程序名称和文件名称。

图 2-2-18　控制菜单

最右边控制窗口大小的区域中，— 是最小化窗口按钮，□ 是最大化窗口按钮，× 是关闭窗口按钮，是窗口还原按钮。

b）"文件"选项卡和功能区

标题栏下面是文件选项卡和功能区，如图 2-2-19 所示。功能区包括"主页"和"查看"两个选项卡。

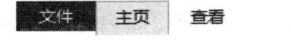

图 2-2-19　"文件"选项卡和功能区

单击"文件"选项卡，从弹出的下拉菜单中可以进行新建、打开、保存、另存为、打印等基本操作，如图 2-2-20 所示。单击可以展开菜单对应的子菜单。

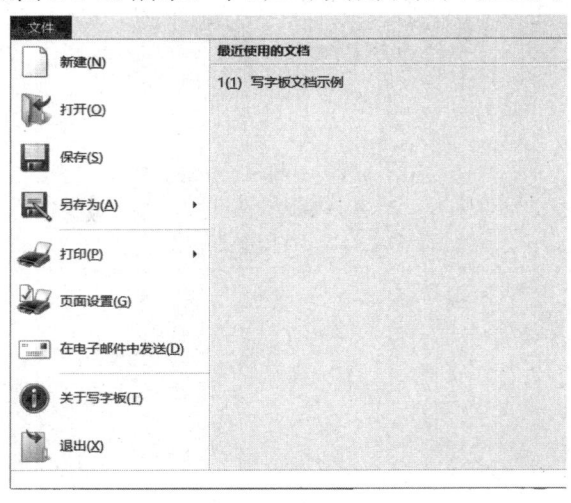

图 2-2-20　"文件"选项卡下拉菜单

"主页"选项卡主要包括剪贴板、字体、段落、插入、编辑等功能选项，如图 2-2-21 所示。

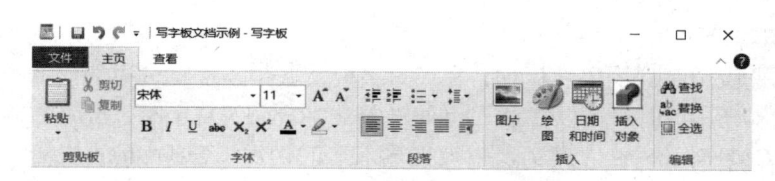

图 2-2-21 "主页"选项卡

"查看"选项卡主要包括缩放、显示或隐藏、设置等功能选项,如图 2-2-22 所示。

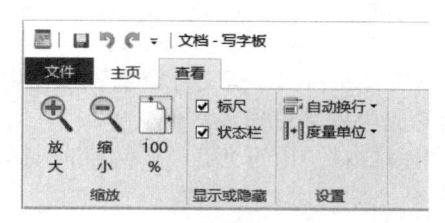

图 2-2-22 "查看"选项卡

单击功能区最右侧的"最小化功能区"按钮 ∧ 按钮可以将展开的功能区命令按钮收起。单击"展开功能区"按钮 ∨ 可以展开功能区命令按钮,单击 ❷ 可以获取 Windows 的在线帮助。

c)滚动条

当窗口的内容不能全部显示时,在窗口的右边或底部出现的条框称为滚动条,如图 2-2-23 所示,拖动横向滚动条或纵向滚动条可以左右或上下翻阅文档。

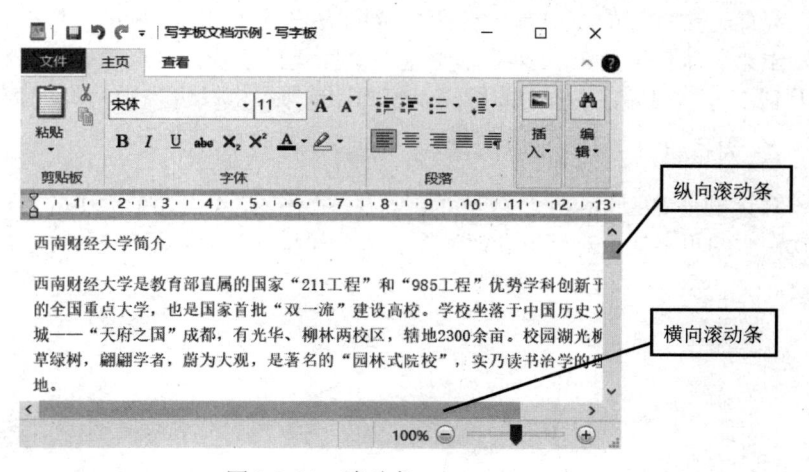

图 2-2-23 滚动条

d)状态栏

窗口底部的区域称为状态栏,其经常会显示一些与窗口中的操作有关的提示信息,如图 2-2-24 所示。

图 2-2-24 窗口的状态栏

e）应用程序工作区

工作区是应用程序的主体区域，在"写字板"工作区中有一根闪动的小竖线，称为插入点或文本光标，用户可以在插入点处输入文字。输入文字时，常用的输入法切换快捷键如下：Ctrl+Space 快捷键实现中英文输入法的切换；Ctrl+Shift 快捷键实现不同输入法的切换。可以使用功能区命令按钮在工作区上完成设置字体格式、段落格式，插入图片对象，编辑文本信息等操作。

3）窗口的基本操作

（1）窗口的打开。双击桌面上的应用程序图标或"开始"菜单中的应用程序图标，可以启动应用程序，打开应用程序窗口。在文件资源管理器中，双击文件图标或文件夹图标，可以打开文件对应的应用程序窗口或文件夹窗口。

（2）窗口的关闭。单击窗口右上角的"关闭"按钮×，或者使用快捷键 Alt+F4，可以关闭窗口。

（3）移动整个窗口。将鼠标指针指向窗口的标题栏，鼠标指针变成白色箭头，按住鼠标左键拖动鼠标到合适的位置再松开。

（4）调整窗口大小。移动鼠标指针到窗口的边框上，鼠标指针变成⇔或⇕，按住鼠标左键拖动鼠标可调整窗口宽度或高度。移动鼠标指针到窗口四角上，当鼠标指针变成或，按住鼠标左键拖动鼠标可对窗口大小沿对角线方向进行调整。

（5）窗口的切换操作。使用快捷键 Alt + Tab 可以在打开的窗口之间进行切换。使用快捷键 Win + Tab 可以打开任务视图，通过选择不同的窗口进行切换。

（6）平铺或层叠窗口。在任务栏的空白处右击，在快捷菜单中选择"层叠窗口"选项，所有当前打开的窗口都会按照层叠的方式重新排列。此时，每个窗口的标题栏都会显示出来。从任务栏的快捷菜单中选择"堆叠显示窗口"选项，可以将当前打开的窗口从上到下分层显示；选择"并排显示窗口"选项，可以将当前打开的窗口平行并排显示。

7．对话框

对话框是 Windows 的主要界面之一，对话框是不可调节大小的窗口。例如，WPS 文字软件中的"字体"对话框和"设置文本效果格式"对话框如图 2-2-25 和图 2-2-26 所示。

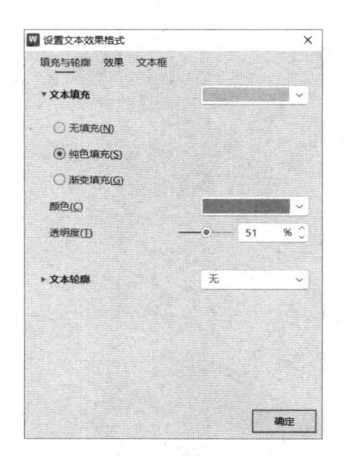

图 2-2-25 "字体"对话框　　　　图 2-2-26 "设置文本效果格式"对话框

对话框中常用控件有：命令按钮、文本框、下拉菜单、组合框、复选框和单选按钮、微调器等，如表 2-2-4 所示。

表 2-2-4 对话框中常用的控件介绍

控 件 名 称	控 件 形 状	控 件 功 能
命令按钮	文字效果(E)...	单击执行命令按钮功能或者打开对应的对话框
文本框	swufe	输入、删除、编辑文本
下拉菜单	下划线线型(U): (无) 字下加线	单击 可选择下拉菜单中的选项，不能输入文本
组合框	中文字体(T): 中文 +中文标题 +中文正文 Arial Unicode MS Malgun Gothic Malgun Gothic Semilight	由文本框和下拉菜单组成，在文本框中可以输入文本，在下拉菜单中可以选择选项
复选框	效果 ☑ 删除线(K) ☐ 双删除线(L) ☑ 上标(P) ☐ 下标(B)	勾选一组复选框中的一个或多个选项，也可以一个都不勾选
单选按钮	文本填充 ○ 无填充(N) ● 纯色填充(S) ○ 渐变填充(G)	选中一组单选按钮中的一个按钮
微调器	46 %	可以拖曳微调按钮调节微调器中的数字（向左减少数字，向右增加数字），也可以单击微调器右侧的上三角或下三角图标对数字进行增加或减少

2.2.3 Windows 10 文件和文件夹的管理

1．基本概念

1）文件

文件是一种存储在永久存储器上的数字资源。在 Windows 10 中，文件可以包含文本、程序代码、图像、音频、视频或其他任何类型的数据。每个文件通过文件名来标识，文件名的格式是"文件名.文件扩展名"。文件名通常是有意义的一串字符，如"student" "工资表" "5 月工资"等。文件扩展名表示文件的类型，例如，".txt"表示文本文件，".bmp"表示画图文件，".exe"表示可执行文件等。以"记事本"应用程序为例，其文件名是"Notepad.exe"。常见的文件扩展名如表 2-2-5 所示。

2）文件夹和文件路径

文件夹是磁盘上用来存放、组织和管理文件的容器，还用来管理和组织计算机的资源。例如，"设备和打印机"文件夹就是用来管理和组织打印机等设备；"此计算机"

则是一个代表用户计算机资源的文件夹。

表 2-2-5　常见的文件扩展名

扩展名	文件类型	扩展名	文件类型
doc/docx	Word 电子文档	pdf	pdf 阅读器文件
txt	记事本文本文件	exe	可执行文件
xls/xlsx	Excel 电子表格文件	jpg、png	图像文件
ppt/pptx	PowerPoint 幻灯片文件	bmp	画图文件
rar	WinRar 压缩文件	mp3	音频文件
htm/html	网页文件	avi、mp4	视频文件

文件夹中可存放文件和子文件夹，子文件夹中还可以存放文件和子文件夹。这种包含关系使得 Windows 中所有的文件夹形成一种树型结构。其中，根文件夹是最顶层的文件夹，其他所有文件和文件夹都由根文件夹开始。根文件夹的表示方式是"磁盘符:\"，如"C:\""D:\""E:\"。从根文件夹到子文件夹，文件经过的文件夹路径形成文件路径。在文件路径中，在文件夹和文件夹之间以及文件夹和文件名之间以符号"\"分隔，例如，"C:\Windows\System32"是一个文件夹的路径，"C:\Windows\Notepad.exe"是一个文件的路径。

2．文件资源管理器

1）文件资源管理器的打开

打开文件资源管理器的方法有以下三种：

（1）使用快捷键 Windows+E。

（2）在"搜索栏"中输入"文件"，双击"最佳匹配"中的"文件资源管理器"应用程序。

（3）在"开始"按钮上右击，在快捷菜单中选择"文件资源管理器"选项。

打开的文件资源管理器如图 2-2-27 所示。

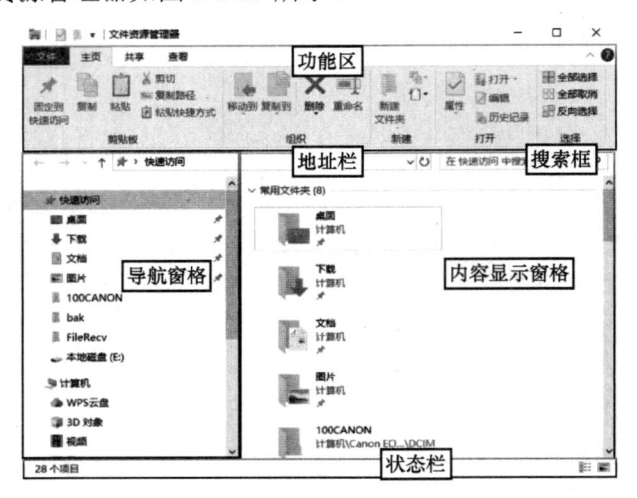

图 2-2-27　文件资源管理器

2）文件资源管理器组成

a）组成概述

文件资源管理器主要包括功能区、地址栏、导航窗格、内容显示窗格、状态栏、搜索框等。

功能区包括文件、主页、查看、共享四个选项卡。

地址栏左边是"前进"→、"返回"←、"最近浏览位置"∨、"上移"↑四个按钮，这些按钮可以帮助用户快速访问最近访问过的位置；地址栏中间显示当前文件或文件夹所在目录的完整路径，也可以直接在里面输入路径；地址栏右边是搜索框，在搜索框中输入文件名或文件中的关键字时，可以在地址栏指定的位置中搜索满足条件的文件并高亮显示。

导航窗格和内容显示窗格组成了工作区，这两个窗格中可能会出现横向或纵向滚动条。

状态栏用于显示当前的状态。下面重点介绍功能区和导航窗格。

b）功能区

功能区包括"文件""主页""共享""查看"等选项卡。其中，使用"主页"选项卡，可以对选中的文件或文件夹进行编辑操作，包括复制、粘贴、移动、新建、重命名、查看属性等，如图2-2-28所示。

图2-2-28 "主页"选项卡

使用"共享"选项卡，可以进行共享设置，主要包括设置文件的发送，设置共享的用户、读写权限以及停止共享等，如图2-2-29所示。

图2-2-29 "共享"选项卡

单击"查看"选项卡，可以设置窗格、布局、当前视图等内容，还可以设置显示或隐藏项目，如图2-2-30所示。

图2-2-30 "查看"选项卡

c）导航窗格

导航窗格最上面是"快速访问"选项，目的是快速访问用户的重要资源。"快速访问"选项通过库来管理文件或文件夹。库是一种虚拟的文件夹，它允许用户将来自不同位置的文件和文件夹组织在一起，以便更容易地访问和管理。默认情况下，"快速访问"选项中可能存在如下几个库："桌面""下载""文档""图片"等。当用户利用 Windows 提供的应用程序保存创建的文件时，默认的保存位置是"文档"库。从互联网下载的网页、图片等也会默认分别存放在上述对应的库中。

在导航窗格中，单击某个文件夹左边的 ▷ 符号，可以展开其下一级文件夹。单击一个展开的文件夹左边的 ∨ 符号，可以将该文件夹的下一级文件夹折叠起来。单击某个文件夹图标，则该文件夹将成为当前文件夹，并在右边内容显示窗格中显示该文件夹中的文件和子文件夹。

3．文件与文件夹的管理

1）选中文件或文件夹

文件资源管理器中的许多操作是针对选中的文件或文件夹进行的。在导航窗格中，单击当前文件夹后，在内容显示窗格中，可以单击该文件夹中的文件或子文件夹，选中一个文件或文件夹。

如果要不连续地选中多个文件或文件夹，可先按住 Ctrl 键，再单击需要选中的文件或文件夹，最后释放 Ctrl 键。

如果要连续地选中多个相邻的文件或文件夹，先单击需要连续选中的第一个文件或文件夹，再按住 Shift 键不放，然后单击需要连续选中的最后一个文件或文件夹，最后释放 Shift 键。

2）新建文件或文件夹

新建文件或文件夹可以使用如下两种方法。

（1）使用快捷菜单。在桌面或文件夹的空白区域右击，选择快捷菜单中的"新建"选项，可以在桌面或文件夹中新建文件或文件夹，如图 2-2-31 所示。

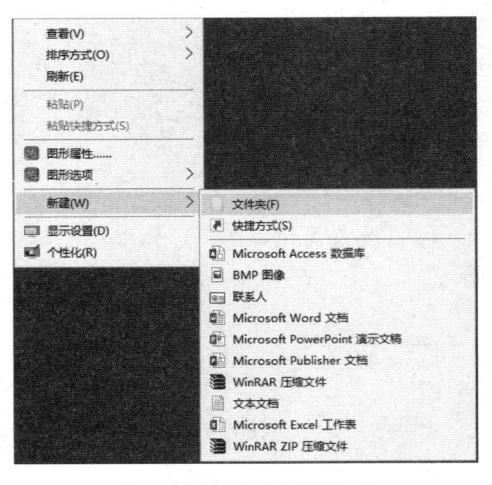

图 2-2-31　使用快捷菜单

（2）使用文件资源管理器。在文件资源管理器的"主页"选项卡下，单击"新建文件夹"或"新建项目"按钮，可以新建文件夹或新建应用程序文件。

3）文件夹或文件的打开

打开文件夹意味着打开文件夹窗口。打开文件则意味着启动创建这个文件的 Windows 应用程序。打开文件夹或文件的方法有三种。

（1）将鼠标指针指向文件夹或文件的图标后双击鼠标左键。

（2）右击文件夹或文件图标，在快捷菜单中选择"打开"选项。

（3）在文件资源管理器或文件夹窗口中，先选中文件夹或文件，再单击"主页"选项卡下的"打开"按钮。

4）文件或文件夹的重命名

选中需要重命名的文件或文件夹之后，可以使用以下两种方法重命名。

（1）右击文件或文件夹，在快捷菜单中选择"重命名"选项，在文件名文本框中输入文件名。

（2）单击"主页"选项卡下的"重命名"按钮，在文件名文本框中输入文件名。

5）文件或文件夹的复制和移动

复制文件是指将一个或多个文件或文件夹从一个文件夹（源文件夹）复制到另一个文件夹（目标文件夹）。移动文件是指将一个或多个文件或文件夹从源文件夹移动到目标文件夹。复制和移动操作的区别是：复制操作需要执行"复制"和"粘贴"两个操作，完成后源文件夹里面仍然保留复制的文件或文件夹；移动操作需要执行"剪切"和"粘贴"两个操作，完成后源文件夹里面不保留移动的文件或文件夹。

在源文件夹中选中需要复制的文件或文件夹之后，可用以下任一种方法完成文件或文件夹的复制。

（1）单击"主页"选项卡下的"复制"按钮，然后选择目标文件夹，单击"主页"选项卡下的"粘贴"按钮，如图 2-2-32 所示。

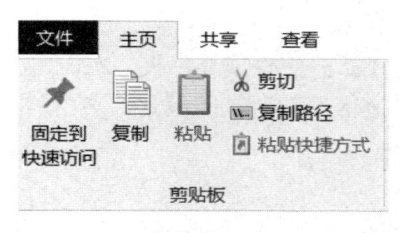

图 2-2-32 "剪贴板"中的命令按钮

（2）右击选中的文件或文件夹图标，在快捷菜单中选择"复制"选项，然后在目标文件夹的空白处右击，在快捷菜单中选择"粘贴"选项。

（3）利用快捷键。按 Ctrl+C 快捷键执行"复制"操作，然后选择目标文件夹，按 Ctrl+V 快捷键执行"粘贴"操作。

移动文件或文件夹与复制文件或文件夹的操作步骤类似，只需要将上述的"复制"操作换成"剪切"操作，或者将 Ctrl+C 快捷键换成 Ctrl+X 快捷键即可。

文件的复制和移动都涉及"剪贴板"的使用，剪贴板是内存中的一块区域，用来暂时存放"复制"或"剪切"的文件的数据或文件的路径信息，执行"粘贴"操作后，系统从剪贴板中检索信息，并将文件粘贴到目标文件夹。

6）文件或文件夹的删除

文件或文件夹的删除是从文件系统中删除文件或文件夹，它会将删除的文件或文件夹占据的磁盘空间标记为可用，以便被其他文件或文件夹使用。选中需要删除的文件或文件夹之后，可以按照下列方法之一删除文件或文件夹。

（1）单击"主页"选项卡下的"删除"按钮，如图 2-2-33 所示。在下拉菜单中，如果选择"回收"选项，则将文件或文件夹放入回收站；如果选择"永久删除"选项，则彻底从磁盘中删除文件或文件夹，删除后的文件和文件夹不能还原。

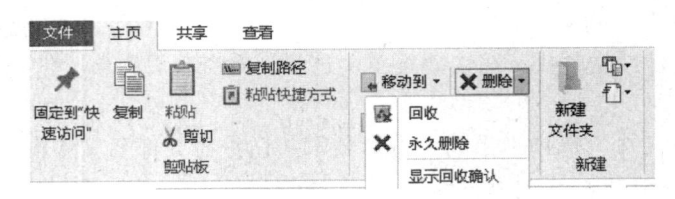

图 2-2-33 "删除"按钮

（2）选中文件或文件夹，若直接按 Delete 键，则将文件或文件夹放入回收站；若按 Shift+Delete 快捷键，则彻底删除文件或文件夹。

（3）右击需要删除的文件或文件夹后，若在快捷菜单中选择"删除"选项，则将文件或文件夹放入回收站。如果在选择"删除"选项的同时，按住 Shift 键，则彻底删除文件或文件夹。

7）被删除文件或文件夹的还原

回收站是外存上的一个特殊的文件夹，用来存放删除的文件或文件夹。回收站里的文件或文件夹可以"还原"到原来的位置，这样可以防止用户误删除重要的文件或文件夹。

打开回收站，选中准备还原的文件或文件夹，右击，在快捷菜单中选择"还原"选项，可以将其恢复到（删除之前）其所在的源文件夹中。

8）文件或文件夹的搜索

a）基本搜索

在文件资源管理器导航窗格中选中要搜索的文件夹，如"C:"。在搜索框中输入要搜索的内容，如 program，按 Enter 键，搜索结果会显示在文件资源管理器的内容显示窗格，如图 2-2-34 所示，搜索内容在结果中高亮显示。

默认的情况下，Windows 按照搜索文件夹下的文件名、文件夹名或者子文件夹名进行搜索。另外，系统也提供了基于文件内容的搜索方法，在搜索状态下，单击"搜索"选项卡，勾选"高级选项"下拉菜单中的"文件内容"选项，可以按照文件内容来进行搜索，如图 2-2-35 所示。

第 2 章　计算机操作系统

图 2-2-34　文件的搜索

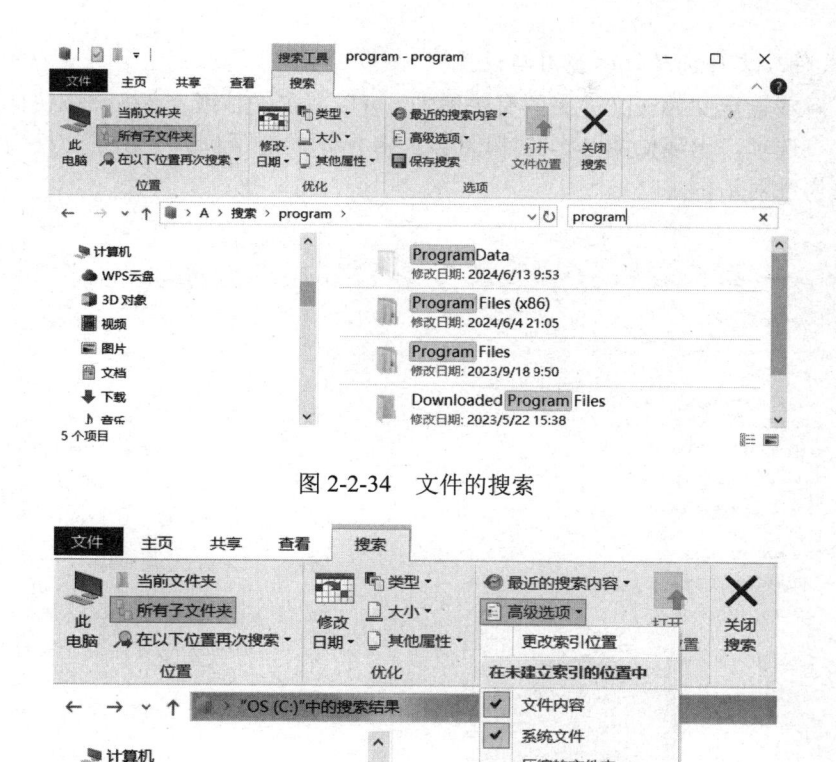

图 2-2-35　搜索高级选项

用户如果知道搜索文件（夹）的修改日期、大小等特征，则可以设置筛选条件，提高搜索效率。单击"文件资源管理器"窗口右上角的"搜索框"，打开"搜索"选项卡，在"优化"功能区中，提供了"修改日期""类型""大小""其他属性"等命令按钮，用户可进行相关搜索条件的设置。

b）文件通配符与查找

在搜索文件时，可以使用星号（*）和问号（?）两个文件通配符。"*"代表任意长度的字符串。例如，输入"*ness*"，可以搜索包含"ness"的所有字符串，包括 ness、business、happiness、nessnes 等。"?"代表任意一个字符。例如，输入"a?b"，可以搜索 aab、acb、adb 等字符串。图 2-2-36 中显示的是：搜索类型为图片，文件名以字母"g"结尾的文件。

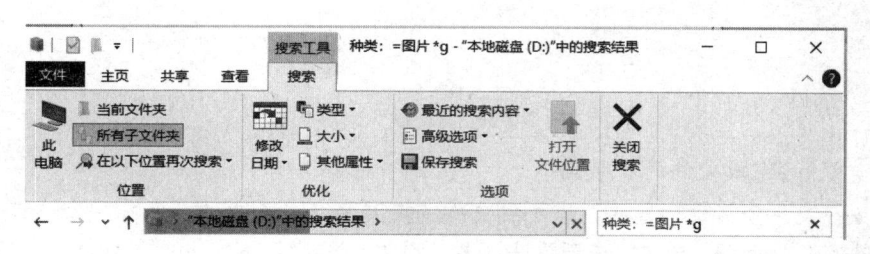

图 2-2-36　通配符搜索

59

9）文件或文件夹属性的查看与设置

要了解或设定文件或文件夹的有关属性，可以右击文件或文件夹，在快捷菜单中选择"属性"选项，出现如图 2-2-37 和图 2-2-38 所示的对话框，分别是文件属性对话框和文件夹属性对话框。

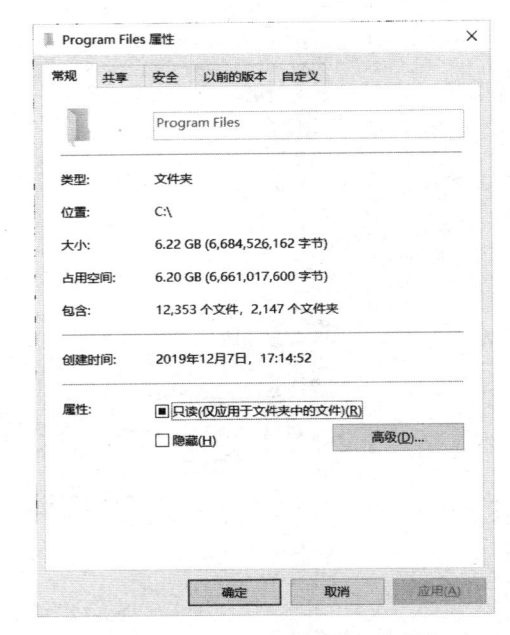

图 2-2-37　压缩文件属性对话框　　　图 2-2-38　文件夹属性对话框

文件的常用属性包括文件名、文件类型、描述、位置、大小、占用空间、创建时间、修改时间及访问时间、属性等。

文件或文件夹有只读和隐藏两种属性。只读属性：设定此属性可防止文件或文件夹被修改。隐藏属性：设置该属性可以将文件或文件夹隐藏起来。

在文件资源管理器中，单击"查看"选项卡，勾选"显示/隐藏"功能区中的"隐藏的项目"选项，可以查看隐藏文件或文件夹，如图 2-2-39 所示；若取消勾选该选项，则隐藏文件或文件夹不可见。

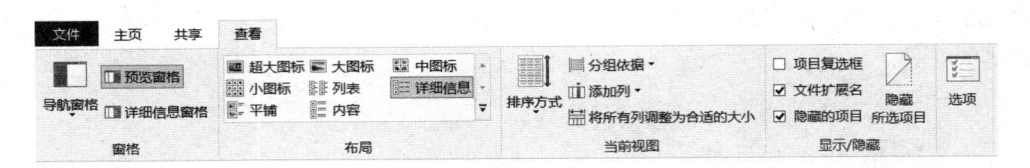

图 2-2-39　"查看"选项卡

10）显示/隐藏文件的扩展名

如果在文件资源管理器中，看不到文件的扩展名，可以通过"查看"选项卡来设置。打开文件资源管理器，单击"查看"选项卡，勾选"显示/隐藏"功能区中的"文件扩展名"选项，此时，就可以显示文件的扩展名；若取消勾选该选项，则可以隐藏文件的扩展名。

2.2.4 Windows 10 应用程序的管理

1. 安装和卸载应用程序

1）安装应用程序

安装应用程序是指在计算机系统中安装一个软件或应用程序的过程。常用安装应用程序的方法有以下两种。

（1）自动执行安装。目前大多数软件安装光盘或 USB 驱动盘中附有 Autorun 功能，将安装光盘放入光驱就自动启动安装程序，用户根据安装程序的导引就可以完成安装任务。

（2）从官方网站下载安装。首先访问应用程序的官方网站，寻找下载按钮，通常是"Download"或者"Download Now"按钮。然后单击下载按钮，下载安装程序文件。打开下载的.exe 可执行文件，或者解压下载的文件，运行其中的.exe 可执行文件，一般是"setup.exe"或者"安装程序名.exe"，根据安装程序的引导完成安装任务。

2）卸载应用程序

卸载应用程序是从计算机系统中移除已经安装的软件或应用程序的过程。常用卸载应用程序的方法有以下两种。

（1）通过"开始"菜单卸载应用程序。单击"开始"菜单，在应用程序列表中，右击需要卸载的应用程序，然后选择"卸载"选项。

（2）通过"控制面板"卸载应用程序。在 Windows 10 桌面任务栏的搜索框中，输入"控制面板"，单击"控制面板"应用程序，单击"程序|卸载程序"按钮，找到需要卸载的应用程序，右击，然后选择"卸载/更改"选项，如图 2-2-40 所示。

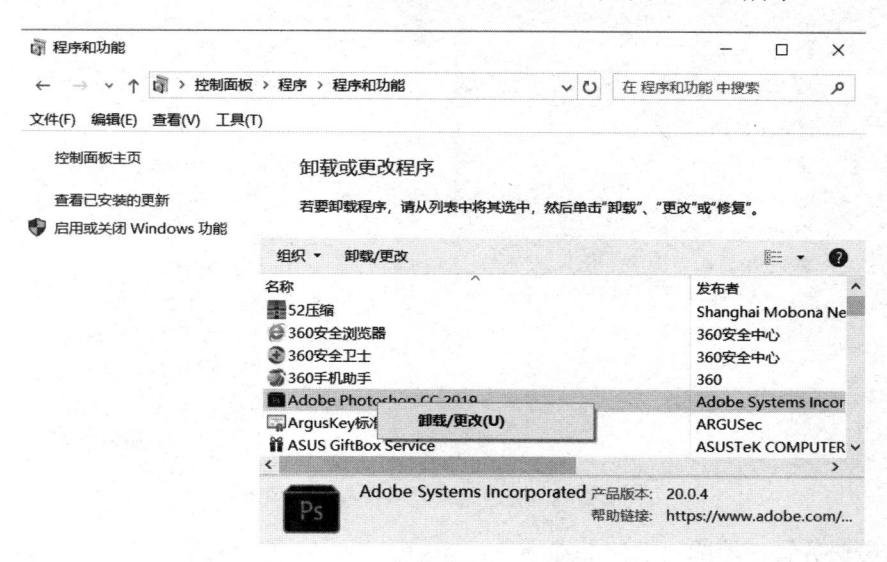

图 2-2-40　选择"卸载/更改"选项

2. 利用任务管理器管理应用程序

1）任务管理器的作用

任务管理器可以帮助用户查看和管理计算机上正在运行的进程、服务、应用程序和系统资源。在任务管理器中可以完成下列工作：查看和结束进程，监控系统性能，启动和关闭服务，查看和管理启动程序，诊断进程和服务的问题，查看系统详细信息，监控CPU使用情况等。

2）任务管理器的打开

方法1：右击任务栏的空白处，在快捷菜单中选择"任务管理器"选项。

方法2：按Ctrl+Alt+Delete快捷键，在出现的界面中选择"任务管理器"选项。

3）任务管理器的使用

在任务管理器的"进程"选项卡中，列出了目前正在运行中的所有应用程序名称、后台进程名和Windows进程名，以及各个进程和应用程序所占用的计算机资源（包括CPU、内存、磁盘、网络等信息）。当某个应用程序或者进程无法响应时，可选中其对应的名称，右击，然后选择"结束任务"选项，结束该进程的运行状态，如图2-2-41所示。

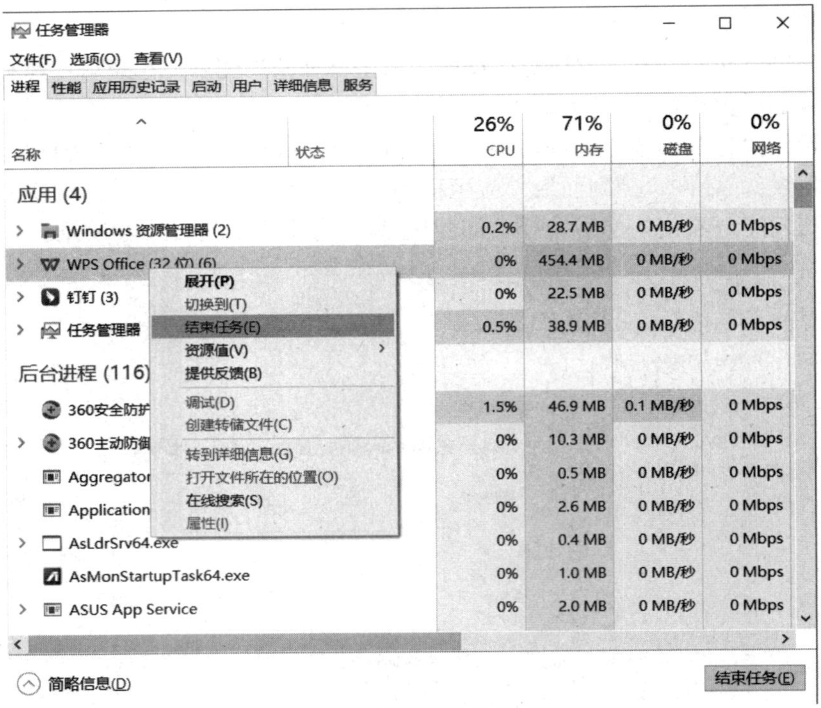

图 2-2-41 任务管理器"进程"选项卡

单击任务管理器的"性能"选项卡，在如图2-2-42所示的窗口中详细显示了CPU和内存使用的相关数据和图形。

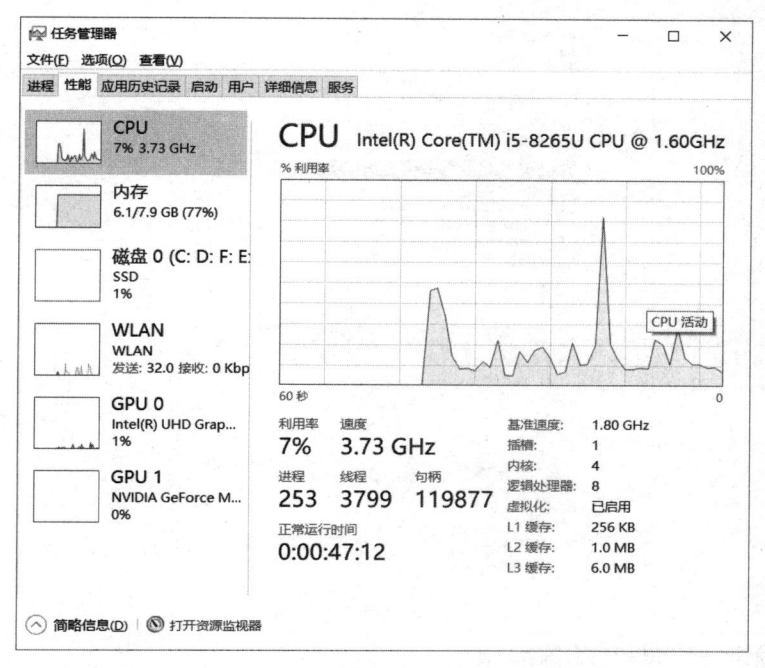

图 2-2-42　任务管理器"性能"选项卡

2.2.5　Windows 10 磁盘管理

磁盘管理是 Windows 10 中用于执行高级存储任务的系统实用工具。

1．磁盘清理

Windows 10 中的磁盘清理工具，用于帮助用户释放磁盘空间，通过删除不需要的文件来提高计算机的性能。单击"开始"菜单中的"Windows 管理工具"中的"**磁盘清理**"应用程序，在"磁盘清理：驱动器选择"对话框中选择需要清理的驱动器，如图 2-2-43 所示，单击"确定"按钮，在磁盘清理对话框中，勾选需要删除的文件，如图 2-2-44 所示，单击"确定"按钮，在弹出的对话框中，单击"删除文件"按钮，完成磁盘清理。

还可以在磁盘清理对话框中，单击"清理系统文件"按钮，删除或压缩 Windows 不需要的旧版本更新文件，如图 2-2-44 所示。

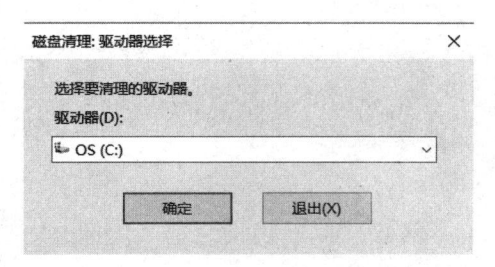

图 2-2-43　"磁盘清理：驱动器选择"对话框

计算机与大数据基础

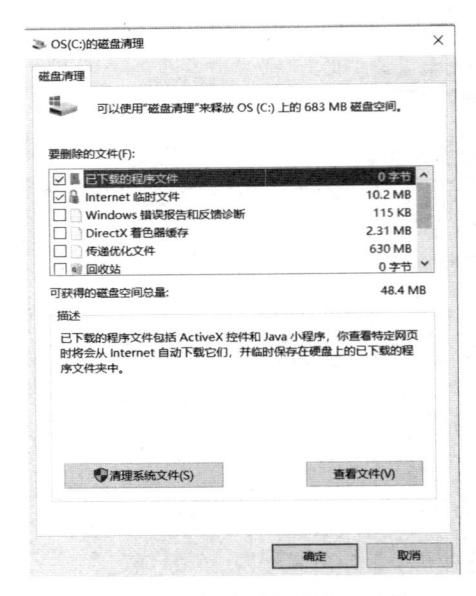

图 2-2-44　勾选需要删除的文件

2．磁盘碎片整理和优化驱动器

随着时间的推移，文件在硬盘上变得分散，不再连续存储，这会导致读取文件时磁头需要在硬盘上移动更长的距离，从而减慢访问速度。磁盘碎片整理工具可以重新排列文件碎片，使文件在硬盘上连续存储，从而提高文件访问速度。

Windows 10 中的"碎片整理和优化驱动器"工具的功能包括磁盘碎片整理，还包括优化固态硬盘（SSD）的磁盘碎片整理和优化驱动器。单击"开始"菜单中的"Windows 管理工具"中的"磁盘碎片整理和优化驱动器"应用程序，在"优化驱动器"对话框中，选择需要优化的驱动器，单击"优化"按钮，就可以对指定驱动器进行磁盘优化，如图 2-2-45 所示。

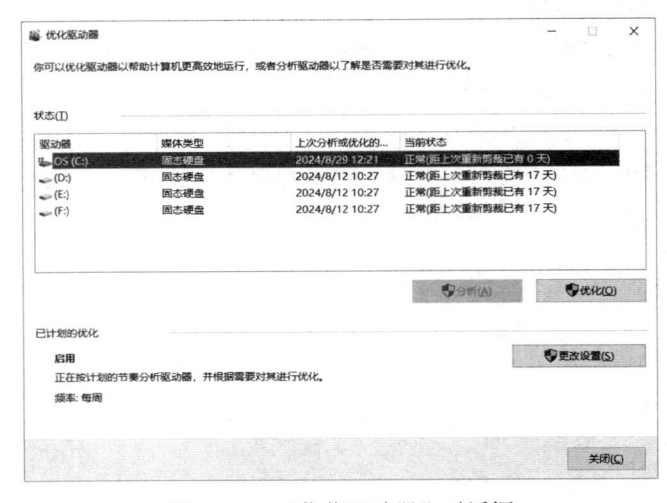

图 2-2-45　"优化驱动器"对话框

2.2.6 Windows 10 附件

Windows 10 附件为用户提供了很多实用的小型应用程序，可以单击任务栏上的"开始"菜单，选择"Windows 附件"文件夹下的选项来打开这些应用程序。下面简单介绍其中一些附件的功能。

1．计算器

计算器提供了基本的数学运算功能，包括标准（如图 2-2-46 所示）、绘图、程序员和日期计算等模式。还可以实现货币、容量和长度等单位的转换。单击"导航"按钮 ☰，可以选择计算器的模式或者转换器的模式，如图 2-2-47 所示。

图 2-2-46 "计算器"标准模式　　图 2-2-47 选择"计算器"模式

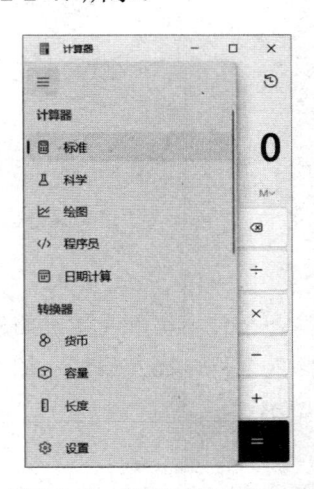

2．画图

画图可以绘制、编辑图片，进行图片着色，将文本或设计添加到图片中。该应用程序提供了画笔、填充、橡皮擦、文本、形状、颜色等工具实现图片的设计，还提供了裁剪、旋转和翻转等图片的编辑功能，如图 2-2-48 所示。

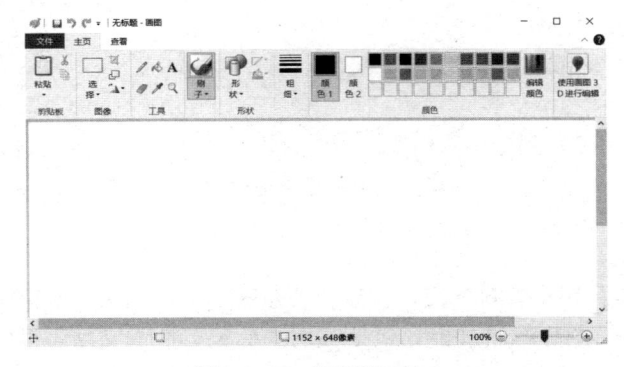

图 2-2-48 "画图"窗口

3．记事本

记事本是一个简单的文本编辑器，用于创建和编辑纯文本文档。可以输入文本，提供了撤销、复制、粘贴、剪切、删除、查找、替换、插入系统日期等编辑功能，还提供了自动换行和字体格式设置功能，如图 2-2-49 所示。

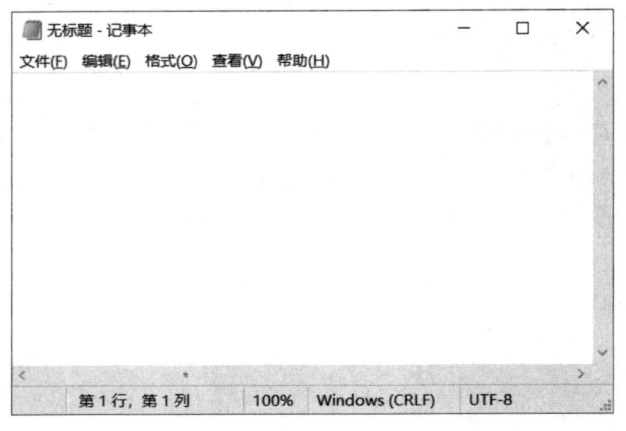

图 2-2-49 "记事本"窗口

4．写字板

写字板是一个轻量级的文本编辑器，能够实现图文混排，提供了剪贴板、字体设置、段落设置、插入图片、插入日期、插入其他对象、查找、替换等图文混排的编辑工具，如图 2-2-50 所示。

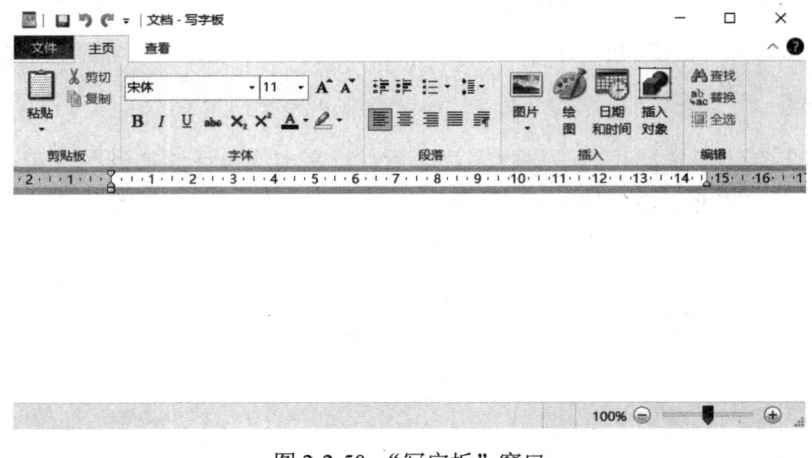

图 2-2-50 "写字板"窗口

5．截图工具

截图工具提供了多种截图方式，包括全屏截图、矩形截图、窗口截图和自由形状截图；还提供了基本的图片编辑功能，包括裁剪、标记、插入文字、插入形状、撤销和重做等，如图 2-2-51 所示。

图 2-2-51 "截图工具"窗口

另外，还可以使用快捷键进行快速截图，方法是：按 Win+Shift+S 快捷键，鼠标指针变成十字形状，拖动十字选择需要截图的区域，选择的区域会被自动复制到剪贴板，使用快捷键 Ctrl+V 可将剪贴板中的图片粘贴到需要的地方。

2.2.7 Windows 10 常用快捷键

Windows 10 中的快捷键是为了提高用户的操作效率和便利性而设计的。快捷键让用户减少对鼠标的依赖，提高办公效率，使用户的工作更加流畅和高效。表 2-2-6～表 2-2-10 分别列出了窗口操作通用快捷键、菜单操作通用快捷键、对象通用操作快捷键、文件资源管理器的常用快捷键、Win 键的常用快捷键。

表 2-2-6　窗口操作通用快捷键

快 捷 键	功　　能
Alt+Tab	切换当前打开的各个窗口
Alt+Shift+Tab	切换当前打开的各个窗口，切换顺序与 Alt+Tab 键的顺序相反
Alt+Space	打开应用程序的系统菜单
PrintScreen	复制当前屏幕图像到剪贴板
Alt+PrintScreen	复制当前窗口、对话框或其他对象图像到剪贴板
Shift+箭头键	选中多个对象
Alt+F4	关闭当前窗口或退出程序
F1	显示被选中对象的帮助信息
Ctrl + S	保存文档

表 2-2-7　菜单操作通用快捷键

快 捷 键	功　　能
⊞	打开"开始"菜单
F10	激活菜单栏，允许用户通过键盘上的箭头键来选择不同的菜单项
Alt	激活菜单栏
Shift+F10	打开选中对象的快捷菜单
Alt+菜单栏带下划线的字母	打开相应菜单

67

表 2-2-8 对象通用操作快捷键

快 捷 键	功　　能	快 捷 键	功　　能
Ctrl+A	选中所有显示的对象	Ctrl+Z	撤销上一步操作
Ctrl+X	剪切	Ctrl+Y	还原上一步撤销的操作
Ctrl+C	复制	Del/Delete	删除选中的对象
Ctrl+V	粘贴		

表 2-2-9 文件资源管理器的常用快捷键

快 捷 键	功　　能
在选择文件或文件夹时按 Ctrl 键	不连续地选择文件或文件夹
在选择文件或文件夹时按 Shift 键	连续地选择文件或文件夹
Shift+Delete	彻底删除文件或文件夹，不放入回收站
F3	打开"搜索"窗口
F4	打开"地址"下拉菜单
F5	刷新当前窗口
F2	重命名文件或文件夹
Alt+Enter	显示对象的属性窗口

表 2-2-10 Win 键的常用快捷键

快 捷 键	功　　能
Win+D	显示桌面
Win+M	最小化所有窗口
Win+E	打开文件资源管理器
Win+R	打开"运行"对话框
Win + 左/右箭头	将当前窗口分屏到屏幕一侧，方便多任务处理
Win + 上/下箭头	最大化或还原窗口，快速调整窗口大小
Win + L	锁定计算机，保护用户工作内容不被他人查看
Win + 数字	快速切换到任务栏上固定位置的应用程序

2.3 Linux 操作系统

2.3.1 Linux 基本情况

Linux，全称 GNU/Linux，是一种免费使用和自由传播的类 UNIX 操作系统。其内核由林纳斯·本纳第克特·托瓦兹于 1991 年 10 月 5 日首次发布，它主要受到 MINIX 和 UNIX 思想的启发，是一个基于 POSIX 的多用户、多任务、支持多线程和多 CPU 的操作系统。它能运行主要的 UNIX 工具软件、应用程序和网络协议。它支持 32 位和 64

位硬件。Linux 继承了 UNIX 以网络为核心的设计思想，是一个性能稳定的多用户网络操作系统。手机上使用的安卓（Android）系统也是基于 Linux 内核（不包含 GNU 组件）开发的操作系统，主要用于移动设备，如智能手机和平板电脑。

Linux 系统在个人计算机上并不十分普及，但在服务器领域使用广泛。Linux 服务器操作系统在整个服务器操作系统市场格局中占据了越来越多的市场份额，在云计算领域里也占有重要的位置。国内主流的交易网站、电商平台、App 等，其后端都有着大量的 Linux 服务器作为支撑。

2.3.2 Linux 发行版本

Linux 有上百种不同的发行版本，如基于社区开发的 Debian、Arch Linux，以及基于商业开发的 Red Hat Enterprise Linux、SUSE、Oracle Linux 等。不同的发行版本为实现不同的目的而制作，包括支持不同的计算机结构，一个具体区域或语言的本地化，实时应用和嵌入式，甚至许多版本故意地只加入免费软件。目前已经有超过三百个活跃的发行版本，常用的发行版本约有十个。部分发行版本介绍如下。

1．Debian

Debian 诞生于 1993 年 8 月 13 日，它的目标是提供一个稳定容错的 Linux 版本。支持 Debian 的不是某家公司，而是许多在其改进过程中投入了大量时间的开发人员，这种改进吸取了早期 Linux 的经验。Debian 以其稳定性著称，虽然它的早期版本 Slink 有一些问题，但现有版本 Potato 已经相当稳定。

2．Ubuntu

Ubuntu 是一个以桌面应用为主的 Linux 系统，它基于 Debian 发行版本和 Unity 桌面环境。与 Debian 的不同在于，它每 6 个月会发布一个新版本。Ubuntu 的目标在于为一般用户提供一个最新且稳定的、主要由自由软件构建而成的操作系统。Ubuntu 具有庞大的社区力量，用户可以方便地从社区中获得帮助。随着云计算的流行，Ubuntu 推出了一个云计算环境搭建解决方案，可以在其官方网站找到相关信息。

3．Red Hat Enterprise Linux

其中 Red Hat Enterprise Linux（RHEL）作为 Red Hat 系列的一员，已经创造了自己的品牌，可能是最著名的 Linux 版本，并且在企业级应用中占据了重要地位。早期的 Red Hat Linux 同样在公共环境中表现出色，是一款优秀的服务器操作系统。Red Hat 公司不仅提供操作系统，还能向用户提供一套完整的服务，这使得它们的系统特别适合在公共网络中使用。无论是 RHEL 还是早期的 Red Hat Linux，这些版本都使用最新的内核，并包含了大多数用户所需的主要软件包。在 Red Hat 9.0 版本发布后，Red Hat 公司做出了一个重要的战略调整：停止了对 Red Hat 9.0 及后续桌面版 Linux 发行套件的支持和更新。这一决定标志着 Red Hat 公司将全部精力集中在服务器版的开发上，也就是我们现在熟知的 RHEL。

4. SUSE

总部设在德国的 SUSE 一直致力于创建一个连接数据库的最佳 Linux 版本。为了实现这一目的，SUSE 与 Oracle 和 IBM 合作，以确保其产品能稳定运行。在 SUSE 操作系统下，可以非常方便地访问 Windows 磁盘，这使得两种平台之间的切换，以及使用双系统启动变得更容易。SUSE 包含了一个安装及系统管理工具 YaST2，能够进行磁盘分割、系统安装、在线更新、网络及防火墙配置、用户管理等工作。它为原本复杂的设定工作提供了方便的组合界面。

5. CentOS

CentOS（Community Enterprise Operating System）基于 RHEL 依照开放源代码规定释出的源代码编译而成。由于出自同样的源代码，因此一些要求高度稳定性的服务器以 CentOS 替代商业版的 RHEL。两者的不同在于，CentOS 并不包含封闭源代码软件，它是一个基于 RHEL 提供的可自由使用源代码的企业级 Linux 发行版本，而且在 RHEL 的基础上修正了不少已知的 Bug。相对于其他 Linux 发行版，其稳定性值得信赖。

6. Oracle Linux

Oracle Linux 基于 RHEL 并与之完全兼容（源代码和二进制文件）。它与同一版本的 RHEL 具有完全相同的程序包，并且拥有完全相同的源代码。发行版本中大约有 1000 个程序包。即使逐字节比较两者的源代码，也无任何区别，它唯一的变化是去掉了 RHEL 商标和版权信息。Oracle Linux 定期与 RHEL 同步错误修复程序，以保持完全兼容性。

2.3.3 安装 Linux

1. 独立安装

Linux 是一个独立的操作系统，可以直接安装在计算机中运行。不同的发行版本都可以在其官方网站上下载，将下载的文件通过刻录工具写入安装介质，如 U 盘或移动硬盘，然后使用安装介质在目标计算机上进行安装。具体安装步骤及相关文档说明可参考官方网站。

2. Windows 中的 Linux 子系统

Windows 子系统（WSL）可让开发人员直接在 Windows 上按原样运行 GNU/Linux 环境（包括大多数命令行工具、实用工具和应用程序），且不会产生传统虚拟机或双启动设置的开销。下面介绍在 Windows 下启用 Linux 的步骤。

（1）在设置中开启 Linux。单击"开始"菜单，单击"设置"按钮，选择"应用"选项，如图 2-3-1 所示。

图 2-3-1 应用

微课视频

在应用和功能右边选择"程序和功能"选项，如图 2-3-2 所示。

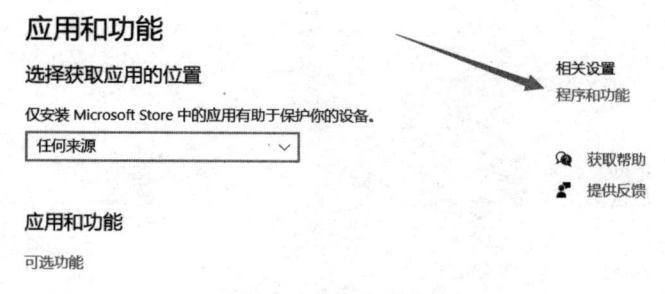

图 2-3-2　程序和功能

（2）在程序和功能界面中单击"启用或关闭 Windows 功能"选项，并勾选"适用于 Linux 的 Windows 子系统"选项，如图 2-3-3 所示。

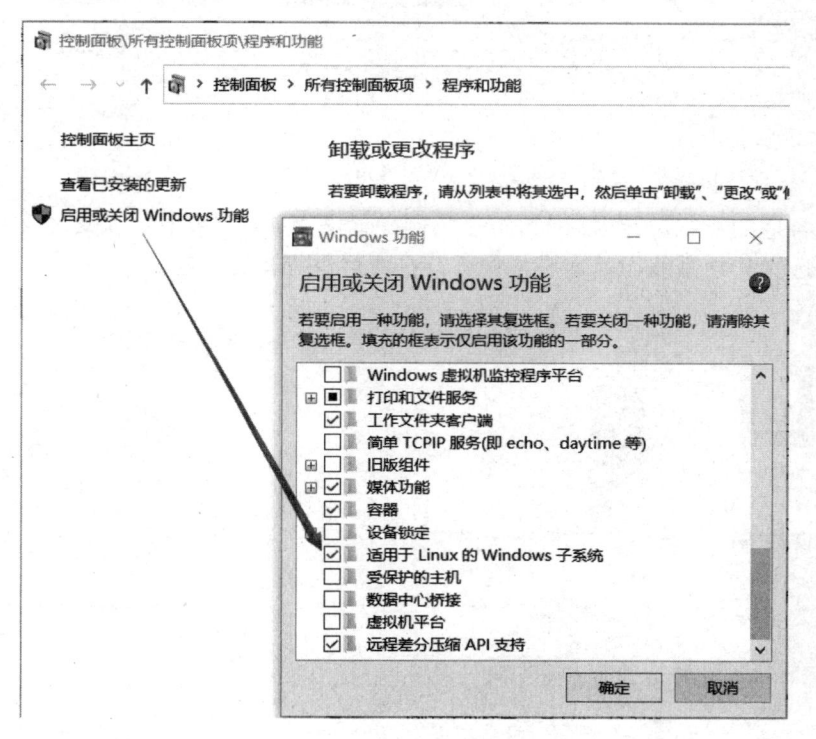

图 2-3-3　勾选"适用于 Linux 的 Windows 子系统"选项

（3）打开 Windows 应用商店，如图 2-3-4 所示。

图 2-3-4　Windows 应用商店

（4）在应用商店中查找 Linux 子系统，如图 2-3-5 所示。

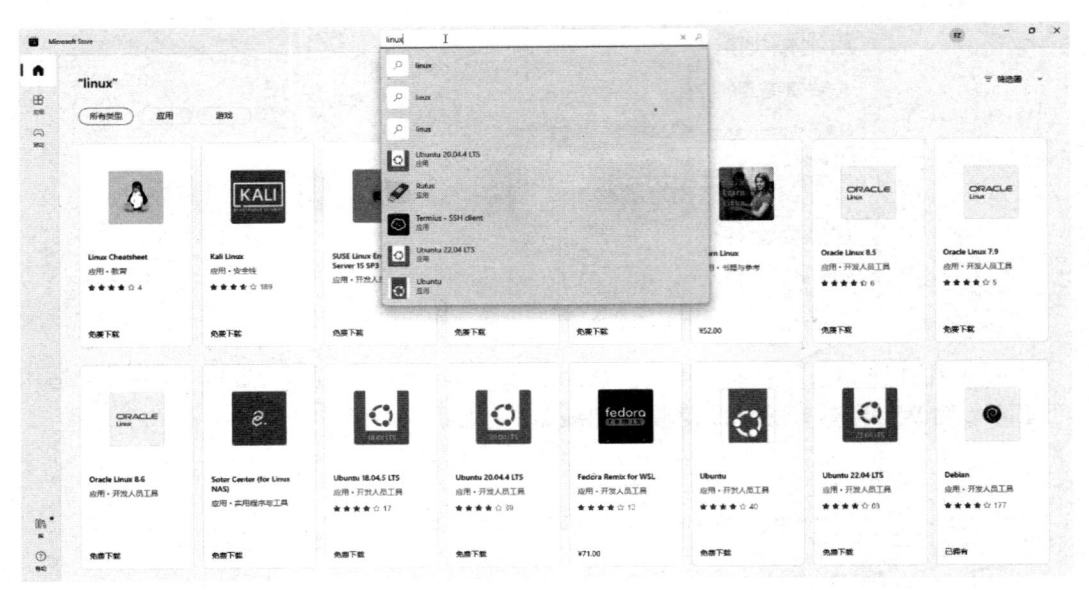

图 2-3-5　查找 Linux 子系统

选择合适的系统，此处以 Ubuntu 为例，单击"获取"按钮，如图 2-3-6 所示。用户也可以选择其他系统，基本操作相同，选择后进行在线安装。

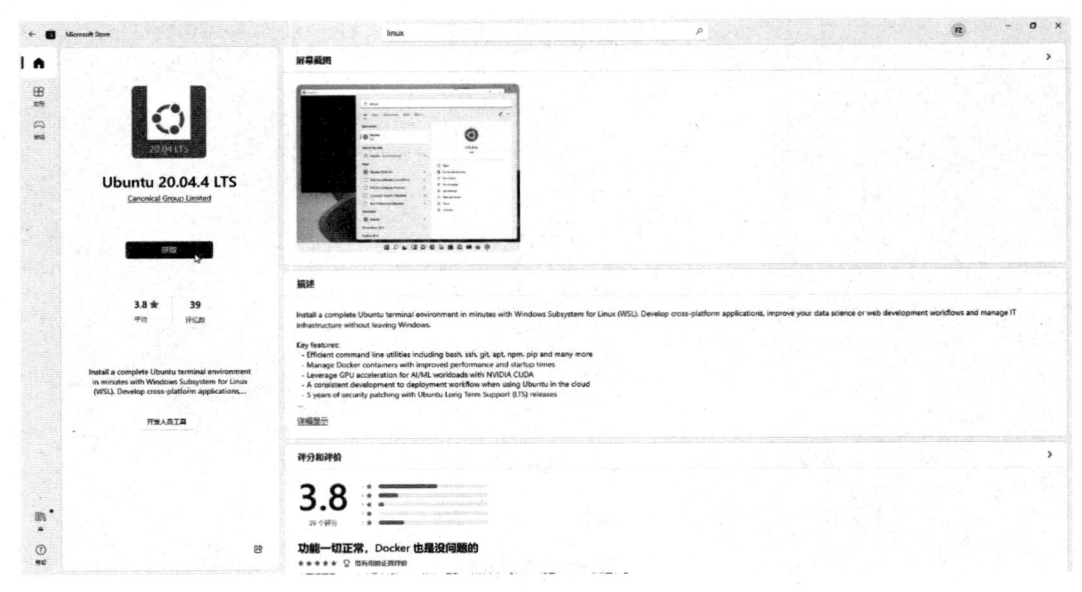

图 2-3-6　获取 Ubuntu

安装完成后直接打开即可，也可以在"开始"菜单里找到安装的系统。
（5）设置系统账号。初次打开时会要求设置账号，如图 2-3-7 所示。

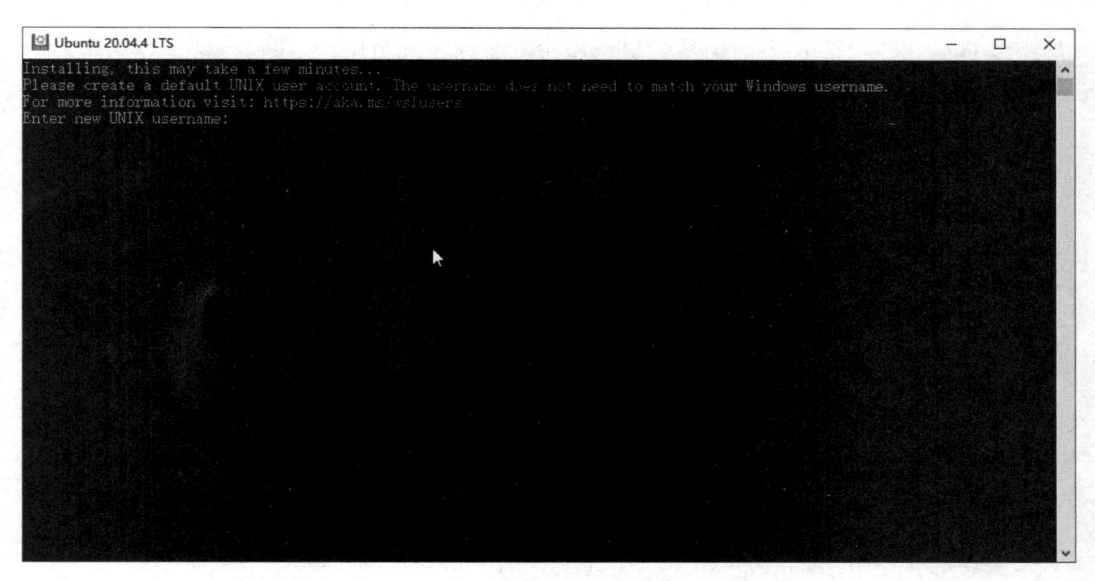

图 2-3-7　设置 Linux 系统账号

（6）设置账号的密码，如图 2-3-8 所示。

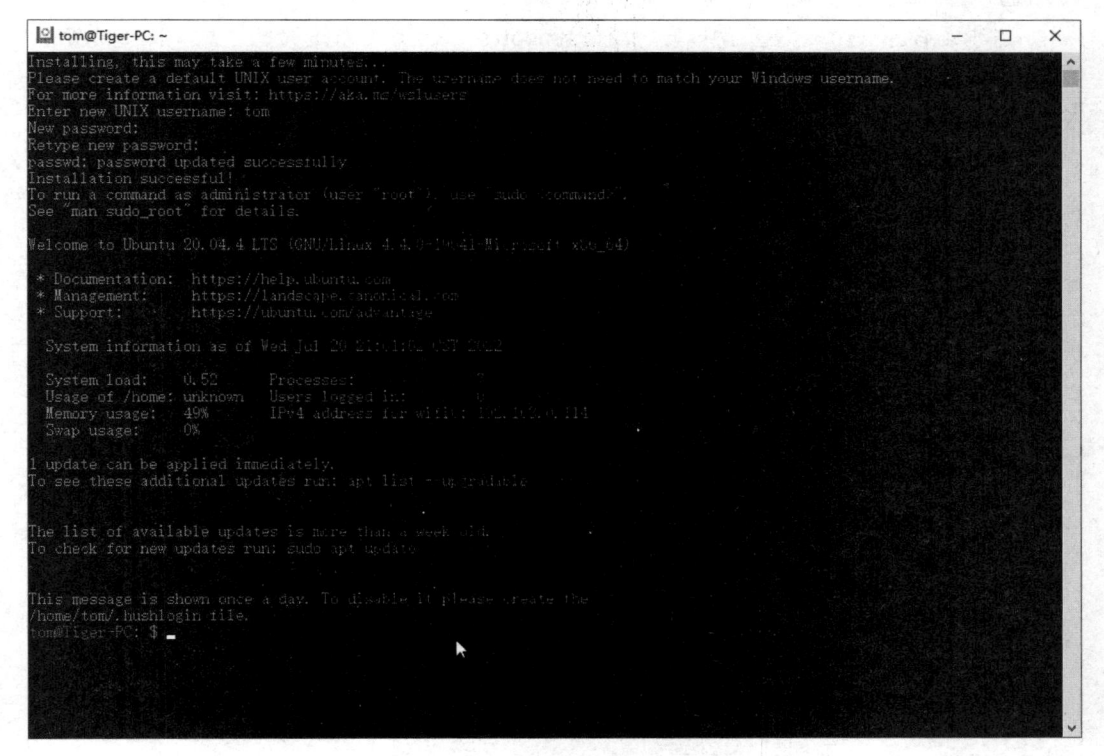

图 2-3-8　设置账号的密码

Windows 中的 Linux 子系统安装完毕，之后可以使用 Linux 命令对计算机进行操作。提示符通常由"<用户名>@<主机名>$"组成。图 2-3-8 中，用户名为 tom，计算机名为Tiger-PC，$表示当前用户为普通用户，若为管理员用户，则提示符以#结尾。命令提示符也可以被修改，也可以包含更多的信息，以及更个性化的内容。

补充学习：使用 SSH 连接远程的 Linux 主机

SSH（Secure Shell）是一种用于在网络上安全地访问远程计算机的协议和工具。在 Windows 10 以后，可以使用 PowerShell 或命令提示符调用 SSH 连接到远程服务器。SSH 的基本用法如下。

连接远程主机：

ssh -p port_number username@hostname

username：远程主机上的用户名。

hostname：远程主机的 IP 地址或主机名。

port_number：远程主机的 SSH 服务监听的端口号，默认为 22。

2.3.4 Linux 文件系统

进入 Linux 系统后，通常所在位置为当前用户主目录。如果需要进入其他目录，可以通过命令进行操作。本节将介绍 Linux 文件系统。

对于习惯了 Windows 的用户，会对 Windows 下的文件系统有些了解，比如通常会有 C 盘、D 盘等一系列盘符。但在 Linux 系统中，不使用这种方式。Linux 采用目录结构来存储文件，不同的磁盘在 Linux 下被挂载到不同的目录中以供访问。最顶层的目录为根目录，用一个下斜线"/"表示。表 2-3-1 列出了常见目录及其用途。

表 2-3-1 常见目录及其用途

目 录 名	目录功能描述
/	根目录，用于存放其他目录
/bin	二进制目录，存放用户级别的程序
/boot	系统引导目录，存放引导文件
/dev	系统设备目录，挂载计算外接设备
/etc	配置文件目录，存放各程序配置信息
/home	用户主目录，存放用户相关的文件
/lib	存放系统和应用程序库文件
/lib64	存放 64 位的应用程序库文件
/media	媒体目录，可挂载媒体设备
/mnt	挂载目录，挂载其他磁盘分区，如 Windows 磁盘
/opt	可选目录，用于存放可选的应用程序文件
/proc	与系统内核交互的虚拟目录，可查看系统运行状态
/root	超级管理员主目录
/sbin	系统级二进制目录，存放用于系统管理的应用程序
/tmp	临时目录
/usr	存放用户安装软件目录
/var	可变目录，存放日志文件等

不同发行版本 Linux 的目录结构不一定完全相同,但对于共同的功能,目录名大致相同。

2.3.5 Linux 基本命令

在 Linux 系统中,命令行操作是主要的方式。安装软件、修改配置、文件管理等都可以通过命令行方式进行操作。Windows 的鼠标操作直观但效率低,而 Linux 的命令行操作高效且可以编写脚本,但需要用户对操作命令有所了解,有一定的门槛。本节将介绍 Linux 常用的基本命令。

1. 更改访问目录(cd)

cd 是 change directory 的简写。在 Linux 系统中,有很多这种简洁的设计思想,以尽量少的字符表达不重复的含义。cd 命令可以更改当前所处的目录位置,命令格式为:

    cd <目录名>

cd 命令只有一个参数,即目录名,如果 cd 后面不加参数,则跳转到用户主目录。目录名可以是绝对路径、相对路径或特殊目录名。

绝对路径可以准确描述文件的位置,以根目录开头。

相对路径则以当前所在目录位置指定目标文件路径。

特殊目录名有特定含义,常用的特殊目录名如下:

(1)波浪符(~)表示用户主目录。

(2)点(.)表示当前目录。

(3)两点(..)表示当前目录的上级目录。

举例:

cd   转到当前用户主目录,与 cd ~ 结果相同

cd myfolder   进入当前目录下的 myfolder 目录

cd /etc   进入/etc 目录

2. 查看文件和目录列表(ls)

ls 是 list 的简写。ls 命令能以最基本的形式显示当前目录下的文件和目录列表信息,命令格式为:

    ls <参数>   <文件或目录>

常用参数:

-a:显示所有文件及目录(包括以".”开头的隐藏文件)。

-l:使用长格式列出文件及目录的详细信息。

-r:将文件以相反次序显示(默认依英文字母次序)。

-t:将文件根据最后的修改时间排序。

-S:根据文件大小排序。

举例：

ls　列出当前目录中的文件信息

ls　-l　以详细的格式列出当前目录中的文件信息

ls　-al　以详细格式列出当前目录中的所有文件信息

ls　*.doc　列出当前目录下的所有以.doc结尾的文件

ls　/etc　列出/etc目录中的文件信息

ls　-lat　/etc　以文件修改时间排序，显示/etc目录中的详细文件信息，包含隐藏文件

3．显示当前工作目录（pwd）

pwd是print working directory的简写，用于显示当前命令提示符所在的工作目录。命令格式如下（此命令通常不加参数）：

```
pwd
```

4．创建目录（mkdir）

mkdir是make directory的简写，用于创建目录，若创建的目录已存在，则给出提示信息。命令格式如下：

```
mkdir　<参数>　<目录名>
```

常用参数：

-p：递归创建多级目录。

举例：

mkdir　myppt　在当前目录下创建名为myppt的目录

mkdir　~/python　在当前用户主目录下创建python目录

mkdir　folder1　folder2　在当前目录下创建folder1和folder2两个目录

mkdir　-p　python/week1/ex1　在当前目录下创建python目录，在python目录下创建week1目录，在week1目录下创建ex1目录

5．复制文件或目录（cp）

cp是copy的简写，用于对文件或目录进行复制操作。命令格式如下：

```
cp　<参数>　<源文件>　<目标文件>
```

常用参数：

-f：若目标文件已存在，则直接进行覆盖。

-i：若目标文件已存在，则给出覆盖提示。

-p：保留源文件的所有属性。

-r：递归复制目录和文件，常用于包含目录的复制。

举例：

cp　ex1.py　ex2.py　将当前目录下的ex1.py文件复制一份，并命名为ex2.py

cp　*.py　~/mypython/　将当前目录下的所有以.py结尾的文件复制到用户主目录下的mypython目录中

cp　-r　~/mywork　myworkbak　将~/mywork 目录及其包含的内容复制到当前目录下的 myworkbak 中

cp　-rf　folder1　ex1.py　~/mywork　将当前目录下的 folder1 目录及 ex1.py 复制到用户主目录下的 mywork 目录中，不进行覆盖提示

6．移动或改名文件（mv）

mv 是 move 的简写，用于对文件或目录进行移动或改名。命令格式如下：

mv　<参数>　<源文件>　<目标文件>

常用参数：

-f：若目标文件已存在，则直接进行覆盖。

-i：若目标文件已存在，则给出覆盖提示。

-u：当源文件比目标文件新或目标文件不存在时，执行操作。

举例：

mv　myex1.py　ex1.py　将当前目录下 myex1.py 文件改名为 ex1.py

mv　myex1.py　~/python/ex1.py　将当前目录下 myex1.py 文件移动到~/python 目录下并改名为 ex1.py

mv　-f　*.py　~/mywork　将当前目录下所有以.py 结尾的文件移动到~/mywork 目录下，直接进行覆盖（不提示）

7．删除文件或目录（rm）

rm 是 remove 的简写，用于删除文件或目录。rm 是一个比较危险的命令，甚至可以清空系统中所有的文件，因此在删除的时候一定要谨慎。命令格式如下：

rm　<参数>　<文件名>

常用参数：

-f：不进行提示强制删除。

-i：删除前会提示用户是否确认删除。

-r：递归删除目录。

举例：

rm　file1.py　删除当前目录下的 file1.py 文件

rm　-f　~/python/*　删除~/python/目录下的所有文件，不提示

rm　-rf　python　删除当前目录下的 python 目录，不提示

8．创建空文件（touch）

touch 命令用于创建文件。如果文件不存在，可创建一个空文本文件；如果文件已存在，则会修改文件的访问时间。注意区分 touch 与 mkdir，mkdir 用于创建目录。touch 命令格式如下：

touch　<参数>　<文件名>

该命令有参数，用于改变文件时间，不常用

举例：

touch　file.txt　创建一个名为 file.txt 的空文件。如果文件存在，则改变文件的访问时间和修改时间

9．显示文件内容（cat）

cat 是 concatenate 的简写，用于查看文本文件内容，无法查看非文本文件内容。在 Linux 系统中，查看文本文件内容的命令不只有 cat，还有 more、less、tail 和 head 等。more 用于分页显示文件内容，便于逐页查看长文件；less 类似于 more，但可以向前和向后翻页查看文件内容，更加灵活；tail 默认显示文件的最后 10 行内容，常用于查看日志文件的最新记录；head 用于显示文件的前 10 行内容，有助于快速预览文件的开头部分。如果要查看多于一屏的文件内容时，可以使用 more 或 less 命令（在退出查看状态时用 Q 键）。cat 命令格式如下：

cat　<参数>　<文件名>

该命令有参数，用于控制行号，但不常用。

举例：

cat　file1.py　查看 file1.py 文件内容

10．查看系统时间（date）

date 命令用于查看或设置系统时间，通常用于查看。命令格式如下：

date　<参数>　<+输出格式>

该命令可带参数，不常用。

举例：

date　以默认格式显示当前系统时间

date　"+%Y/%m/%d"　按指定年/月/日显示当前系统时间

date　"+%Y/%m/%d %H:%M:%S"　按指定格式显示年/月/日/时/分/秒信息

11．显示日历（cal）

cal 是 calendar 的简写，用于查看系统日历，通常用于查看。命令格式如下：

cal　<参数>　<月份>　<年份>

常用参数：

-3：显示近三个月的日历，包含上月、本月、下月。

-y：显示当年的日历。

举例：

cal　显示当前月份的日历信息

cal　8　2023　显示 2023 年 8 月的日历信息

cal　-y　显示本年的日历信息

12．清除屏幕（clear）

clear 用于将屏幕上显示的内容清除。命令格式如下（此命令通常不加参数）：

```
clear
```

13. 退出系统登录（logout）

logout 用于退出系统登录，回到用户登录状态。命令格式如下（此命令通常不加参数）：

```
logout
```

14. 查看命令帮助的参数（--help）

如果需要查看某命令的帮助信息，可以使用--help 参数，使用后，系统将会显示该命令的功能描述、参数说明、用法举例等，以帮助用户更好地使用命令。其格式为：

```
--help
```

举例：

cal   --help   查看 cal 命令的帮助信息

ls   --help   查看 ls 命令的帮助信息

> **注意**
> 命令与参数之间需要有空格作为区分。各参数之间没有先后顺序，可以单独使用，也可以组合使用，如-a -l 可以写成-al 或-la。不同命令的参数不同，都有各自独立的含义。

Linux 命令有很多，远不止上面列出的这些。上述命令参数也仅是常用的一些参数，并不代表只有这些参数。有一些命令有参数并未列出，表示当前阶段此内容不做要求，有兴趣的读者可以查阅帮助文档。

Linux 文件操作基本命令练习案例

【案例目标】

1．创建一个新的目录。

2．在该目录下创建一个文本文件。

3．将文件内容复制到另一个文件中。

4．移动文件到另一个目录下。

5．重命名文件。

6．删除文件。

7．查看文件内容。

【操作步骤】

1．打开终端。

2．创建新目录。

```
mkdir my_directory
```

3．进入新目录。

```
cd my_directory
```

4．创建文本文件：使用 echo 命令将文本写入新文件，或者使用文本编辑器（如

nano 或 vim）写入。
```
echo "Hello, Linux!" > hello.txt
```
使用 nano：
```
nano hello.txt
```
在打开的编辑器中输入文本，然后按 Ctrl + O 快捷键保存，按 Ctrl + X 快捷键退出。

5．复制文件：使用 cp 命令将 hello.txt 复制到同一目录下，命名为 copy_of_hello.txt。
```
cp hello.txt copy_of_hello.txt
```

6．查看文件内容：使用 cat 命令查看 hello.txt 的内容。
```
cat hello.txt
```

7．移动文件：创建一个新的目录来移动文件。
```
mkdir another_directory
```
使用 mv 命令将 copy_of_hello.txt 移动到新目录下。
```
mv copy_of_hello.txt another_directory/
```

8．重命名文件：将 hello.txt 重命名为 greeting.txt。
```
mv hello.txt greeting.txt
```

9．删除文件：使用 rm 命令删除 greeting.txt。
```
rm greeting.txt
```

10．回到上级目录并删除新创建的目录。
```
cd ..
rm -r my_directory
```

> **注意**
> 使用 rm 命令时要小心，因为它会永久删除文件。如果在执行前想确认删除操作，可以使用 rm -i 命令，这样每次删除前都会进行询问。

在执行这些命令之前，请确保了解它们的作用，并且不要在包含重要数据的目录中练习。

2.3.6 Linux 文本编辑器 vi

vi 编辑器是 Linux 和 UNIX 上最基本的文本编辑器，工作在字符模式下。由于不需要图形界面，vi 编辑器是效率很高的文本编辑器。尽管在 Linux 上也有很多图形界面的编辑器可用，但 vi 编辑器在系统和服务器管理中的功能是那些图形编辑器无法比拟的。

vi 编辑器通常简称为 vi，而 vi 又是 visual interface 的简称。它可以执行输出、删除、查找、替换、块操作等众多文本操作，而且用户可以根据自己的需要对其进行定制，这是其他编辑器没有的功能。

vi 并不是一个排版程序，它不像 Word 或 WPS 文字那样可以对字体、格式、段落等其他属性进行编排，它只是一个文本编辑程序。它没有菜单，只有命令，且命令繁多。

vi 有 3 种基本工作模式：命令行模式、文本输入模式和末行模式。这 3 种模式的切换也是通过键盘进行的。例如，在有些笔记本电脑上，F5 键除具有 F5 本身的功能外还可设置为具有音量增加功能，同一个按键承载的两个功能，可以通过 Fn 功能键进行区分。而在 vi 状态下，同一个按键 i，可以在命令行模式下表示插入操作，也可以在输入模式下表示字符 i，这就需要区分不同模式下按键的功能。

1. vi 工作模式

1）命令模式

在命令模式下，用户可以输入各种合法的 vi 命令，操作打开的文档。此时从键盘上输入的任何字符都被当成命令来解释。若输入的字符是合法的 vi 命令，则 vi 在接受用户命令之后完成相应的动作。不管用户当前处于何种模式，只需按 Esc 键，便可进入命令模式，在启动 vi 命令，进入编辑器时，也默认处于命令模式下。在命令模式下，用户输入的命令并不会在屏幕上显示。若用户输入的字符不是 vi 的合法命令，vi 会报警。

2）文本输入模式

在命令模式下输入插入命令 i（当前位置插入）、a（当前位置后一位置插入）、o（下一行插入）可以进入文本输入模式。在该模式下，最后一行会有 INSERT 状态提示，此时用户输入的任何字符都被 vi 当成文件内容处理，并将其显示在屏幕上。在文本输入过程中，若想回到命令模式，按 Esc 键即可。

3）末行模式

在命令模式下，用户按 ":" 键即可进入末行模式，此时 vi 会在显示窗口的最后一行显示一个 ":" 作为末行模式的提示符，等待用户输入命令。多数文件管理命令都是在此模式下执行的，如保存文件或退出 vi。末行命令执行完后，vi 自动回到命令模式。

2. vi 基本命令

进入命令模式后，常用的命令如表 2-3-2 所示。

表 2-3-2 vi 基本命令

命　　令	含　　义
i 和 I	i 表示在光标前插入，I 表示在行首插入
a 和 A	a 表示在光标后插入，A 表示在行末插入
o 和 O	o 表示在光标所在行的下一行插入，O 表示在光标所在行的上一行插入
h	光标向左移动
j	光标向下移动
k	光标向上移动
l	光标向右移动
H、M、L	光标移动到可见屏幕第一行(H)、中间行(M)、最后一行(L)

末行模式下的常用操作：
:w　　保存文件
:wq　　保存文件并退出 vi
:q!　　放弃保存退出 vi

3. 使用 vi 编写 Python 代码

在 Linux 下使用 vi 编写 Python 代码来显示九九乘法口诀表，可以按照以下步骤进行。

步骤 1：打开终端。

打开终端或使用 SSH 登录到 Linux 系统中。

步骤 2：创建 Python 文件。

在终端中，使用 cd 命令导航到想要创建 Python 文件的目录下。然后，使用 vi 命令创建一个新的 Python 文件。例如，创建一个名为 table99.py 的文件：

```
cd /path/to/your/directory
vi table99.py
```

这将打开 vi 并创建一个新的 Python 文件。

步骤 3：编写 Python 代码。

在 vi 中，按 i 键进入文本输入模式。然后，开始编写 Python 代码来显示九九乘法口诀表。以下是一个简单的示例：

```
for i in range(1, 10):
    for j in range(1, i+1):
        print(f"{j}x{i}={i*j}", end="\t")
    print()
```

这段代码使用了两个嵌套的 for 循环来生成九九乘法口诀表。外层循环控制行数，内层循环控制每行中的乘法表达式。print(f"{j}x{i}={i*j}", end="\t")这行代码用于打印乘法表达式，end="\t"表示每个表达式后面跟一个制表符，以便在输出时整齐地对齐。print()用于在每行结束后打印一个换行符。

步骤 4：保存并退出 vi。

在编写完代码后，按 Esc 键退出文本输入模式。然后，输入:wq 并按 Enter 键保存并退出 vi。

步骤 5：运行 Python 代码。

回到终端中，使用 python3 命令运行刚刚编写的 Python 代码：

```
python3 table99.py
```

这将运行 Python 代码并在终端中显示九九乘法口诀表。

思考题

1. 操作系统的主要功能是什么？
2. 在 Windows 10 中，如何更改桌面背景？
3. 在 Windows 10 中，如何将文件或文件夹设置为隐藏状态？

4．在 Windows 10 中，如何查看系统当前的内存使用情况？

5．简述 Linux 系统的定义和特点。

6．阐述 Linux 文件系统的目录结构，包括根目录及常见子目录的功能。

7．解释 Linux 系统中以下基本命令的作用、格式及常用参数：cd、ls、cp、mv、rm。

8．阐述 vi 编辑器的 3 种工作模式（命令模式、文本输入模式、末行模式）及其特点，以及模式之间的切换方法。

9．阐述如何在 Linux 系统中使用 SSH 连接远程主机。

第 3 章 WPS 电子表格

【学习目标】
1. 熟悉 WPS 电子表格的基本功能和界面布局。
2. 掌握数据输入、编辑和格式化的方法。
3. 熟练掌握 WPS 电子表格中的常见函数及其用法。
4. 能够灵活应用函数进行数据综合计算和分析。
5. 掌握排序、筛选、重复项、分类汇总、数据透视表等数据分析工具。
6. 掌握常见的图表制作方法。

3.1 WPS Office 与 WPS 电子表格概述

3.1.1 WPS Office 概述

办公软件是帮助人们处理日常办公事务的软件集合,包括文字编辑软件、电子表格制作软件、演示文稿制作和演示软件、图形图像处理软件、小型数据库管理系统等。

1. WPS Office 简介

WPS Office 是北京金山办公软件股份有限公司研发的国产办公软件,具有文字处理、演示文稿制作、电子表格制作、PDF 阅读、网页制作、电子邮件处理等多种功能。WPS Office 拥有三十余年研发历史以及独立自主知识产权,安全、开放、高效,成为国内各级机关部门、各大中型企业的标准办公平台,把简单高效的办公体验带给众多机构和个人。

在当今移动办公、协作办公和数字化办公时代,WPS Office 发展为一站式办公服务平台,除了提供传统的办公功能,还集成了一系列在线办公服务和应用,为用户提供了跨平台、跨设备的文件云同步功能,并支持随时随地安全共享和在线协作。

目前,WPS Office 已覆盖了桌面和移动两大终端领域,支持 Windows、Linux、MacOS、Android 和 iOS 五大操作系统。用户只需通过浏览器访问官方网站,就可以下载并安装相应版本。WPS Office 的设计充分适配了各种操作系统的交互规范和设备的交互习惯,确保用户在不同设备、不同屏幕尺寸、不同操作方式下都能获得一致的文档处理体验。

2．WPS Office 的功能

1）文字处理

WPS Office 的文字处理系统为用户提供了创建和编辑文档的工具，功能强大，使用高效方便。支持打开 txt、doc、docx、dot、dotx、wps、wpt 等格式的文档，能够对文档进行输入、编辑，对非文本对象进行插入和编辑，对格式和段落进行设置，支持查找替换、页面设置、审阅修订、长文档排版、文档合并、多种打印方式设置等功能。

2）电子表格

WPS Office 的电子表格系统为用户提供了创建和制作电子表格，并对表格进行统计计算和数据分析等丰富而高效的功能。支持打开 xls、xlsx、xlt、xlbx、csv、et、ett 等格式的文档，拥有强大的计算能力，支持四百多种函数，提供数据分析、数据可视化、数据的有效性检测、查找、筛选与定位、格式设置等功能。

3）演示文稿

WPS Office 的演示文稿系统为用户提供了创建、制作和播放演示文稿的功能。支持 ppt、pptx、pot、potx、pps、dps、dpt 等格式的文档，能够进行丰富的格式和排版设置以及动画效果的制作，使演示文稿的播放美观生动。

4）其他功能

WPS Office 支持文档漫游与文档共享，提供了全平台文档管理系统，帮助使用机构进行云端文档的统一管理，确保系统的稳定与信息的安全。支持百度网盘、金山快盘、SkyDrive、Google Drive 等多种主流网盘，能够通过 Wi-Fi 传输功能实现计算机与平板电脑、智能手机等设备之间的文档传输。

3．WPS Office 的版本

1）个人版

WPS Office 个人版是供个人用户使用的办公软件，将办公与互联网结合起来，支持多种界面随心切换，还提供了大量的精美模板、在线图片素材、在线字体等资源，帮助用户轻松打造优秀文档，包括 WPS 文字、WPS 表格、WPS 演示文稿以及轻办公四大组件，与 Microsoft Office 格式文档完全兼容，降低了用户的学习成本，满足了个人用户日常办公需求。轻办公以私有、公共等群主模式协同工作，以云端同步数据的方式满足不同协同办公的需求，使团队合作办公更高效。

个人版的特点是：体积小，下载安装快速便捷；功能易用，操作过程简单易用，使用户拥有良好的使用体验；互联网化，有大量的精美模板、在线图片素材、在线字体等资源，帮助用户打造优秀文档；支持文档漫游功能，在任何设备上打开过的文档都会自动上传到云端，方便用户在不同的平台和设备中快速访问同一文档。

2）校园版

WPS Office 校园版在 WPS 文字、WPS 表格、WPS 演示文稿组件之外，增加了 PDF 组件、协作文档、协作表格、云服务等功能，针对各类教育用户的使用需求，新增了基于云存储的团队功能，提供了专业绘图工具以及多种 AI 智能快捷工具，承载更多的免费云字体、版权素材、精美模板、精品课程等内容资源。

校园版的特点是：云文档和云服务方便安全；智能 AI 工具丰富；PDF 转换工具集支持 PDF 与 Word、Excel、PPT 之间的格式互转，OCR 文字识别技术能抓取文档内容并整理形成新文档，PPT 能自动识别文档结构、快速匹配模板，文档翻译支持多国语言划词取词，智能校对能通过大数据智能识别和更正文章中的字词错误；校园工具丰富：支持论文查重、简历助手、答辩助手、会议功能、手机遥控和演讲实录等功能；绘图工具丰富：支持绘制思维导图、几何图、LaTeX 公式图等；全面兼容和支持 PDF；具有丰富的素材库和知识库。

3）专业版

WPS Office 专业版是针对企业用户提供的办公软件产品，具有强大的系统集成能力，实现了与主流中间件、应用系统的无缝集成，完成企业中应用系统的零成本迁移。

专业版的特点：高兼容性，与 Microsoft Office 兼容，具有成熟的二次开发平台，保证具有与 Microsoft Office 一致的二次开发接口、API 接口、对象模型，兼容的 VBA 环境，实现了平滑迁移现有的电子政务平台、应用系统；支持 XML 标准，使政府和企业办公中的数据交换与数据检索更方便、高效；支持多种界面切换，在经典界面与新界面之间，用户可以无障碍转换。

4）移动版和移动专业版

WPS Office 移动版是运行于 Android、iOS 平台上的个人版永久免费办公软件，能通过文档漫游功能实现在手机上办公。

WPS Office 移动专业版则实现了与 Windows、Linux 操作系统平台上的 WPS Office 互联互通，使用户在各个设备上的使用体验一致，高效地完成协同任务。

WPS Office 移动办公解决方案通过成熟的 SDK 接口技术兼容 OA、ERP、财务等系统的移动端应用，并通过应用认证、通信加密、传输加密等，保证了文档在产生、协同、分享的过程中以及和其他应用系统通信过程中的安全，真正实现了安全无忧的移动办公解决方案。

移动专业版特点：提供了丰富的企业定制服务；系统兼容好：API 接口开放且高效易用，无论在 iOS 平台还是 Android 平台上，都能提供成熟的 SDK 方案，能够与移动 OA、ERP、CRM 等系统安全交互；保证企业级文档安全；提供原厂级服务保障，即快速、便捷、高效的线上及线下售后服务和技术支持。

5）WPS 365

WPS 365 是面向组织和企业的办公新质生产力平台，包含了升级的 WPS Office、最新发布的 WPS AI 企业版和 WPS 协作。WPS 365 打通了文档、AI、协作三大能力，让各组件间无缝切换，全面覆盖了一个组织的办公需求。

作为一站式 AI 办公平台，WPS 365 分为新升级的 WPS Office、WPS AI 企业版和 WPS 协作。WPS 365 提供一系列内容创作应用和办公协作工具，包含 WPS Office、在线智能文档、消息、会议、邮件、日历等通用办公套件，通过多个应用间的协作互通，为用户打造高效一体化的协同办公平台。同时，WPS 365 满足了安全管控和开放集成的需求，通过开放接口赋能客户自有业务系统。

WPS 365 根据企业规模和使用场景推出了多个版本，商业协作版、商业高级版、商业旗舰版、私有化部署版本，还针对教育机构推出了 WPS 365 教育版。WPS 365 教育版除包含 WPS 365 中内容创作、协作、安全管控等功能外，还为教育机构提供丰富的教育资源、专业的教育、学习、管理工具以及定向优化的体验升级。

在内容创作方面，WPS 365 提供了 WPS Office、WPS PDF 智能文档、智能表格、智能表单、多维表格、流程图、思维导图、WPS OFD、白板等工具，打通了文档、AI、协作，帮助用户实现文档协作、流程梳理等服务。

3.1.2 WPS 表格概述

在日常的工作、学习和生活中，数据的计算和分析都是一项基础且重要的工作，WPS 表格提供了强大的数据计算和分析功能，帮助用户制作了各类数据表。特别是提供了四百余种函数，能够满足大多数数据处理的需求，提高了数据处理的效率。WPS 表格的主要功能如下。

1）数据记录与整理

WPS 表格支持以表格的形式输入和记录数据。通过各类填充功能，提高形成数据的效率，通过数据验证等功能减少输入数据时的错误，并对数据进行清洗，便于用户阅读和使用。

2）数据计算

通过公式和内置函数，WPS 表格可以实现大多数数据的计算生成，还能求解规划问题，即求解在什么样的情况下，规划的目标能够实现。

3）数据分析

WPS 表格提供了多种多样的数据分析工具，从排序、筛选、分类汇总到数据透视、统计分析，使用户从不同的角度洞察数据后面隐藏的信息。

4）数据可视化

WPS 表格的图表功能，能够帮助用户基于数据快速创建各式各样的图表，从而使数据变得形象生动，实现数据的可视化。

5）数据共享

WPS 表格可以与其他软件共享数据，并通过云和网络在不同的用户之间实现数据共享、协同工作。

3.1.3 WPS 表格的界面组成

WPS 表格主界面如图 3-1-1 所示，从上至下由标签栏、菜单栏、工具栏、工作区和状态栏等组成。

计算机与大数据基础

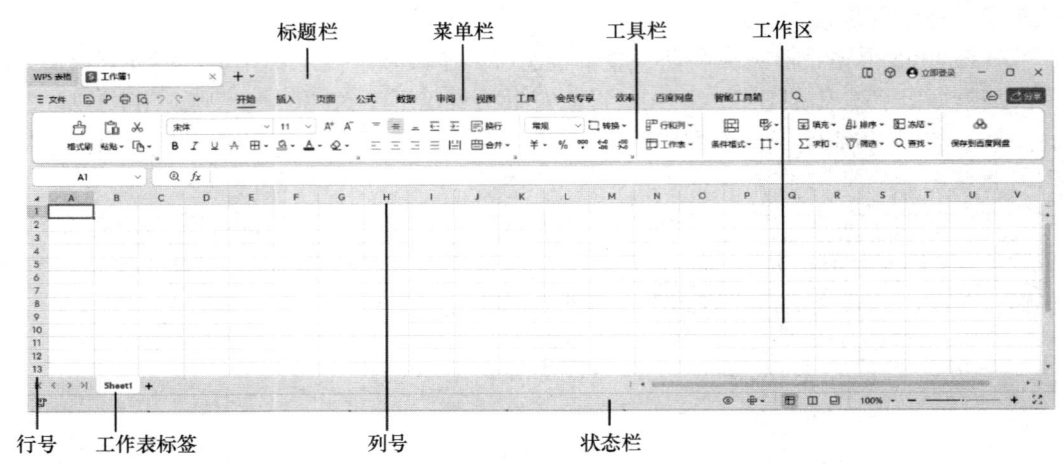

图 3-1-1　WPS 表格主界面

主界面中各部分的功能如下：

（1）标题栏：显示应用程序的名称、当前打开的文档名称以及一些快捷功能按钮。

（2）菜单栏：将 WPS 表格的功能分别组织在若干选项卡之下，包括文件、开始、插入、页面、公式、数据、审阅、视图、工具等，选中某个选项卡，下面的工具栏将出现相关的命令按钮，方便用户进行命令的选择与执行。

（3）工具栏：以命令按钮的形式直观形象地把一系列的操作组织起来，便于用户进行选择和操作。

（4）工作区：是编辑制作电子表格的区域，由灰色的行线和列线交织成的网格（单元格）组成，每个单元格的位置由左边的行标号（行号）和上面的列标号（列号）决定。

（5）状态栏：包括一些基本操作的快捷按钮，比如进行视图切换、显示比例的调整等，显示当前工作状态，显示当前单元格试算的结果等。

（6）工作表标签：实现工作表的基本操作以及多张工作表的显示与切换。

（7）行号与列号：行号位于工作区的最左侧，由 1 开始的阿拉伯数字从上至下依次递增，以标识各行；列号位于工作区的最上侧，由"A"开始的大写字母从左至右依次变化，以标识各列。

3.1.4　WPS 表格的基本操作

WPS 表格文件也称为"工作簿"，新建文件默认的文件名为"工作簿1"，文件默认的扩展名为"et"，也可将文件另存为 xls、xlsx、xlt、xlbx、csv、ete 等类型的文件。一个工作簿文件由一张或多张工作表组成，工作表以默认名称"Sheet1"开始命名及编号，当然可以自行对工作簿文件以及各张工作表进行命名。每一张工作表由多个单元格构成，每个单元格的位置和名称由行号和列号标识，制作数据表，就是在工作表的部分单元格上进行数据的生成和格式的设置，从而形成有关联、有意义的表格。

微课视频

88

1. 工作簿的创建和保存

创建新工作簿有以下两种方法。

（1）启动 WPS Office，单击"新建"按钮，单击新建对话框中的"表格"按钮，选择新建"空白表格"，即可进入新工作簿的编辑界面。WPS 提供了丰富的表格模板，使用时需要登录或者具备会员权限。创建新工作簿操作的界面和步骤如图 3-1-2 所示。

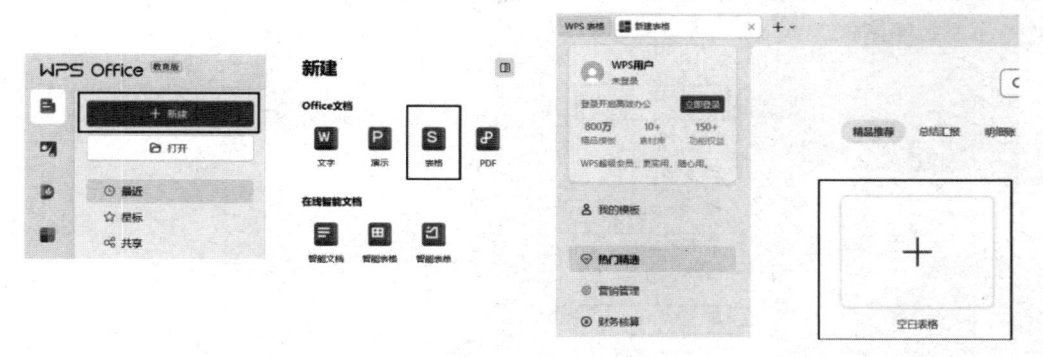

图 3-1-2　创建新工作簿

（2）如果已经进入 WPS 表格主界面，可执行"文件"菜单中的"新建"命令，再选择新建"空白表格"，即可进入新工作簿的编辑界面。

完成工作簿中表格的生成和编辑后，需要进行文件的保存和命名。可以执行"文件"菜单中的"保存"命令，也可以直接按快捷键 Ctrl+S 进行保存。在出现的对话框中进行保存文件的路径选择和文件名的输入，文件的扩展名一般选择"xlsx"，如图 3-1-3 所示，也可选择"et"等。如果要将已有的文件以不同的文件名重新保存，可执行"另存为"命令。"文件"菜单中还有其他的常用命令。

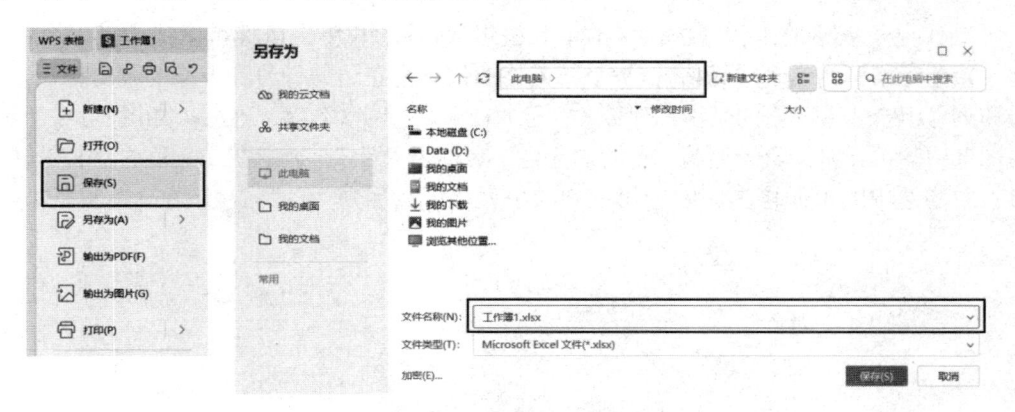

图 3-1-3　新工作簿的保存

2. 工作表的操作

工作簿在初始状态下只有一张工作表，名称为 Sheet1，选中工作表标签，右击，打开快捷菜单，如图 3-1-4 左图所示。菜单中组织了工作表的常见操作命令，可以进行重命名、插入和删除工作表等操作，也可以直接单击工作表标签右边的"+"按钮插入新的工作表。

　　插入多张工作表后，单击某张工作表的标签，即可将该工作表切换为当前的活动工作表，并在工作区制作相关表格。如果要调整工作表之间的排列顺序，可选中某一工作表的标签，按住鼠标左键不放进行左右移动，会有一个黑色小三角形跟随，用以显示移动位置，确定位置后释放鼠标左键，即可将此工作表插入黑色小三角形所在的位置。如图3-1-4右图所示。

图3-1-4　工作表的基本操作

3. 单元格的操作

　　制作电子表格的工作区由大量的单元格组成，移动和单击鼠标可以选中某一个单元格（该单元格称为活动单元格），每个单元格的位置由左边的行号和上面的列号标识，行号和列号组合成单元格的名称，列号（字母）在前、行号（数字）在后。如图3-1-5所示，左图选中的单元格为第一行第一列的单元格，名称为"A1"，显示在左上角的"名称框"中；右图选中的单元格为第四行第三列的单元格，名称为"C4"，显示在"名称框"中。

图3-1-5　单元格的位置和名称

　　WPS表格最大的列号是XFD，选中任意一个单元格，按快捷键Ctrl+→，则可定位到最右侧的一列。WPS表格最大的行号是1048576，选中任意一个单元格，按快捷键Ctrl+↓，则可定位到最下面的一行。

注意，灰色的网格线仅用于在编辑状态下区分各单元格，在打印状态下并不会出现，显性的网格线需要另外添加。在"视图"选项卡下，取消勾选或勾选"网格线"复选框，即可在取消和添加网格线之间进行切换。

如果要在单元格中输入数据，则可在选中的活动单元格中进行输入，输入的内容同时会显示在"名称框"右边的"编辑栏"中，如图 3-1-6 所示，单元格 C4 中的内容为"课程表"，同时出现在编辑栏。也可以选中"编辑栏"，在其中输入内容，内容也会同时出现在活动单元格中。

图 3-1-6　单元格的编辑栏

4．行和列的基本操作

一张工作表由若干行和列构成，生成的数据表格一般也由相邻区域的单元格组成，分布在若干行、若干列中。针对某一行（列）或某几行（列），可以进行一些常用的操作。一般可以选中某行（列）标签，右击，在打开的快捷菜单中选择要执行的命令，如图 3-1-7 所示，左图为行的快捷菜单，右图为列的快捷菜单。以下的操作示例针对行进行，对列的操作是类似的，请读者自行练习。

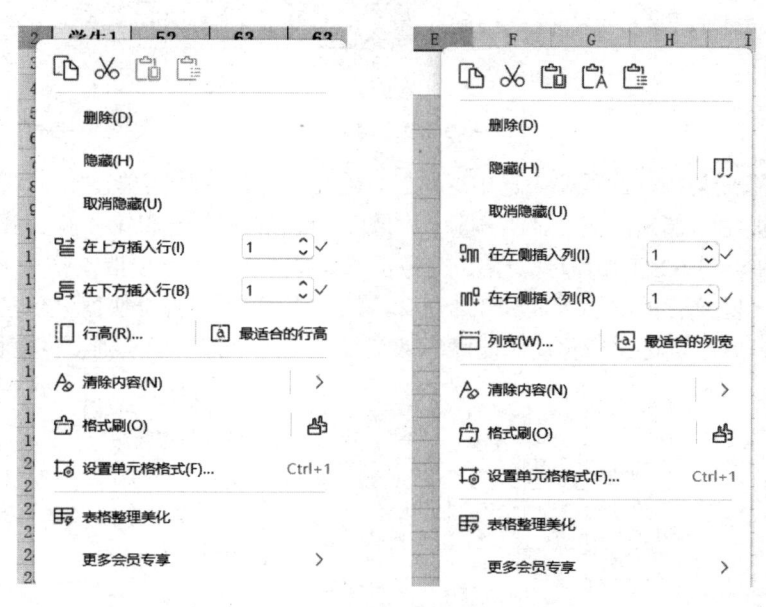

图 3-1-7　行、列操作的菜单命令

如果要在某一行的上面或下面插入新的行，需要先右击该行左边的行标签，打开快捷菜单，执行"在上方插入行"或"在下方插入行"命令，而插入的行数可在命令右侧的微调框中输入（或单击微调按钮设置）。如果要删除某行，则先选中该行，右击，执行快捷菜单中的"删除"命令。图 3-1-8 显示了在第 4 行上方插入两个空行的操作过程和结果。

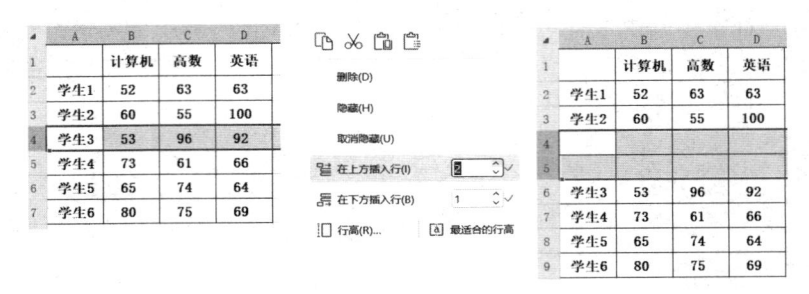

图 3-1-8　插入行

如果要调整某几行的高度，需要先选中这几行中第一行的行标签，按住鼠标左键不放往下拖动，直到选中最后一行，放开鼠标左键，如果几行不连续，则可配合 Ctrl 键进行不连续行的选中。然后右击，打开快捷菜单，执行"行高"命令，在微调框中调整或输入行高数字，如图 3-1-9 左图所示。也可以连续选中若干行，将光标移动至两行之间的分隔线处，再按住鼠标左键不放，上下移动鼠标，设置合适的行高后放开鼠标左键，此时，选中行的高度则进行了统一调整，如图 3-1-9 右图所示。

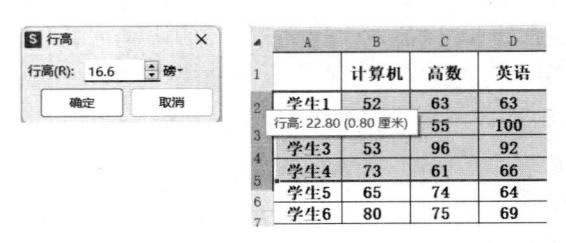

图 3-1-9　调整行高

如果要隐藏某些行，需要先选中这些行，右击，打开快捷菜单，执行"隐藏"命令，选中的行则被隐藏起来，但并非被删除。如图 3-1-10 所示，已将第 4 行、第 5 行隐藏起来，行号 3 和行号 6 之间由双线分隔，行号仍然保持不变。如果要取消隐藏（恢复显示），则选中包含了隐藏行的前后行，如第 3 行和第 6 行，右击，打开快捷菜单，执行"取消隐藏"命令；或者，将光标移动到隐藏行双线处，双击鼠标左键，则会恢复被隐藏的行。

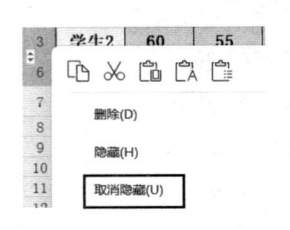

图 3-1-10　行的隐藏和恢复

如果输入的数据长度超过单元格的宽度，则数据不能完整显示出来，有时会出现多个"#"。调整列宽的方法是：将光标移动到该列与右侧列的分隔线处，当光标变成带箭头的十字形状时，按住鼠标左键不放，通过左右拖动鼠标调整单元格宽度，调整完成后，放开鼠标左键；或者，可以在该列的列号处双击鼠标左键，该列的宽度将被自动调整为刚好显示完整数据的适合宽度。

5．区域的选择

对表格进行处理时，可以选中一个或多个单元格进行批量处理。

如果只需选中一个单元格，单击对应的单元格，即可将其激活为活动单元格；

如果要选中一个连续的矩形区域，先选中左上角的单元格，按住鼠标左键不放，往右下方拖动光标，拖到右下角的单元格，放开鼠标左键即可；

如果要选中已经形成的矩形区域的表格，将光标定位在该表格范围内，按快捷键Ctrl+A，即可选中整张表格；

如果要选中整张工作表，单击工作区左上角的绿色箭头即可。

3.2 数据的输入与表格的编辑

3.2.1 数据与数据类型

WPS 表格由各种类型的数据有机组合而成，数据具有多种不同的表现形式，数据的组成元素包括汉字、字母、数字以及各种符号，这些基本元素根据各种表达需求组合成不同类型的数据，具有不同表现形式和处理特点。

微课视频

WPS 表格的数据类型分为数值型、文本型、日期时间型、逻辑型和错误值。

1．数值型

数值型数据由数字 0~9 以及小数点"."、正号"+"、负号"−"、千位分隔符","、货币符号"￥"等、科学记数符号"E"等组成，表现形式有整数、小数、分数等，如 124、3.14、−1200、￥1、567.00、3.14E+03 等，用于表达可以进行算术运算的数据，如价格、分数、身高、年龄等。

2．文本型

文本型数据由汉字、字母、数字以及其他符号组成，用于表达各种信息，如姓名、身份证号、简历等。书面表达以及在公式中表示时一般用一对英文双引号将文本型数据引起来。一个单元格中最多显示 1024 个字符。

3．日期时间型

日期时间型可分为日期型和时间型。日期型数据由表示年、月、日的数字与斜线"/"或分隔线"-"组成，用于表示某个日期，如"2024/09/10"或"2024-09-10"。时间型数据由表示时、分、秒的数字与冒号":"组成，用于表示某时刻，如"12:30:15"。

日期型数据能转换为整数参与运算,系统以 1900 年 1 月 1 日作为基准日,对应整数 1,其他日期对应的整数则表示该日期为 1900 年 1 月 1 日后的第几天。例如,1900 年 1 月 30 日转化为整数则为 30,1901 年 1 月 1 日转化为整数则为 367。

4. 逻辑型

逻辑型数据有真值 TRUE 和假值 FALSE 两个取值,用于表示关系表达式和逻辑表达式的运算结果,若关系成立,则值为真(TRUE),若关系不成立,则值为假(FALSE)。当逻辑型数据参与数值运算时,TRUE 和 FALSE 分别被转换为 1 和 0。反过来,在关系表达式或逻辑表达式中,数值运算结果 0 对应 FALSE,非 0 对应 TRUE。

5. 错误值

错误值用于表达在公式计算发生异常或错误时的各种信息,例如,#DIV/0!表示"被零除错误",#VALUE!表示"结果不是数值"。

3.2.2 数据的输入

表格的数据一般有以下几种来源:键盘输入、其他来源的文件数据导入、表格中已有的数据的计算结果、其他表格的数据。

通过键盘输入数据是形成表格的基础渠道,先选中需要输入数据的单元格,激活单元格,或者激活编辑栏,通过键盘输入各种类型的数据,然后按 Enter 键即完成输入,数据出现在当前单元格中。

如果需要在一个单元格中换行输入内容,则按快捷键 Alt+Enter,光标会出现在同一单元格的下一行左侧,即可输入下一行的数据。

1. 数值型数据的输入

输入一个数值型数据时,如果整数部分的最左边以零开头,小数部分最右边以零结尾,这些零都会被自动省略。

以科学记数法表示数据要使用大写字母"E","E"左侧为基数,可以是整数和小数,"E"右侧为指数,必须是整数。例如,3.14E+03 表示 $3.14×10^3$,即 3140,3.14E-02 表示 $3.14×10^{-2}$,即 0.0314。

可以通过设置单元格格式调整数值型数据的显示格式,包括设置保留的小数位数、使用千位分隔符、添加货币符号、调整负数的显示形式等。当数据的小数位数超过设置的小数位数时,系统将进行四舍五入处理。负数的显示形式包括用负号标识、用圆括号标识、用红色标识。

设置单元格格式的方法是,选中需要设置格式的单元格,右击,打开快捷菜单,执行"设置单元格格式"命令,如图 3-2-1 左图所示,即进入"单元格格式"对话框,如图 3-2-1 右图所示。左侧"分类"列表中的"常规"类显示最基本的数值型数据,不会显示除了数字和小数点之外的其他符号。如果需要对数值型数据的显示形式进行细节的设置,可选择"数值"类,并在右侧区域的"小数位数"微调框中设置小数点位数,"使用千位分隔符"复选框用于决定是否使用千位分隔符,"负数"列表框用于选择负数的显示形式。

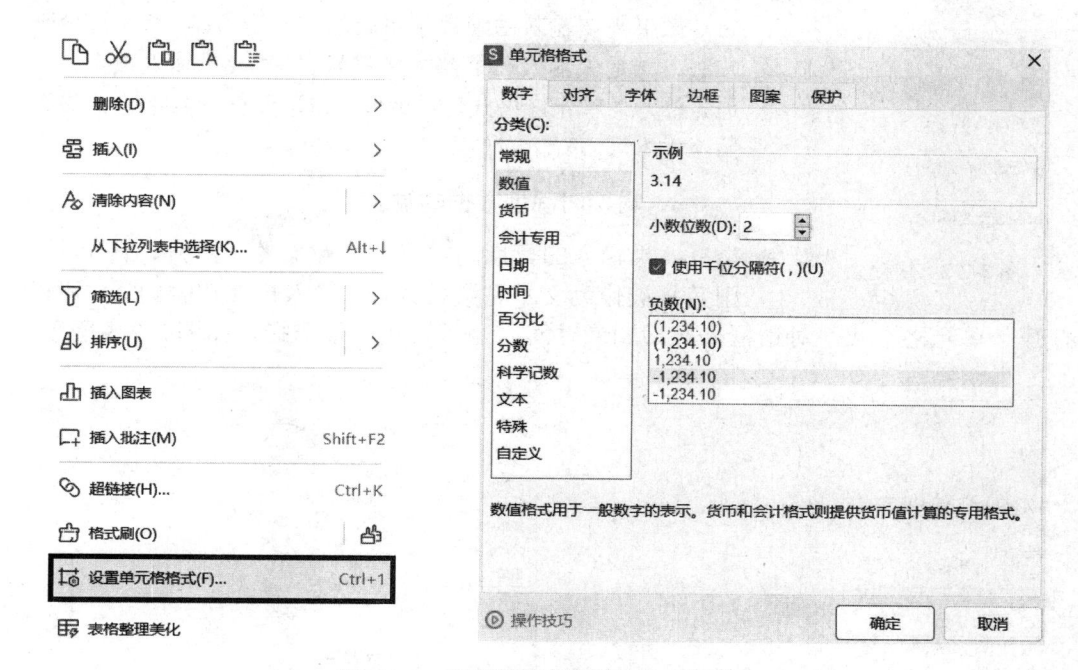

图 3-2-1　设置数值型数据的单元格格式

如果需要添加货币符号,先选择左侧"分类"列表中的"货币"或"会计专用"类,然后在右侧的"货币"列表中选择货币符号。如果需要显示为科学记数形式,则选择左侧"分类"列表中的"科学记数"类进行调整。

输入分数时,要在整数和分数之间输入一个空格,例如,输入"0 1/4"显示为 1/4,值为 0.25;输入"2 1/4"显示为 2 1/4,值为 2.25。输入百分数时,在数字后面输入百分号即可,如 25%。

2. 文本型数据的输入

文本型数据由汉字、字母、数字以及其他符号组成,当输入的数据中包含汉字、字母等字符时,系统会自动将其识别为文本型数据。在没有设置对齐方式的默认状态下,输入的数值型数据会自动右对齐,输入的文本型数据会自动左对齐。

如果文本型数据全部由数字组成,如身份证号和电话号码,输入的数字可能会被作为数值型数据处理,最左边的零会被自动截掉。如果输入的数字长度在 11 位以内,会被当成数值型数据处理,自动右对齐;如果输入的数字长度超过 11 位,会被当成文本型数据处理,自动左对齐,且单元格的左上角会出现一个绿色的小三角形,表示此单元格中的数据为文本型数据。用光标指向小三角形、单击左侧的"!"号,会出现一个快捷菜单,如图 3-2-2 所示,如果需要将文本型数据转换为数值型数据,则可选择"转换为数字"选项,如果转换后的数字位数较多,会以科学记数法形式显示。例如,如果输入的是 123456789012，则会以科学记数法显示为 1.23457E+11。

如果需要输入由纯数字组成的文本型数据，有两种处理方法：一是先输入一个英文单引号"'"，再输入数字，二是先打开"单元格格式"对话框，将单元格的数字格式设置为"文本"，再输入数据。

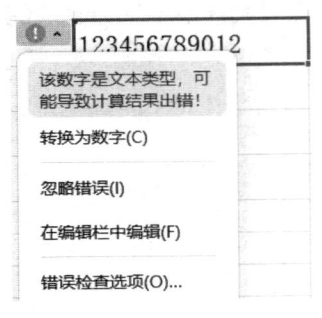

图 3-2-2　快捷菜单

3．日期时间型数据的输入

如果输入的日期超过日期型数据的年、月、日范围，则其将被作为文本型数据处理。输入日期和时间后，可以打开"单元格格式"对话框，对日期或时间的显示格式进行选择，如图 3-2-3 所示。

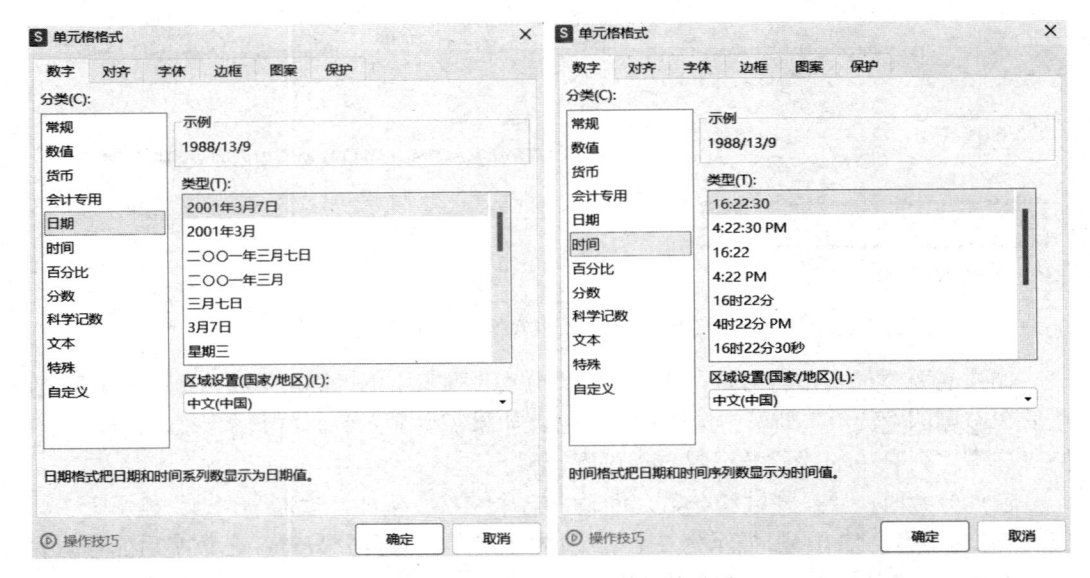

图 3-2-3　对日期时间型数据的设置

在主界面"开始"选项卡下面的"数字"功能区中，单击"常规"下拉菜单，在打开的菜单中可以对几种常见数据类型进行快速转换，如图 3-2-4 所示。

如果输入日期后显示为整数，原因是系统将输入的日期型数据转换成对应的序列值，那么只需将其转换为日期型数据即可。

4．自定义数据格式

如果希望对单元格数据有一些细节的要求，甚至要在输入时对其进行自动的调整，则可以在"单元格格式"对话框中的"自定义"框中进行设置和选择。下面列举几个具体的处理案例：

（1）如果不希望以科学记数法显示长度超过 11 位的整数，则可以在"自定义"类的"类型"框中输入 0，如图 3-2-5 左图所示。

第 3 章　WPS 电子表格

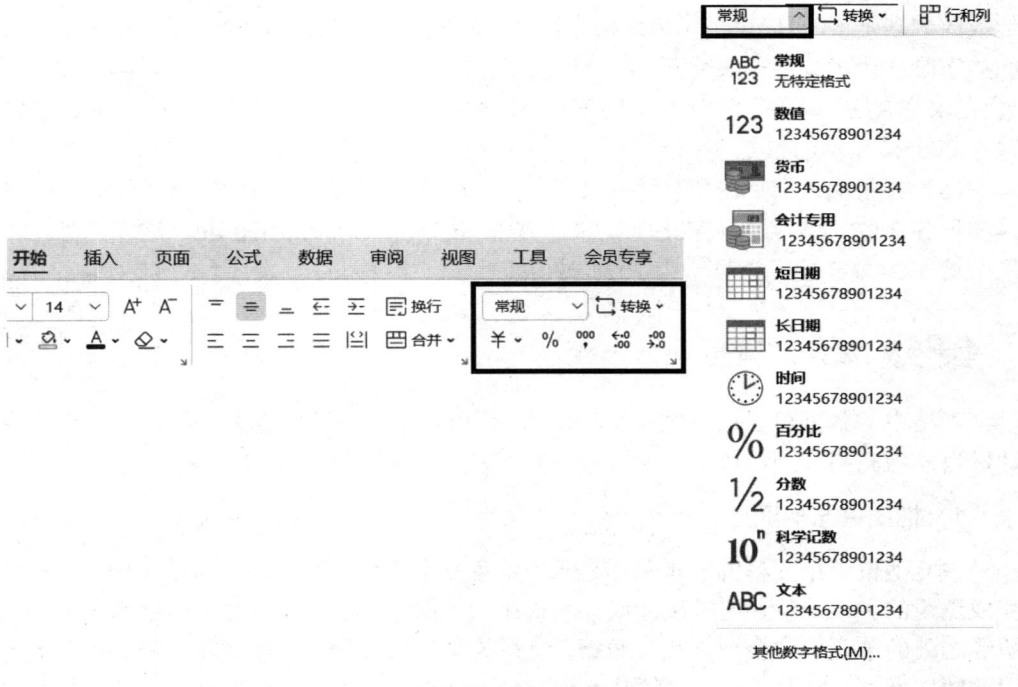

图 3-2-4　常见数据类型快速转换

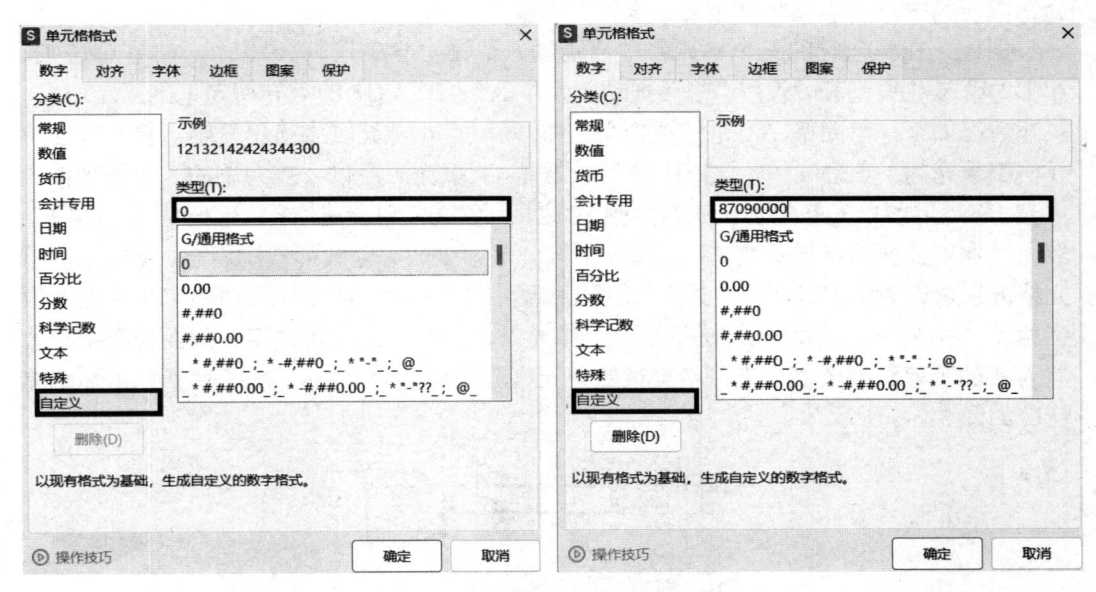

图 3-2-5　自定义数据格式的设置

（2）如果输入的一系列文本数据的前几位相同，例如，一个学校的电话号码都以 8709 开头，为了避免重复输入、提高输入效率，可以在"自定义"类的"类型"框中输入 8709000，如图 3-2-5 右图所示，后面的四个 0 表示四位需要输入的任意数字，这样在输入这些电话号码时就可以只输入后面的四位数了。例如，在单元格中输入 1234，形成的数据是 87091234；在单元格中输入 5，形成的数据是 87090005；输入不足四位的数字时，会在数字前面补充 0，填满四位。如果不希望系列自动加 0 填满位数，则在"自定义"类的"类型"框中输入 8709####，此时，在单元格中输入 5，显示的是 87095，输入 0005，显示的也是 87095。

（3）如果输入日期的年份不足 4 位、月和日只有 1 位，但是希望显示为年份 4 位、月和日各 2 位，则在"自定义"类的"类型"框中输入 yyyy-mm-dd，这样，当在单元格中输入 24-9-8 后，会显示为 2024-09-08。

3.2.3 数据的填充

表格中的数据可以通过键盘手动输入，还可以根据一些已输入的数据，通过自动填充高效地形成，下面介绍四种填充数据的方式。

1. 拖动填充柄填充

填充柄位于单元格的右下角，是一个绿色的小方块，当光标指向填充柄时，光标会变成黑色的十字形状，这时按住鼠标左键不放，向上、下、左或右拖动鼠标，则在光标所经之处的单元格中会填充相关数据，填充的是什么数据取决于选中填充柄时，单元格中的数据类型。如果一张表格的其他列已经形成部分数据，也可以直接双击填充柄，则会在同一列中自动填充数据到表的末尾行。

例如，在第一行的三个单元格中分别输入数据"学生"、1、"A1"，在单元格 D1 和 D2 输入"A1"和"A3"，先后拖动单元格 A1、B1、C1 的填充柄向下到第 10 行，填充情况如下：单元格 A1 中的数据是文本"学生"，填充时为简单复制，将经过的单元格都填充为"学生"；单元格 B1 中的数据是 1，填充时会以公差为 1 的等差数列依次填充，将经过的单元格分别填充为 2 到 10 之间的整数；单元格 C1 的数据是文本"A1"，填充时保留前面的字母不变，后面的数字按公差为 1 的等差数列依次填充，将经过的单元格分别填充为"A2"到"A10"。选中单元格 D1 和 D2，两个单元格中字母后面的数字相差 2，拖动 D2 的填充柄进行填充，填充时保留前面的字母不变，后面的数字按公差为 2 的等差数列依次填充，将经过的单元格分别填充为"A5"到"A19"。上述填充情况如图 3-2-6 所示。

	A	B	C	D
1	学生	1	A1	A1
2	学生	2	A2	A3
3	学生	3	A3	A5
4	学生	4	A4	A7
5	学生	5	A5	A9
6	学生	6	A6	A11
7	学生	7	A7	A13
8	学生	8	A8	A15
9	学生	9	A9	A17
10	学生	10	A10	A19

图 3-2-6 拖动填充柄填充

在填充柄填充结束时,最后一个单元格的右下角会出现自动填充选项符号,如图 3-2-7 所示,单击符号打开快捷菜单,其中包括多个填充方式选项。

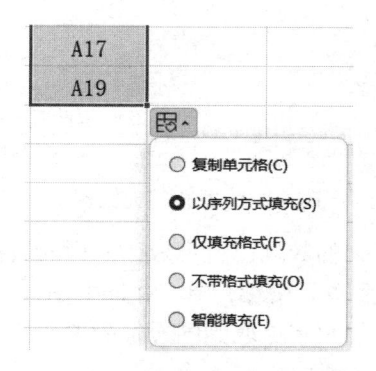

图 3-2-7　自动填充选项符号快捷菜单

(1)复制单元格:选择该选项,则会用完全一样的数据进行填充,不会有自动序列变化。例如,D 列的填充结果将是在相邻两个单元中重复填充"A1"和"A3"。

(2)以序列方式填充:主要针对数字进行符合数列特征的序列填充,例如,B、C、D 列的填充结果。

(3)仅填充格式:假如单元格设置了底色、文字颜色、边框等格式,选择该选项后,仅填充选中单元格的格式,而不填充数据。

(4)不带格式填充:只填充数据内容,而不填充选中单元格的格式。

(5)智能填充:见下文。

2.智能填充

智能填充功能,也可以通过按快捷键 Ctrl+E 来实现。下面通过三个案例操作介绍智能填充的特点和操作。

在图 3-2-8 左图中,A 列的数据已经形成,B 列的数据来源于 A 列数据字母后的数字,在单元格 B1 中输入 2,并选中 B1,按快捷键 Ctrl+E,即可完成智能填充,将 A 列第 2 行到第 10 行的数字提取到同一行的 B 列,如图 3-2-8 右图所示。也可以拖动填充柄到最后一行,单击自动填充选项符号,在快捷菜单中选择"智能填充"选项完成填充。

图 3-2-8　智能填充案例 1

在图 3-2-9 左图中,A 列的数据已经形成,B 列的数据来源于 A 列分隔线"-"后面的字符串,将"问界 M9"输入或复制到单元格 B1 中,并选中 B1,按快捷键 Ctrl+E,

即可将 A 列第 2 行到第 4 行分隔线"-"后面的字符串提取到同一行的 B 列中，如图 3-2-9 右图所示。

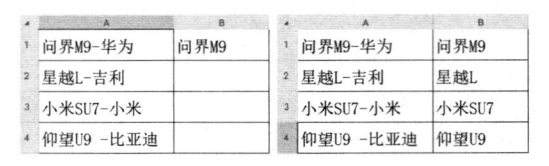

图 3-2-9　智能填充案例 2

在图 3-2-10 左图中，A 列的数据已经形成，B 列的数据来源于 A 列字符串中的数字，将"1000"输入或复制到单元格 B1 中，并选中 B1，按快捷键 Ctrl+E，即可将 A 列第 2 行到第 5 行字符串中的数字提取到同一行的 B 列（无论数字在字符串的什么位置），如图 3-2-10 右图所示。

图 3-2-10　智能填充案例 3

3．使用填充命令填充

在"开始"选项卡功能区的右侧，有一个"填充"下拉菜单，其中有一些填充选项，其中常用的是"序列"选项，选择"序列"选项后，可打开"序列"对话框，如图 3-2-11 所示，可以设置填充序列的特征值。一般建议先选中需要填充的区域，再进行序列填充的设置。

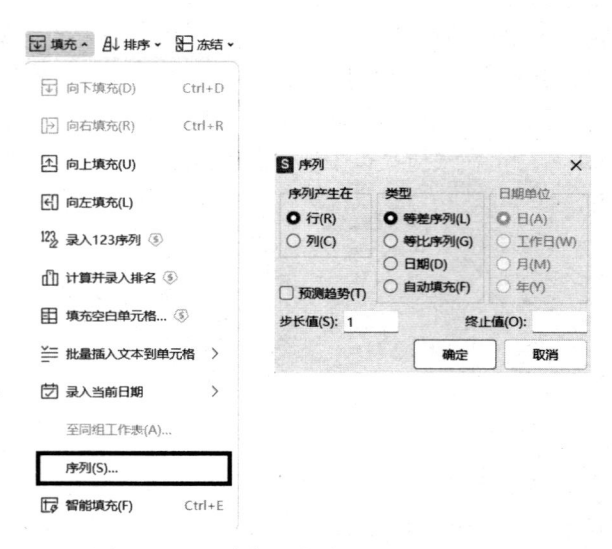

图 3-2-11　"填充"菜单和"序列"对话框

如图 3-2-12 所示，在单元格 A1 中输入 1，选中 A1 到 A10 区域，打开"序列"对话框，设置序列产生在"列"，类型为"等比序列"，步长值为"2"，单击"确定"按钮，即在 A1 到 A10 区域生成公比为 2 的等比数列，数据个数根据选中单元格个数而定。

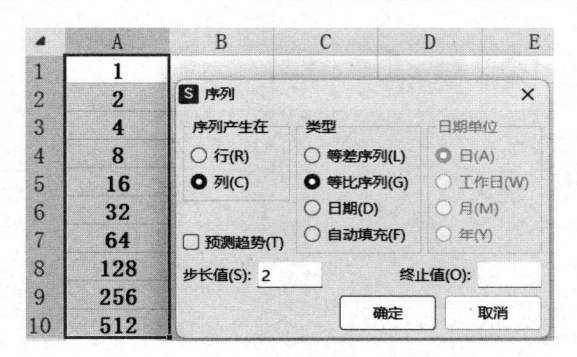

图 3-2-12　序列填充生成等比数列

4．自定义序列填充

有一些常用的时间序列，如月份和星期的依次变化会经常出现在表格中，系统将这些序列组织在"自定义序列"中，可以通过拖动填充柄快速生成，帮助用户高效输入特定的序列。

执行"文件"菜单中的"选项"命令，在打开的"选项"对话框中，选择"自定义序列"选项，右边出现系统设定的自定义序列，如图 3-2-13 所示，包括星期和月份序列的中文、英文全称与简称，以及季度序列和"甲、乙、丙、丁…"等序列。

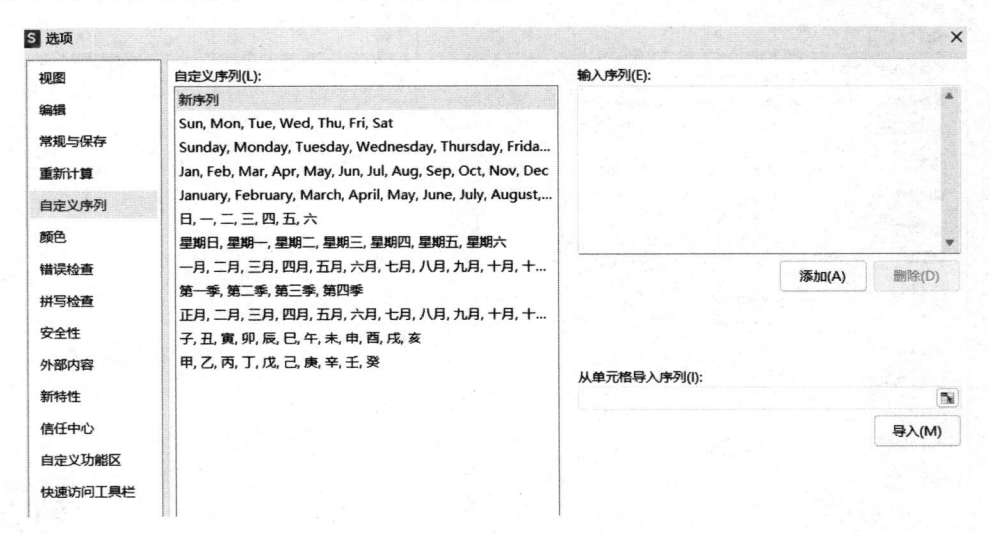

图 3-2-13　系统自定义序列

如图 3-2-14 所示，在第一行的单元格中分别输入以下五个数据：星期一、Mon、一月、January、甲，然后往下拖动填充柄进行填充，则各列会分别形成自定义序列，大大地提高了输入效率。

计算机与大数据基础

星期一	Mon	一月	January	甲
星期二	Tue	二月	February	乙
星期三	Wed	三月	March	丙
星期四	Thu	四月	April	丁
星期五	Fri	五月	May	戊
星期六	Sat	六月	June	己
星期日	Sun	七月	July	庚
		八月	August	辛
		九月	September	壬
		十月	October	癸
		十一月	November	
		十二月	December	

图 3-2-14　自定义序列的填充

如果用户的表格经常用到一个非系统自定义的序列，为了能够快速高效地填充，可以将这个序列添加到"自定义序列"中。在表的一行或一列的相邻单元格输入新序列的若干数据，例如，在单元格 A1 到 A4 中分别输入"春""夏""秋""冬"，再选中序列所在区域 A1 到 A4，执行"文件"菜单中的"选项"命令，在打开的"选项"对话框中，选择"自定义序列"选项，在右边的"从单元格导入序列"输入框中会自动出现区域地址"$A$1:$A$4"，单击"导入"按钮，在左边的"自定义序列"框和上面的"输入序列"框中会出现新序列"春，夏，秋，冬"，如图 3-2-15 所示，这样，以后在单元格中只需输入"春"，拖动填充柄，就会自动出现"夏""秋""冬"，而不用逐个输入它们。

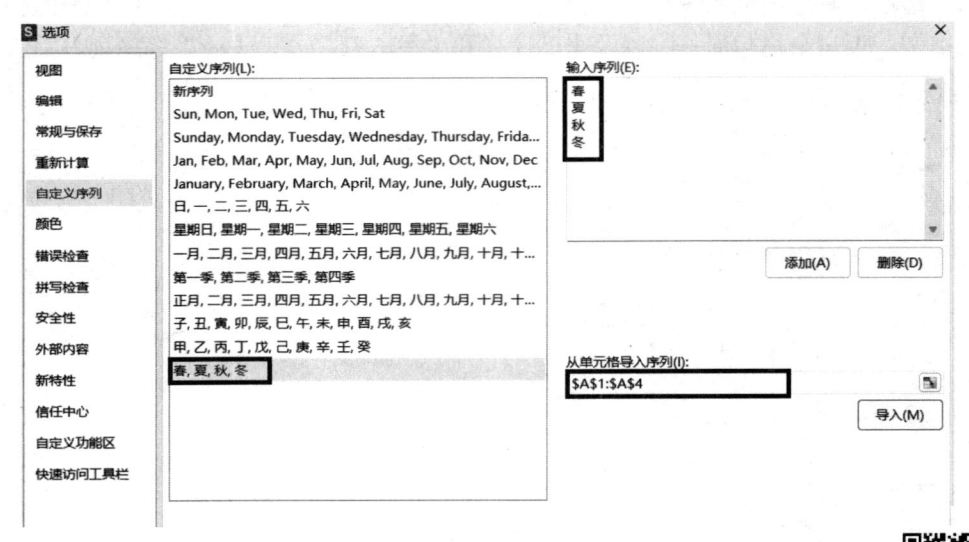

图 3-2-15　自定义序列的导入

3.2.4　数据有效性

在输入数据时，一些数据具有典型的特征，如果用户在输入时希望系统对数据的正确性进行判断和约束，就可以使用"数据有效性"功能。在"数据"选项卡中单击"有效性"下拉菜单,如图 3-2-16 左图所示,则会打开"数据有效性"对话框,如图 3-2-16 右图所示。"数据有效性"功能是根据用户指定的验证规则,对输入的数据进行自动约束和验证,如果输入数据符合验证规则,则接受输入;如果输入数据不符合验证规则,则拒绝输入,并提示用户重新输入。这样可以起到约束输入内容、减少输入错误的作用。

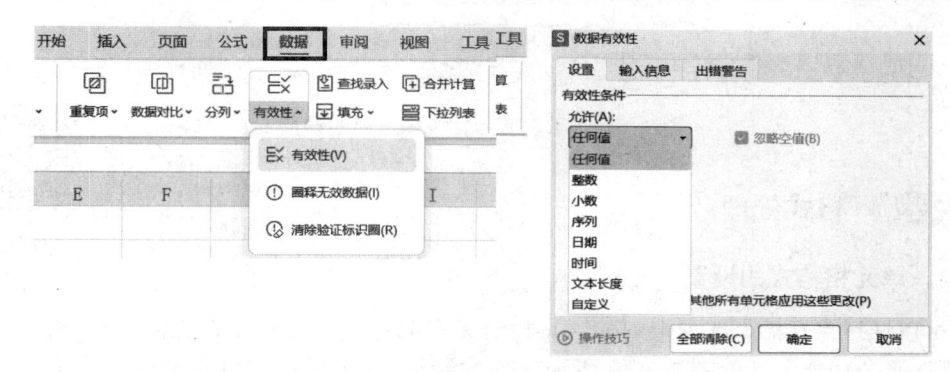

图 3-2-16 "有效性"下拉菜单和"数据有效性"对话框

例如,如果要求输入 0~100 之间的整数,可先选中输入区域,在"数据有效性"对话框中选择允许"整数",并选择数据"介于"最小值"0"与最大值"100"之间,单击"确定"按钮,如图 3-2-17 左图所示。这样,在限制区域的单元格中只能输入 0~100 之间的整数,一旦超出这个范围,将出现"您输入的内容,不符合限制条件。"的错误提示,如图 3-2-17 右图所示。

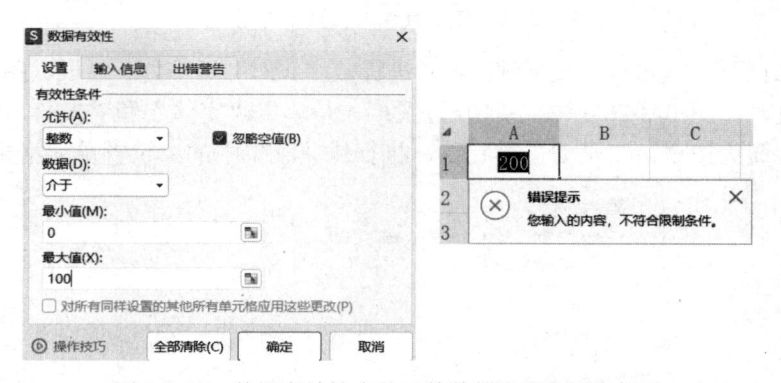

图 3-2-17 数据有效性中关于整数的设置和错误提示

如果某些单元格中的内容来自几个固定的选项,例如,性别只有"男"和"女"这两个选项,相当于在输入数据时进行多选一的单项选择,那么可以通过"数据有效性"将单元格设置为"二选一"的。当用户单击单元格右下角的下拉按钮时,将会出现如图 3-2-18 左上图所示的选项,若用户选择"女",则单元格中出现"女",如图 3-2-18 左下图所示。这样可以提高用户的输入效率,减少键盘输入的内容以及避免数据的不一致。设置的方法是,在"数据有效性"对话框中选择允许"序列",并在"来源"输入框中输入"男,女","男"和"女"之间用英文逗号分隔,单击"确定"按钮,如图 3-2-18 右图所示。

图 3-2-18　数据有效性中多选一的设置

3.2.5　格式处理

1．单元格格式的设置

可以通过"开始"选项卡中的工具栏对表格的格式进行直接设置，分为"字体"和"段落"两个功能区，如图 3-2-19 所示。在"字体"功能区中可以对字体、字号、边框、底色、特殊效果等进行设置；在"段落"功能区中可以对段落对齐方式、换行、合并等功能进行设置。

图 3-2-19　在工具栏中设置单元格格式

也可以打开"单元格格式"对话框，进行数字、对齐、字体、边框、图案和保护六大类的设置，如图 3-2-20 所示。打开方式：一是单击"字体"和"段落"两个功能区右下角的小箭头按钮，二是右击单元格，执行快捷菜单中的"设置单元格格式"命令。

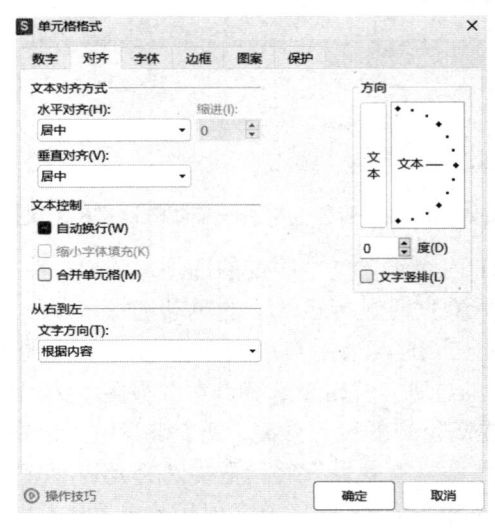

图 3-2-20　"单元格格式"对话框

在"数字"选项卡中，主要对数据的类型和格式进行设置。

在"对齐"选项卡中，主要对数据的水平对齐、垂直对齐、文字的排列方向进行设置，可以打开下拉菜单进行对齐方式的选择。如果需要对几个相邻的单元格进行合并，则可以勾选"合并单元格"复选框。

在"字体"选项卡中，主要对数据的字体、字号、字形、颜色、特殊效果等进行设置。

在"边框"选项卡中，主要对表格边框的样式、颜色和粗细等进行设置。

在"图案"选项卡中，主要对表格的底色、填充效果和图案样式等进行设置。

在"保护"选项卡中，主要对单元格是否锁定和隐藏等进行设置。

例如，在表格中，对标题行一般要用到"合并后居中"功能，根据表格的宽度，将标题行的几个单元格合并为一个，再输入标题，这样标题就位于表格第一行的中间。操作方式是，先选中连续的单元格，然后单击工具栏中的"合并"下拉菜单，选择菜单中的"合并居中"选项。这样，多个单元格就合并成为一个单元格，输入的数据将显示在合并后单元格的中间。或者，可以勾选"单元格格式"对话框中"对齐"选项卡下的"合并单元格"复选框，并在"水平对齐"方式中选择"居中"选项。

2．设置条件格式

设置条件格式，可以将满足一定规则的数据以及其所在单元格，用指定颜色等格式进行突出显示。首先，选中需要设置条件格式的区域，如区域 B2:C10，然后单击"开始"选项卡中的"条件格式"下拉菜单，选择"突出显示单元格规则"→"介于"选项，如图 3-2-21 左图所示。然后，在弹出的对话框中将介于 80 到 100 之间的数据设置为"浅红填充色深红色文本"，单击"确定"按钮，如图 3-2-21 中间图所示，这样，选中区域中符合条件的数据则以浅红色的底色、深红色的文字进行突出显示，如图 3-2-21 右图所示。

图 3-2-21　设置条件格式　　　　　　　　彩图

如图 3-2-22 所示，如果希望根据一些统计数据进行突出显示，可以选择"条件格式"下拉菜单中的"项目选取规则"选项，在弹出的菜单中选择"前（后）10 项""前（后）10%""高（低）于平均值"等突出显示规则。

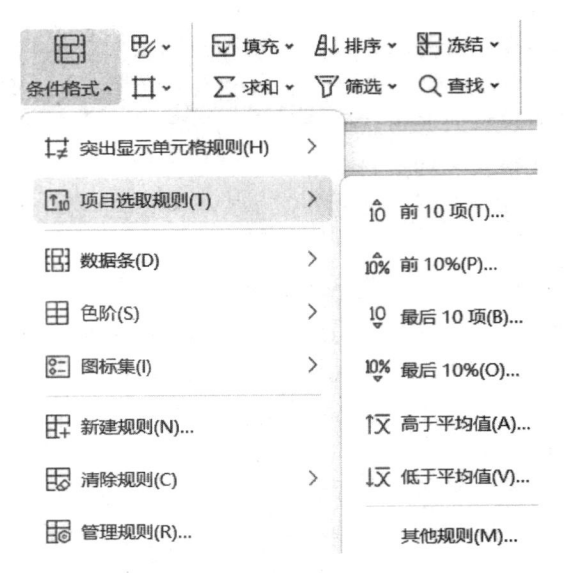

图 3-2-22　项目选取规则

3. 冻结窗格

有的表格比较庞大，数据行数多、列数多，无法在一屏中显示全部数据，需要往下和往右滚动显示和浏览数据。但是滚动到下面的数据行后，第一行的表头消失在屏幕中，看不见某一列数据的列标题，不知道该列数据的名称和性质；滚动到右边的数据列后，左边前几列的数据消失在屏幕中，看不清某一行的数据属于哪一个对象。这样，容易发生浏览数据时的错位。因此需要在滚动时，将能够表示行列数据特征的前几行或前几列保持在屏幕上（不发生滚动），这就需要通过"冻结窗格"来设置。

例如，图 3-2-23 中的表格列出了员工的相关数据，我们希望第一行和前三列冻结在屏幕上、不随上下左右的滚动而消失，因此选中第二行第四列的单元格 D2（因为需要冻结 D2 上面的行以及左边的列），然后单击"视图"选项卡中的"冻结窗格"下拉菜单，选择围绕单元格 D2 的冻结选项，这里选择"冻结至第 1 行 C 列"选项，即可完成以上要求的冻结窗格功能。设置后，无论如何进行数据的滚动显示，第一行和前三列始终保持不动，浏览任何数据时，都能够方便地看到数据的性质与归属。当然，冻结窗格下拉菜单中也有其他的选项，用户根据自己的需要选择即可。

4. 设置表格样式

当表格的数据和框架形成之后，需要对表格进行格式设置等美化处理，这时可以单击"开始"选项卡中的"套用表格样式"下拉菜单，如图 3-2-24 所示，在出现的菜单中选择主题颜色和预设样式。预设样式对表头颜色、表体边框和底色有各种不同的搭配方案，用户可以根据需要以及自己的喜好进行选择。

还可以通过"创建表格"来对表格格式进行更丰富的设置。选中数据表区域中的任意单元格，按快捷键 Ctrl+T，弹出"创建表"对话框，如图 3-2-25 所示，可根据表的具体情况决定是否勾选"表包含标题"复选框。

第 3 章　WPS 电子表格

图 3-2-23 "冻结窗格"下拉菜单

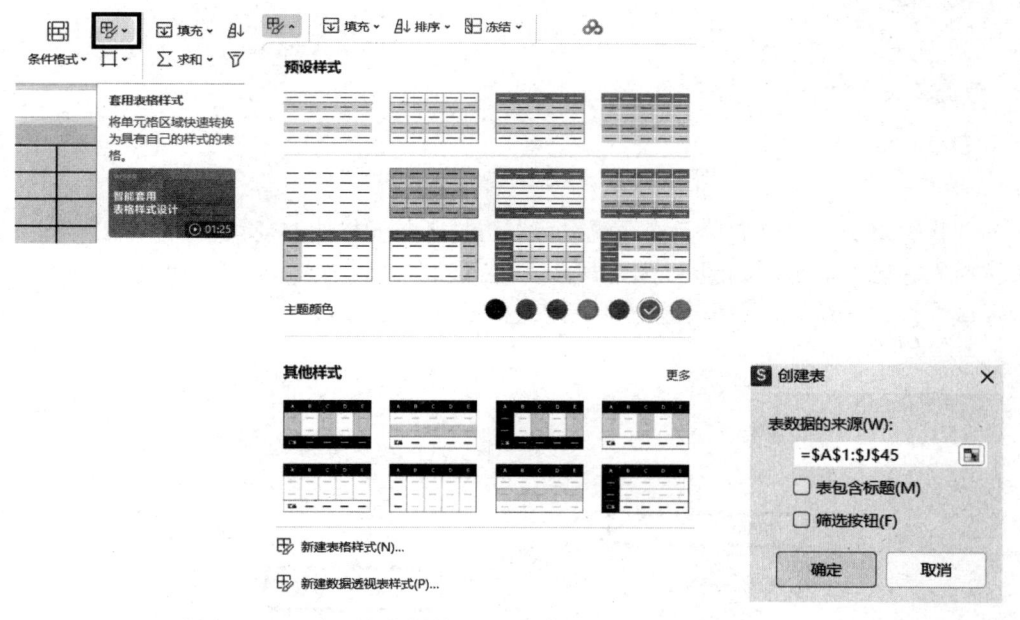

图 3-2-24 "套用表格样式"下拉菜单　　　　图 3-2-25 "创建表"对话框

完成创建表之后，菜单栏中将会出现"表格工具"选项卡，如图 3-2-26 所示，其中包含"表格样式"下拉菜单，可以在菜单中对表格样式进行设置。

计算机与大数据基础

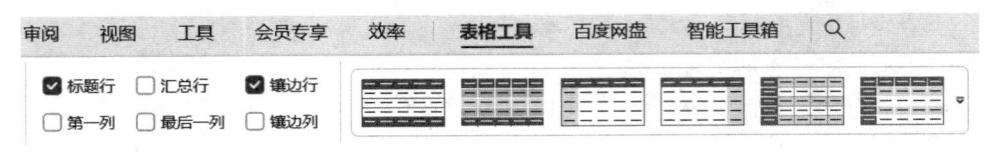

图 3-2-26 "表格工具"选项卡

在"表格工具"选项卡中，勾选"标题行"复选框，表格第一行将会出现"筛选按钮"，辅助用户对表格数据进行筛选，如图 3-2-27 左图所示；勾选"汇总行"复选框，表格最后一行后会增加一行汇总行，用户可以逐一选中需要统计的列进行统计，包括求和、求平均值、计数、求最大值、求最小值等，如图 3-2-27 右图所示。

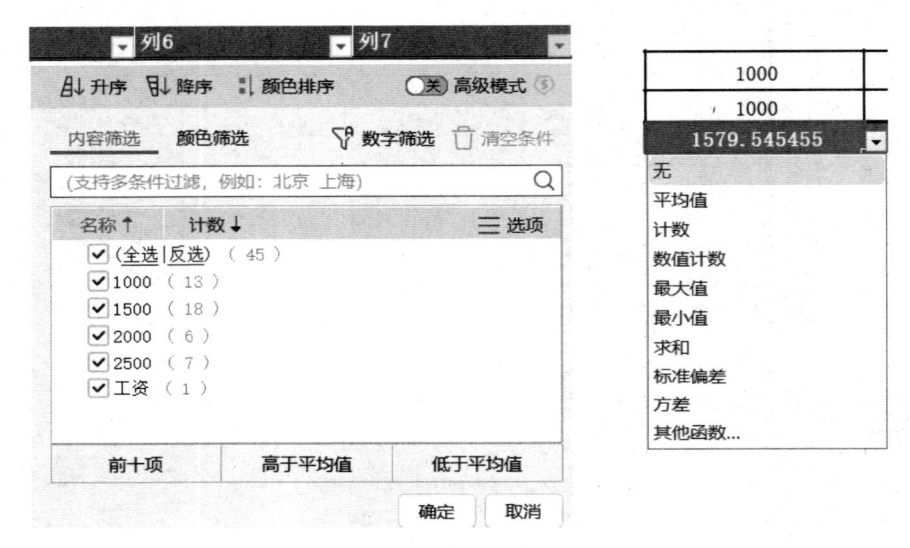

图 3-2-27 表格的筛选和汇总功能

若要将表格转换为普通单元格区域，可以再打开单元格的快捷菜单，执行"表格"→"转换为区域"命令，如图 3-2-28 所示，也可以在"表格工具"选项卡中单击"转换为区域"按钮。这样，数据表就不具有以上汇总和筛选功能了。

图 3-2-28 将表格转换为区域

3.2.6 常见的实用操作

当数据量比较大，需要在其中搜索指定内容的数据时，可以使用"查找""替换""定位"等功能迅速找到指定内容，且搜索方式比较灵活，在"开始"选项卡右侧，单击"查找"下拉菜单，能够找到这三个选项，如图 3-2-29 所示。

1. 查找和替换

选择"替换"选项后，打开如图 3-2-30 所示的对话框。也可以按快捷键 Ctrl+F 打开"查找"对话框，按快捷键 Ctrl+H 打开"替换"对话框。单击对话框右下角的"选项"按钮，可以显示"范围""搜索""查找范围"下拉菜单，以及"区分大小写""单元格匹配""区分全角/半角"复选框。

图 3-2-29　查找、替换与定位选项

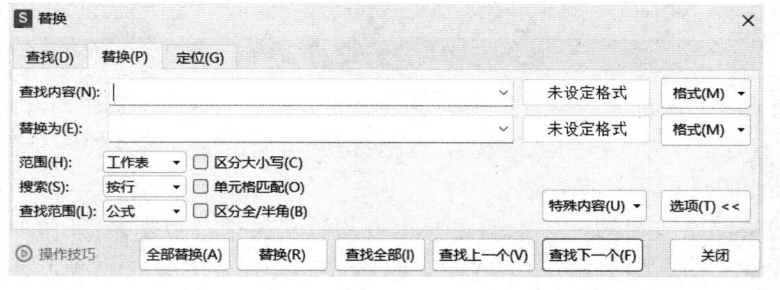

图 3-2-30　"替换"对话框

微课视频

在选择"查找"或"替换"选项前，可以先选中查找区域，如果没有选中查找区域，则查找区域默认为当前工作表中从 A1 单元格到最后一个有数据的单元格的区域。

在"查找内容"输入框中输入要查找的内容，如果没有任何输入，表示查找的是查找区域中空的单元格；也可以按格式进行查找，查找指定背景颜色、字体颜色的单元格。

如果需要把找到的内容替换为指定内容，则在"替换为"输入框中输入替换后的数据，如果"替换为"框中没有任何输入，表示替换为空值，相当于删除原来的内容。找到一个查找的数据后，如果需要替换，则单击"替换"按钮，如果不需要替换，则单击"查找下一个"按钮，如果确定将所有符合查找要求的数据替换为指定的数据，则单击"全部替换"按钮。

区分大小写：如果查找的内容含英文字母，且不勾选"区分大小写"复选框，只要单元格中有与查找字母匹配的字母，即使大小写不一致，也算匹配成功，比如字母"A"和"a"是匹配的；只有勾选了"区分大小写"复选框，才会严格按大小写字母去进行匹配，此时字母"A"和"a"是不匹配的。

计算机与大数据基础

单元格匹配：若勾选了该复选框，则表示查找标准是单元格中数据整体要与查找内容匹配，而不只是数据中的一部分与其匹配。例如，要查找分数为 0 的成绩，如果不勾选"单元格匹配"复选框，那么只要分数中带有 0，都会被找到，比如分数 80。如果勾选了"单元格匹配"复选框，那么只会找到分数为 0 的单元格。

2. 定位

定位是指快速选中满足指定条件的单元格，选择"定位"选项，打开"定位"对话框，也可以按快捷键 Ctrl+G 打开"定位"对话框，如图 3-2-31 所示。

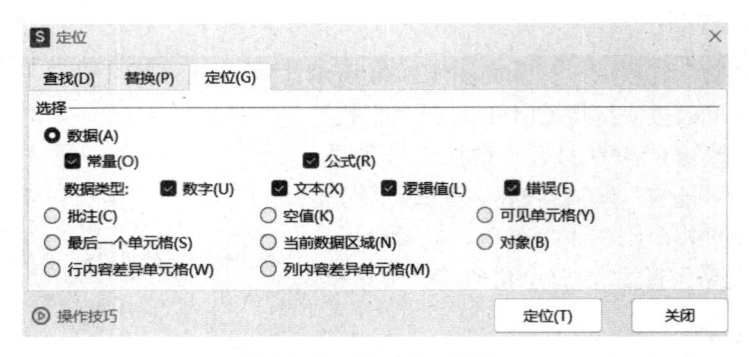

图 3-2-31 "定位"对话框

定位与查找的不同是：当查找到满足条件的数据时，会逐个选中，再通过"查找上一个"或"查找下一个"按钮继续搜索。而定位会将满足定位条件的所有单元格全部选中，再由操作者进行下一步处理。

定位的条件比较灵活，可以指定要定位的数据类型，数据来源（"常量"是指输入、复制或导入的原始数据，"公式"表示通过定义公式生成的数据）等。

例如，如果想要在图 3-2-32 左图中，找到"现价一"和"现价二"不一致的数据，则选中"现价一"和"现价二"的单元格区域 B2:C9，在弹出的"定位"对话框中，选择"行内容差异单元格"选项，单击"定位"按钮，C 列的第 4、7、9 行被选中，如图 3-2-32 右图所示，因为这三行中 B 列与 C 列的数据不相同。这时，就可以对这三个被定位的单元格进行统一处理，如可以填充指定的底色，以示区分。

	A	B	C
1	名称	现价一	现价二
2	笔记本电脑	3588	3588
3	移动硬盘	599	599
4	蓝牙鼠标	89	79
5	U盘	59	59
6	录音笔	356	356
7	蓝牙耳机	299	269
8	键盘	69	69
9	智能音频眼镜	496	420

	A	B	C
1	名称	现价一	现价二
2	笔记本电脑	3588	3588
3	移动硬盘	599	599
4	蓝牙鼠标	89	79
5	U盘	59	59
6	录音笔	356	356
7	蓝牙耳机	299	269
8	键盘	69	69
9	智能音频眼镜	496	420

图 3-2-32 行内容差异的定位结果

3．数据保护

1）锁定和隐藏单元格

生成表格的数据后，有时需要对部分区域的数据进行保护，可先选中需要保护的区域，再执行快捷菜单中的"设置单元格格式"命令，在打开的"单元格格式"对话框中选择"保护"选项卡，如图 3-2-33 所示。其中有两个复选框："锁定"和"隐藏"，在默认状态下，"锁定"复选框是被勾选的。"锁定"表示不能对选中区域的单元格数据进行修改，"隐藏"表示不能查看选中区域单元格的数据来源，即选中某单元格时，编辑框中为空白，不会显示该数据是常量还是由公式生成的，更不会显示具体的生成公式。

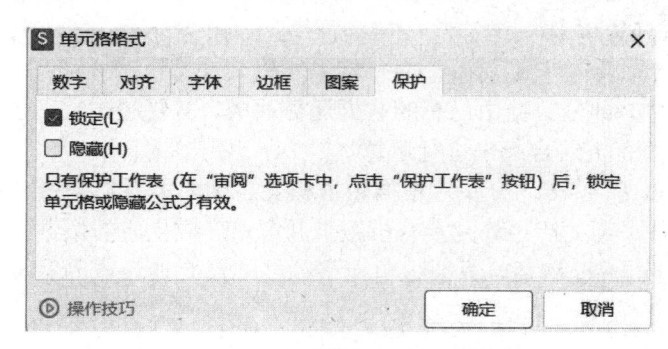

图 3-2-33 "单元格格式"对话框

但是在勾选"锁定"和"隐藏"复选框之后，还需要进行"保护工作表"的操作，这两个功能才会生效。

2）保护工作表

"保护工作表"是对工作表中的数据进行保护设置，单击"审阅"选项卡中的"保护工作表"按钮，如图 3-2-34 左上图所示，即可打开如图 3-2-34 右图所示的对话框。默认状态下，前两个复选框"选定锁定单元格"和"选定未锁定单元格"是被勾选的，表示允许用户在被保护的工作表内进行单元格的选中和取消选中。如果取消这两项的勾选，则用户不能在该工作表区域中进行单元格的选取。

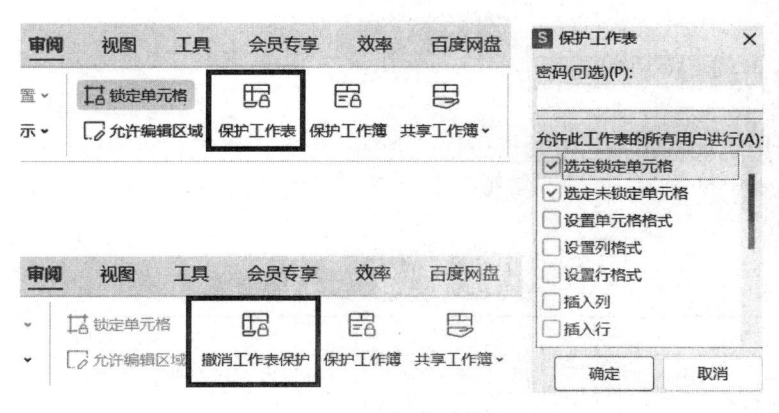

图 3-2-34 保护工作表

在完成工作表保护的设置后,之前设置"锁定"和"隐藏"的区域则正式地被锁定和隐藏。如果需要解除"锁定"和"隐藏",则需单击"审阅"选项卡中的"撤消工作表保护"按钮,如图 3-2-34 左下图所示。用户可以在保护工作表时设置密码,但在"撤消工作表保护"时也需要输入正确的密码。

在默认状态下,单元格的状态为锁定的,因此,如果希望在保护生效后,工作表中指定区域的单元格可以被编辑而其余单元格不能被编辑,那么就需要先选中可以编辑的区域,取消勾选"锁定"复选框,然后再启动"保护工作表"。

3.3 公式的使用

在电子表格中,部分数据由已有的数据运算而成,需要通过定义公式,将已有的数据与运算符和函数有机结合起来进行运算。

定义的公式以等号"="开头,根据数据相互之间的关系将常量、单元格引用、名称、运算符、函数、英文括号等元素有机组合起来,形成生成新数据的表达式。在单元格中输入公式并按 Enter 键后,只要该单元格的格式没有被设置为文本型,单元格中就会显示公式的计算结果。

3.3.1 常量

在公式中,固定不变的数据即为"常量"。常量的类型有数值型、文本型、日期时间型和逻辑型。例如,125 和 3.15 为数值型常量,用英文双引号定界的"姓名"和"42101234"为文本型常量,"2024/9/10"为日期型常量,TRUE 和 FALSE 为逻辑型常量。

> **注意**
> 在公式中使用文本型常量,要加上英文双引号作为定界符,否则可能会被视为名称。在公式中使用日期型常量,也要加上英文双引号作为定界符,否则其中的"/"和"−"会被视为除号和减号进行算术运算。

3.3.2 运算符

运算符用于连接常量、单元格引用、名称、函数,以进行相应的运算,表 3-3-1 罗列了常见运算符的含义,各类运算符从上至下按优先级由高而低的顺序排列,如表 3-3-1 所示。

表 3-3-1　常见运算符的含义

顺序	符　号	说　明
1	:、,	":"用于区域的表达,","用于函数中参数的分隔,例如:=SUM(A1:A6,B2:B5)
2	−	负号
3	%	百分号

续表

顺序	符号	说明
4	^	乘幂,例如:=2^3 的运算结果是 8
5	*和/	乘号和除号
6	+和–	加号和减号
7	&	文本连接符,例如:="WPS"&"365"的运算结果是 WPS365
8	=、<>、<=、>=、<、>	比较运算符,运算结果为逻辑值 TRUE 或 FALSE

在公式中,如果有不同类型的数据参与运算,一般会自动进行数据类型的转换。

日期型数据是一种特殊的序列值,实质是数值,所以日期型数据可以与数值型数据直接进行运算,日期型数据与一个整数相加减,表示计算该日期前后第几天的日期,两个日期型数据相减表示计算两者之间间隔的天数。例如,="2024/9/10"+10 的运算结果是"2024/9/20"。

文本型数据与数值型数据之间进行文本连接运算(&)时,数值型数据被自动转换为文本型数据。文本型数据与数值型数据之间进行算术运算时,文本型的数字,会被自动转换为数值型数据进行运算,例如,="3"+5 的运算结果是数值 8。如果文本型数据不能转换为数字,那么会得到错误信息,例如,="a"+5 运算后会显示"值错误"信息"#VALUE!"。文本型数字与文本型数字之间,可以做算术运算,例如,="4"+"5"的运算结果是数值型的 9,而="4"&"5"的运算结果是文本型的"45"。

3.3.3 单元格引用和名称

在定义电子表格单元格的公式时,往往要引用其他单元格的数据进行运算,参与运算的单元格相当于变量,有一个变量名,变量的值是单元格里面的数据,其值可以发生变化,变量名则是单元格引用或名称。

1. 单元格引用

单元格引用包括相对引用、绝对引用和混合引用,单元格引用也称为单元格地址,分别对应于相对地址、绝对地址和混合地址。

单元格地址:由单元格的列号(列序数)和行号(行序数)组成,表示对单元格内的数据进行引用。例如,在图 3-3-1 所示的表格中,第 2 行第 2 列的单元格地址为 B2,其中的值为 82,第 2 行第 3 列的单元格地址为 C2,其中的值为 90。

相对地址:仅由单元格的列号和行号组成,没有$符号,公式复制时,相对地址随着单元格相对位置的变化而变化。例如,在图 3-3-1 中,编辑栏中的公式为=B2+C2,B2 和 C2 都是相对地址,公式表示 D2 单元格中的值等于 B2 和 C2 单元格内两个值 82

	A	B	C	D	E
1		语文	数学	相对地址计算总分	绝对地址计算总分
2	学生1	82	90	172	172
3	学生2	75	86	161	172
4	学生3	89	70	159	172
5	学生4	91	95	186	172
6	学生5	66	58	124	172
7	学生6	85	86	171	172
8	学生7	80	95	175	172
9	学生8	70	77	147	172
10	学生9	62	81	143	172

图 3-3-1 单元格引用

与 90 相加的结果 172。

绝对地址：列号和行号前有$符号，表示固定的单元格，绝对地址不随公式复制时位置的变化而变化。D2 中的公式也可以表达为=$B$2+$C$2，结果仍然为 172，$B$2 和$C$2 是绝对地址。

混合地址：行号和列号前仅有一个$,有$的地址不随公式复制时位置的变化而变化，无$的地址随公式复制时位置的变化发生同向变化。D2 中的公式也可以表达为=$B2+C$2，结果仍然为 172，$B2 和 C$2 是混合地址。

虽然单元格 D2 的计算公式有以上三种不同的表达形式，结果都是相同的，但是如果要将 D2 的公式复制到 D 列其他的单元格中生成其他学生的总分，不同类型地址的引用对复制公式的结果会产生不同的影响。

在引用单元格时，单元格地址可以通过鼠标选中相应单元格或单元格区域来自动获取，也可以手工录入。绝对地址和混合地址中的$符号，可以手工添加，也可以先输入或获得相对地址，再使用功能键 F4 进行相对地址、绝对地址和混合地址之间的转换。

在引用另一张工作表中的单元格时，要加上工作表的名称，例如，当前工作表为 Sheet1，要引用工作表 Sheet2 中单元格 A1 的值，则公式为= Sheet2!A1。切换到 Sheet2 选中单元格 A1 时，会自动生成地址 Sheet2!A1。

2．公式的填充与复制

在数据的生成过程中，往往同一批数据的生成公式是相同的，可以在定义一个单元格的公式后，通过公式的填充与复制批量生成其他的同类数据。填充和复制的方式是，借助填充柄，将光标指向被复制单元格的填充柄，按住鼠标左键不放，向复制方向拖动填充柄至复制区域的最后一个单元格，然后放开鼠标左键，即完成公式的填充和复制。复制的公式中单元格地址是否发生变化，以及如何变化，则取决于公式中地址的引用方式。

1）相对地址

如图 3-3-1 所示，在单元格 D2 中输入公式：=B2+C2，引用的都是相对地址，表示第 2 行 D 列的数据等于第 2 行 B 列与 C 列数据之和,因此当拖动填充柄向下填充到 D3 时，地址 B2 将变成 B3，地址 C2 将变成 C3，仍然保持了来源数据与目标数据的相对位置关系，即某行 D 列的数据等于同行 B 列与 C 列数据之和，向下继续拖动填充柄至第 10 行，就能够准确地计算出每一位学生的总分。

对于包含相对地址的公式，向下拖动填充柄复制公式时，相对地址中的数字将顺序递增；向上拖动填充柄复制公式时，相对地址中的数字将顺序递减 1；向右拖动填充柄复制公式时，相对地址中的字母将按顺序递增变化；向左拖动填充柄复制公式时，相对地址中的字母将按顺序递减变化。

2）绝对地址

如果公式中出现绝对地址，则无论如何拖动填充柄，公式中的绝对地址都不会发生变化。

如图 3-3-1 所示，在单元格 E2 中输入公式：=$B$2+$C$2，引用的都是绝对地址，因此向下拖动填充柄到 E3 时，公式仍然为=$B$2+$C$2，公式里绝对地址的行号和列号都不会发生变化。当然，在这张表中，带绝对地址的公式是不符合表格中总分列的数据批量生成要求的。

3）混合地址

如果公式中出现混合地址，则有$符号的地址部分不随填充柄拖动而变化，无$符号的地址部分随填充柄拖动发生变化。

如图 3-3-2 所示，在单元格 B3 中定义了生成九九乘法表的公式，向右以及向下拖动填充柄能够生成正确的数据。公式为= $A3 * B$2。第一个乘数地址的列号前有一个$符号，表示第一个乘数始终来源于 A 列，不会因为填充柄向右拖动使列号发生变化；第一个乘数地址的行号前无$符号，表示第一个乘数的行号与目标数据所在的行号一致，填充柄向下拖动时行号会随之发生变化。第二个乘数的行号前有一个$符号，表示第二个乘数始终来源于第 2 行，不会因为填充柄向下拖动使行号发生变化；第二个乘数地址的列号前无$符号，表示第二个乘数的列号与目标数据所在的列号一致，填充柄向右拖动时列号会随之发生变化。因此，这个包含混合地址的公式，表示任何一个单元格的数据等于 A 列同一行数据乘以同一列第 2 行数据的结果。

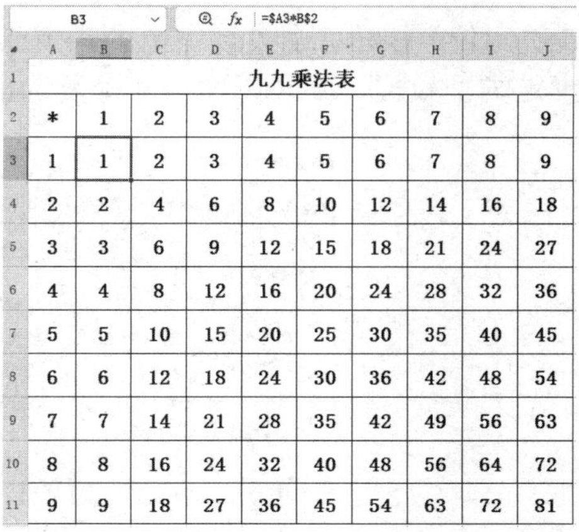

	A	B	C	D	E	F	G	H	I	J
1	九九乘法表									
2	*	1	2	3	4	5	6	7	8	9
3	1	1	2	3	4	5	6	7	8	9
4	2	2	4	6	8	10	12	14	16	18
5	3	3	6	9	12	15	18	21	24	27
6	4	4	8	12	16	20	24	28	32	36
7	5	5	10	15	20	25	30	35	40	45
8	6	6	12	18	24	30	36	42	48	54
9	7	7	14	21	28	35	42	49	56	63
10	8	8	16	24	32	40	48	56	64	72
11	9	9	18	27	36	45	54	63	72	81

图 3-3-2 混合地址

3. 名称

在电子表格中，可以为单元格或者单元格区域设置一个名称，并在公式中直接引用。操作方法是，先选中单元格或一个区域，然后在左上角的“名称框”中输入名称并按 Enter 键。例如，在图 3-3-3 左图中，先选中单元格 B2，然后在“名称框”中输入“语文成绩”后按 Enter 键，就将单元格 B2 的名称设置成了“语文成绩”。同理，将单元格 C2 的名称设置为“数学成绩”，则计算单元格 D2 中的总分时，公式可以表达为=语文成绩 + 数学成绩，如图 3-3-3 右图所示。但是，向下拖动填充柄复制公式时，就相当于进行绝对地址的复制，所有学生的总分均为 172。

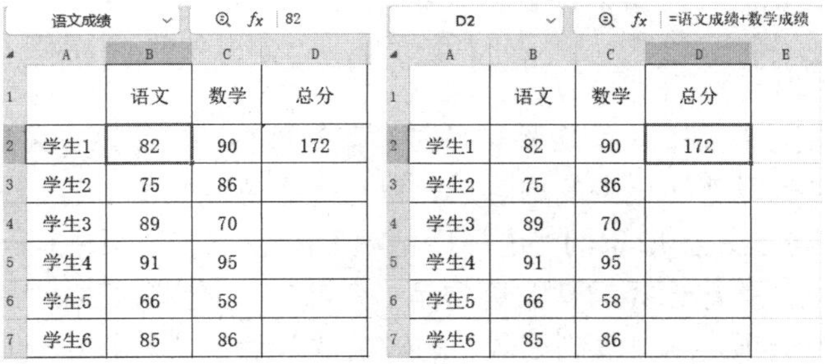

	A	B	C	D
1		语文	数学	总分
2	学生1	82	90	172
3	学生2	75	86	
4	学生3	89	70	
5	学生4	91	95	
6	学生5	66	58	
7	学生6	85	86	

	A	B	C	D	E
1		语文	数学	总分	
2	学生1	82	90	172	
3	学生2	75	86		
4	学生3	89	70		
5	学生4	91	95		
6	学生5	66	58		
7	学生6	85	86		

图 3-3-3 单元格的名称

3.3.4 有关公式的操作

1. 公式的定位

在表格较大的情况下，要想知道哪些单元格使用了公式生成数据，可以使用"定位"来寻找。如图 3-3-4 所示，取消勾选"常量"复选框，只勾选"公式"复选框，单击"定位"按钮，则会选中由公式生成数据的单元格。如果还要进一步定位公式生成的指定类型数据，则在下面的 4 个复选框中勾选。

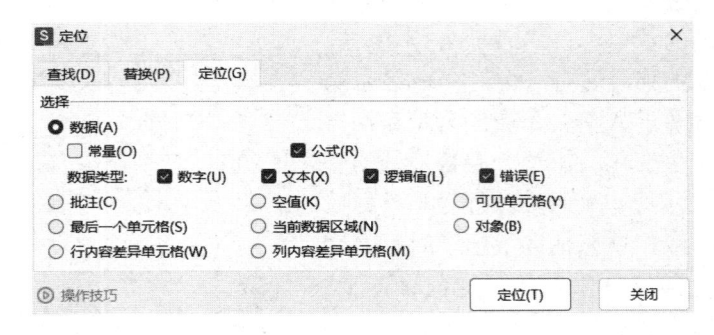

图 3-3-4　公式的定位

"错误"复选框表示公式的运算结果是错误或异常的。常见的错误和异常如下。

#DIV/0!：表示"被零除"错误，即除数为 0；

#NAME?：表示"无效名称"错误，即公式中引用的名称没有被定义；

#VALUE!：表示值错误，产生原因包括表达式中数据类型不匹配、单元格引用错误、函数中缺少参数。

#N/A：表示没有查找到匹配的数据，一般发生在使用查找和引用函数时。

#REF!：表示引用无效，包括引用的单元格被删除或引用了无效的区域和参数。

#NUM!：表示使用的数值超出了处理范围或产生了不合法的数值。

#NULL!：表示运算结果为空。

2. 公式的保护

如果不想让人看到生成数据的公式，可以将 3.2.6 节数据保护中的"隐藏"和"保护工作表"功能相结合，实现对公式的保护。

3. 选择性粘贴

在利用剪贴板进行复制、剪切和粘贴时，有多种粘贴的形式，可以利用"选择性粘贴"进行选择。复制或剪切选中的内容后，将光标定位到粘贴位置，按鼠标右键打开快捷菜单，单击图 3-3-5 左图所示的"选择性粘贴"按钮，打开如图 3-3-5 右图所示的"选择性粘贴"对话框。默认选择的粘贴选项是"全部"，还包括公式、格式、批注等选项；如果选择"公式"选项，则只复制公式，通过公式计算生成目标单元格的数据，不粘贴格式等；如果选择"数值"选项，则只复制来源单元格的数据而不复制公式，这种粘贴适用于单纯地复制某个区域的计算结果；如果选择"格式"选项，则只复制来源单元格的格式设置；其余选项同理。

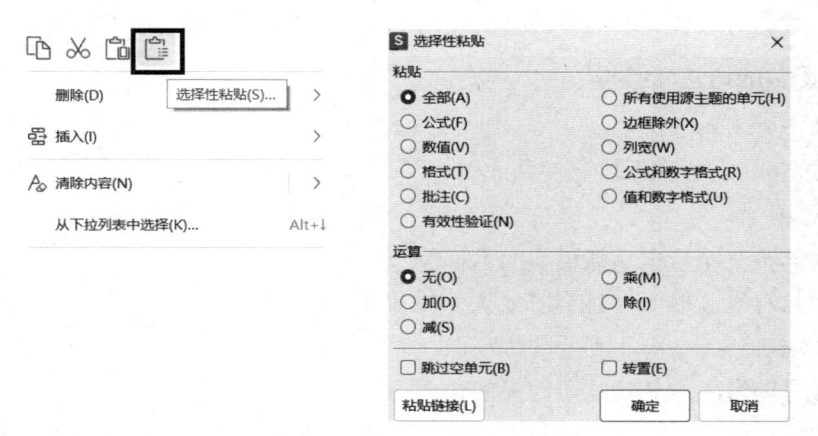

图 3-3-5　选择性粘贴

例如，可以通过选择性粘贴实现将文本型数字转换为数值型数字。
（1）在某个空白单元格中输入数字 0，然后进行复制；
（2）选中需要转换的文本型数字区域，右击；
（3）执行"选择性粘贴"命令，打开对话框；
（4）在对话框的"运算"区域下面选择"加"选项，单击"确定"按钮，文本型数字将与 0 进行加法运算，即会转换为数值型数字；
（5）删除空白处的数字 0。

还有一个快捷的方法将文本型数字转换为数值型数字：选中需要转换的区域，如图 3-3-6 左上图中的 3 个单元格，单元格左上角有一个绿色小三角表示其内容为文本型数据，一般左对齐；选中后，此区域内第一个单元格左侧会出现一个带感叹号的浮动按钮，单击感叹号右侧的下拉菜单，如图 3-3-6 右图所示，选择其中的"转换为数字"选项，即可将文本型数字转换为数值型数字，转换后 3 个单元格中的数据自动右对齐，如图 3-3-6 左下图所示。

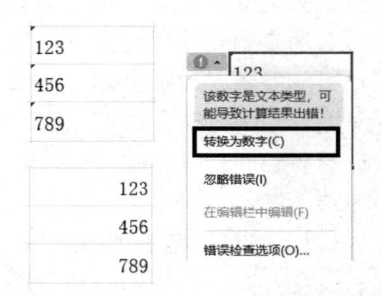

图 3-3-6　文本型数字转换为数值型数字

3.4　函数的使用

3.4.1　函数概述

1. 函数的概念和特点

微课视频

WPS 表格中的函数是预先定义并按照特定的顺序和结构来计算、分析数据的功

117

能模块。

WPS 表格提供了大量的内置函数，每个函数都有其特定的功能，在公式中灵活使用这些函数，可以提高表格中数据的使用效率，提高数据使用的可重复性，减少错误。

2．函数的语法与结构

函数的基本格式如下：
函数名(参数 1,参数 2,⋯,参数 n)

1）函数名

函数名是某个特定功能模块的名称。

函数只有唯一的名称且不区分大小写。

2）参数

参数是函数完成其功能所需要的输入。

参数可以是数字、文本、TRUE 或 FALSE 等逻辑值、数组、错误值（如#N/A）或单元格引用。指定的参数都必须为有效参数值。参数也可以是其他函数的结果。使用一个函数的结果作为另一个函数的参数的行为，称为函数的嵌套。大部分函数的参数不超过 255 个。

有的函数不需要参数，比如 TODAY 函数，功能是输出当前日期，这时括号为空，不需要输入任何内容。

函数的参数分为必需参数和可选参数。

必需参数是不可省略的参数。

可选参数是可以省略的参数。在函数语法中，用一对方括号"[ ]"括起来的就是可选参数。当函数有多个可选参数时，可从右向左依次省略参数。另外，当函数中有些参数可以省略时，就在前一个参数的后面紧跟一个逗号，用于保留该参数的位置，继续写后面的参数。

例如，SUM 函数的语法格式如下：

SUM (number1, [number2], ...)

其可支持 255 个参数，第一个参数为必需参数（不能省略），其他参数为可选参数（都可以省略）。

3）括号

无论函数是否有参数，函数名后面的括号是必不可少的，否则系统将认为这是自定义的单元格名称。括号必须使用英文括号。

4）参数分隔符

当函数拥有多个参数时，各参数之间用英文逗号分隔。

3．常用函数类型

WPS 表格将函数可分为 9 种类型，包括财务函数、日期时间函数、数学和三角函数、统计函数、查找与引用函数、文本函数、逻辑函数、信息函数、工程函数，可在"公式"选项卡中查看，如图 3-4-1 所示。但这些函数并不需要全部学习，掌握其中使用频率较高的几十个函数并能够将这些函数进行嵌套使用，就可以应对工作中大多数任务了。

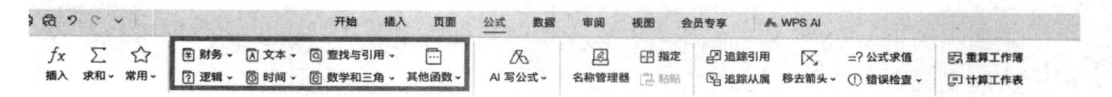

图 3-4-1　WPS 表格函数类型

4．函数的插入

插入函数的方式有两种：一是使用"插入函数"对话框插入函数，二是在单元格或编辑栏中手工插入函数。

打开"插入函数"对话框有三种方法。

方法 1：单击"公式"选项卡中的"插入"按钮，如图 3-4-2 所示。

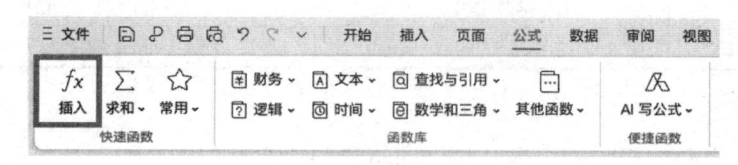

图 3-4-2　函数的插入方法 1

方法 2：在"公式"选项卡下，单击相应函数类型旁边的下拉按钮，选择需要插入的函数，如图 3-4-3 所示。

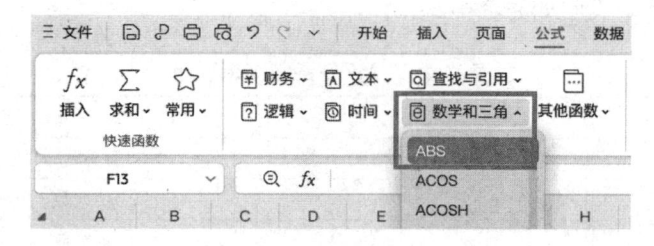

图 3-4-3　函数的插入方法 2

方法 3：单击"编辑栏"左侧的"插入函数"按钮 f_x，如图 3-4-4 所示。

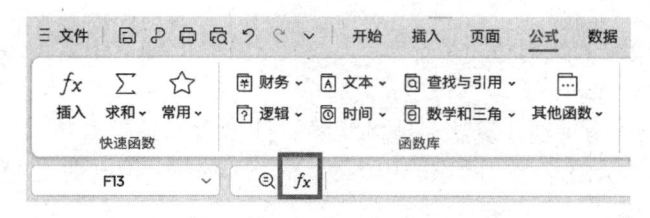

图 3-4-4　函数的插入方法 3

如果知道函数的全名或部分名称，可以在单元格或编辑栏中手动输入函数名。WPS 表格"公式记忆式键入"功能能够根据用户输入的关键字，在屏幕上显示备选的函数和已定义的名称列表，帮助用户快速完成公式。

3.4.2 数学和三角函数

掌握和利用 WPS 表格的数学和三角函数的基础应用技巧,可以在工作表中快速完成数学计算过程。

表 3-4-1 列出了本节将学习的 5 个常用数学和三角函数。

表 3-4-1 常用数学和三角函数表

函 数	语 法	功 能
MOD	MOD(number,divisor)	返回 number 除以 divisor 的余数
ABS	ABS(number)	返回参数 number 的绝对值
SQRT	SQRT(number)	返回参数 number 的正平方根
RAND	RAND( )	返回[0,1]之间的随机小数
RANDBETWEEN	RANDBETWEEN(bottom,top)	返回[bottom,top]之间的随机整数

1. MOD

功能:返回两数相除的余数,结果的符号与除数相同。

语法:MOD(number, divisor)

参数:number 为计算余数的被除数,divisor 为除数;这两个参数均为必需参数。

注意:若 divisor 为 0,则 MOD 函数返回错误值#DIV/0!。

MOD 函数结果说明如表 3-4-2 所示。

表 3-4-2 MOD 函数结果说明

公 式	结 果	说 明
=MOD(3,2)	1	3÷2 的余数,符号与除数相同
=MOD(−3,2)	1	(−3)÷2 的余数,符号与除数相同
=MOD(3,−2)	−1	3÷(−2) 的余数,符号与除数相同
=MOD(−3,−2)	−1	(−3)÷(−2) 的余数,符号与除数相同

2. ABS

功能:返回数字的绝对值。

语法:ABS(number)

参数:number 为需要计算绝对值的实数。此参数为必需参数。

例如:公式"=ABS(−2)"的返回值为 2;若 A1=−16,则公式"=ABS(A1)"的值为 16,如图 3-4-5 所示。

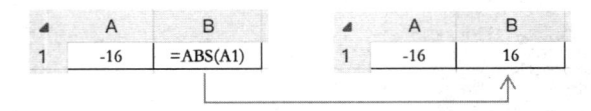

图 3-4-5 ABS 函数使用方法

3．SQRT

功能：返回正平方根。

语法：SQRT(number)

参数：number 为要计算正平方根的数字。

注意：如果 number 为负值，则"=SQRT(number)"返回错误值#NUM!。

例如：公式"=SQRT(16)"的值为4；

若A1=4，则公式"=SQRT(A1)"的值为2；

若A2=-16，为避免错误消息#NUM!，则使用公式"=SQRT(ABS(A2))"，其值为4。

4．RAND

功能：返回一个大于或等于0且小于1的平均分布的随机小数。

语法：RAND( )

参数：该函数没有参数。

注意：（1）该函数每次计算时都会返回一个新的随机小数。（2）若要生成 a 与 b 之间的随机实数，则使用"=a+RAND()*(b-a)"。

例如：返回一个大于或等于0且小于100的随机小数，公式为"=RAND()*100"。

5．RANDBETWEEN

功能：返回位于两个指定数之间的一个随机整数。

语法：RANDBETWEEN(bottom, top)

参数：bottom，产生随机整数的下限，此参数为必需参数；top，产生随机整数的上限，此参数为必需参数。

注意：该函数每次计算时都会返回一个新的随机整数。

例如：公式"=RANDBETWEEN(1,100)"将产生一个大于或等于 1 且小于或等于 100 的随机整数。公式"=RANDBETWEEN(-1,1)"的值为-1、0、1中的任意一个。

3.4.3 统计函数

WPS 表格提供了丰富的统计函数，其处理数据的功能十分强大，可以完成诸多统计计算，在工作中有很多应用。

如表 3-4-3 所示，列出了本节将学习的常用统计函数。

表 3-4-3 常用统计函数表

函 数	语 法	功 能
SUM	SUM(number1,[number2],…)	返回其参数的和
AVERAGE	AVERAGE(number1,[number2],…)	返回其参数的平均值
COUNT	COUNT(value1,[value2],…)	计算参数列表中数字的个数
COUNTA	COUNTA(value1,[value2],…)	计算参数列表中不为空的单元格的个数
MAX	MAX(number1,[number2],…)	返回参数列表中的最大值

续表

函 数	语 法	功 能
MIN	MIN(number1,[number2],…)	返回参数列表中的最小值
RANK	RANK(number,ref,[order])	返回数字 number 在数字列表 ref 中的排位
SUMIF	SUMIF(range,criteria,[sum_range])	对区域中符合指定条件的值求和
SUMIFS	SUMIFS(sum_range,criteria_range1,criteria1,[criteria_range2,criteria2], …)	对区域中满足多个条件的单元格求和
AVERAGEIF	AVERAGEIF(range,criteria,[average_range])	对区域中符合指定条件的单元格求平均值
AVERAGEIFS	AVERAGEIFS(average_range,criteria_range1,criteria1, [criteria_range2,criteria2], …)	对区域中满足多重条件的单元格求平均值
COUNTIF	COUNTIF(range,criteria)	统计满足某个条件的单元格的数量
COUNTIFS	COUNIFS(criteria_range1,criteria1,[criteria_range2, criteria2], …)	统计多个区域中满足给定条件的单元格的数量

1. SUM

功能：返回参数中所有数字之和。

语法：SUM(number1, [number2], ...)

参数：

number1：必需。要计算的第一个数字、单元格引用或单元格区域。

number2, …：可选。要计算的其他数字、单元格引用或单元格区域。参数最多可有 255 个。

注意：（1）参数可以是数字或者包含数字的名称、数组、单元格引用、单元格区域。（2）直接键入的逻辑值和代表数字的文本会被计算在内，TRUE 代表 1，FALSE 代表 0。（3）单元格引用中的空单元格、逻辑值或文本将被忽略。

例如：若有公式 "=SUM("1",TRUE,A1,A2,A3)"，且 A1="2"，A2=TRUE，A3=5，则此公式的返回值为 7。其中文本"1"被转化为数字，逻辑值 TRUE 被转化为 1，A3 的值是 5；而 A1 和 A2 由于是在单元格引用中包含的文本和逻辑值，因此 A1 和 A2 中的值在 SUM 函数计算时被忽略，不会被计入，如图 3-4-6 所示。

图 3-4-6　SUM 函数的使用

2. AVERAGE

功能：返回参数中所有数字的算术平均值。

语法：AVERAGE(number1, [number2], ...)

参数：

number1：必需。要计算平均值的第一个数字、单元格引用或单元格区域。

number2, ...：可选。要计算平均值的其他数字、单元格引用或单元格区域。参数最多可有 255 个。

注意：（1）参数可以是数字或者包含数字的名称、数组、单元格引用、单元格区域。（2）直接键入的逻辑值和代表数字的文本会被计算在内，TRUE 代表 1，FALSE 代表 0。（3）单元格引用中的空单元格、逻辑值或文本将被忽略。

AVERRAGE 函数使用示例如表 3-4-4 所示。

表 3-4-4 AVERRAGE 函数使用示例

公　式	计 算 过 程	结　果
=AVERAGE("2",3,TRUE)	(2+3+1)/3	2
如果 A1=2，A2="2"，A3=TRUE，计算 AVERAGE(A1,A2,A3)	2/1	2
如果 A1=2，A2="a"，A3=TRUE，计算 AVERAGE(A1,A2,A3)	2/1	2
如果 A1=2，A2=0，A3=TRUE，计算 AVERAGE(A1,A2,A3)	(2+0)/2	1

3. MAX

功能：返回一组值中的最大值。

语法：MAX(number1, [number2], ...)

参数：

number1：必需。

number2, ...：可选。参数最多可有 255 个。

注意：（1）参数可以是数字或者包含数字的名称、数组、单元格引用、单元格区域。（2）直接键入的逻辑值和代表数字的文本会被计算在内，TRUE 代表 1，FALSE 代表 0。（3）单元格引用中的空单元格、逻辑值或文本将被忽略。

例如：A1=20，A2=33，A3=5，公式"=MAX(A1:A3)"的返回值为 33，公式"=MAX(A1:A3,50)"的返回值为 50。

4. MIN

功能：返回一组值中的最小值。

语法：MIN(number1, [number2], ...)

参数：

number1：必需。

number2, ...：可选。参数最多可有 255 个。

注意：（1）参数可以是数字或者包含数字的名称、数组、单元格引用、单元格区域。(2) 直接键入的逻辑值和代表数字的文本会被计算在内，TRUE 代表 1，FALSE 代表 0。(3) 单元格引用中的空单元格、逻辑值或文本将被忽略。

例如：A1=20，A2=33，A3=5，公式"=MIN(A1:A3)"的返回值为 5，公式"=MIN(A1:A3,2)"的返回值为 2。

5．COUNT

功能：计算参数列表中数值型数据的个数。

语法：COUNT(value1, [value2], ...)

参数：

value1：必需。要计算其中数字的个数的第一项、单元格引用或单元格区域。

value2, ...：可选。要计算其中数字的个数的其他项、单元格引用或单元格区域。参数最多可有 255 个。

注意：(1) 如果参数为数字、日期、代表数字的文本（例如，用引号引起的数字，如"1"）或直接键入的逻辑值，则直接键入的逻辑值则将被计算在内，TRUE 代表 1，FALSE 代表 0。(2) 单元格引用中的空单元格、逻辑值或文本将被忽略。

例如：A1=2019-3-20，A2=19，A3=TRUE，A4="a"，则公式"=COUNT(A1:A4,"2")"的返回值为 3，因为日期型数据被计算在内，"2"也被计算在内。

6．COUNTA

功能：计算单元格区域中不为空的单元格的个数。

语法：COUNTA(value1, [value2], ...)

参数：

value1：必需。表示要计数的值的第一个参数。

value2, ...：可选。表示要计数的值的其他参数，参数最多可有 255 个。

注意：COUNTA 函数可对包含任何类型信息的单元格进行计数，这些信息包括错误值和空文本 ("")。但 COUNTA 函数不会对空单元格进行计数。

7．RANK

功能：返回一个数字在列表中的排位。

语法：RANK(number,ref,[order])

参数：

number：必需。要排位的数字。

ref：必需。数字列表数组或对数字列表的引用。ref 中的非数字值会被忽略。

order：可选。指定数字排位方式。如果为 0 或省略，则按降序排列；如果不为 0，则按升序排列。

注意：RANK 函数给重复数相同的排位，但重复数的存在将影响后续数值的排位。例如，在按升序排列的整数列表中，如果数字 10 出现两次，且其排位为 5，则 11 的排位为 7（没有排位为 6 的数值）。示例："=RANK(A1,A1:A10,1)"表示 A1 单元格内的数值在 A1:A10 数字列表中按升序排列在第几位。

以上是简单统计函数,当我们需要统计那些符合某一种或多种条件的数据时,则要用到下列函数,下列函数中以"IF"结尾的是单条件统计函数,如 SUMIF,AVERAGEIF,COUNTIF,以"IFS"结尾的是多条件统计函数,如 SUMIFS,AVERAGEIFS,COUNTIFS。

8. COUNTIF

功能:统计满足某个条件的单元格的数量。

语法:COUNTIF(range,criteria)

参数:

range:必需。表示需要统计的一个或多个单元格区域。

criteria:必需,表示统计的条件。

注意:任何文本条件或任何含有逻辑或数学符号的条件都必须使用双引号引起来。如果条件为数字,则无须使用双引号。

例如:"=COUNTIF(A2:A5,"London")" 表示统计 A2:A5 区域中值为"London"的单元格的个数。"=COUNTIF(A1:A10, ">100")" 表示统计 A1:A10 区域中大于 100 的值的个数。图 3-4-7 展示了统计现价在 5 元以下[①]的银行股的只数,公式为"=COUNTIF(E2:E12, "<=5")"。

	A	B	C	D	E	F	G	H
1	代码	名称	上市日期	地区	现价(元)		统计项目	统计值
2	601169	北京银行	2007/9/19	北京	6.32		现价在5元以下的银行股只数	=COUNTIF(E2:E12,"<=5")
3	601128	常熟银行	2016/9/30	江苏	7.91			
4	601838	成都银行	2018/1/31	四川	9.25			
5	601398	工商银行	2006/10/27	北京	5.61			
6	601818	光大银行	2010/8/18	北京	4.18			
7	601988	中国银行	2006/7/5	北京	3.79			
8	601997	贵阳银行	2016/8/16	贵州	13.35			
9	600926	杭州银行	2016/10/27	浙江	8.85			
10	600015	华夏银行	2003/9/12	北京	8.38			
11	601939	建设银行	2007/9/25	北京	7.14			
12	600919	江苏银行	2016/8/2	江苏	7.16			

图 3-4-7 COUNTIF 函数的使用

9. SUMIF

功能:对区域中符合指定条件的值求和。

语法:SUMIF(range, criteria, [sum_range])

参数:

range:必需。根据条件进行计算的单元格的区域。

criteria:必需。用于确定对哪些单元格求和的条件,其形式可以为数字、表达式、单元格引用、文本或函数。例如,条件可以表示为 32,">32",B5,"32","苹果" 或 TODAY()。

sum_range:可选。要求和的实际单元格。如果判断区域和求和区域不一致,则需要此参数,如果判断区域和求和区域完全重合,则无须此参数。

---

① 本书中,某个数值"以上"或"以下"的表述均表示包含该数值在内。

例如：公式"=SUMIF(A1:A10,">5")"对 A1:A10 区域中大于 5 的数据求和；

公式"=SUMIF(A1:A10,"北京",B1:B10)"表示，如果 A1:A10 区域中某些单元格的值为"北京"，则对其对应的 B1:B10 中的数据进行求和。

图 3-4-8 展示了对流通市值大于 1000 亿元的股票流通市值进行求和，以及对现价在 5 元以下的股票流通市值进行求和，公式分别为：=SUMIF(G2:G12,">1000")与=SUMIF(E2:E12,"<= 5",G2:G12)。

图 3-4-8 SUMIF 函数的使用

10．AVERAGEIF

功能：返回某个区域内满足给定条件的所有单元格的平均值（算术平均值）。

语法：AVERAGEIF(range, criteria, [average_range])

参数：

range：必需。要计算平均值的一个或多个单元格，其中包含数字或数字的名称、数组或引用。

criteria：必需。形式为数字、表达式、单元格引用或文本的条件，用来定义要计算平均值的单元格。

average_range：可选。计算平均值的实际单元格区域。如果判断区域和统计区域不一致，则需要此参数，如果判断区域和统计区域完全重合，则无须此参数。

注意：如果 average_range 中的单元格为空单元格，AVERAGEIF 将忽略它。

AVERAGEIF 函数的使用如图 3-4-9 所示。

图 3-4-9 AVERAGEIF 函数的使用

11．SUMIFS

功能：对多区域中满足多个条件的单元格求和。

语法：SUMIFS(sum_range, criteria_range1, criteria1, [criteria_range2, criteria2], ...)

参数：

sum_range：必需。要求和的单元格区域。

criteria_range1：必需。计算关联条件的第一个区域。

criteria1：必需。第一个区域的条件。例如，可以将条件输入为">32"、"苹果"或"32"。

criteria_range2, criteria2：可选。附加的区域及其关联条件，最多允许 127 个区域条件对。

SUMIFS 函数的使用如图 3-4-10 所示。

图 3-4-10　SUMIFS 函数的使用

在图 3-4-10 所要求的统计中，含有两个条件，一个是现价在 5 元以上，另一个是在北京地区，因此我们使用多条件统计函数 SUMIFS。

公式为：=SUMIFS(G2:G12,D2:D12, "北京",E2:E12, ">=5")

SUMIFS 第一个参数为求和区域，即"流通市值"所在的 G2:G12；

SUMIFS 的第一个条件对为其第二和第三个参数，即区域为"地区"所在的 D2:D12，条件为"北京"；

SUMIFS 的第二个条件对为其第四和第五个参数，即区域为"现价"所在的 E2:E12，条件为">=5"。

12．AVERAGEIFS

功能：返回满足多个条件的所有单元的算术平均值。

语法：AVERAGEIFS(average_range, criteria_range1, criteria1, [criteria_range2, criteria2], ...)

参数：

average_range：必需。要计算平均值的一个或多个单元格，其中包含数字或数字的名称、数组或引用。

criteria_range1：必需。计算关联条件的第一个区域。

criteria1：必需。criteria_range1 区域的条件。

range2, criteria2：可选。附加的区域及其关联条件，最多允许 127 个区域条件对。

AVERAGEIFS 函数的使用如图 3-4-11 所示，求现价在 5 元以上且在北京地区的股票流通市值的平均值，公式为：=AVERAGEIFS(G2:G12,D2:D12, "北京",E2:E12, ">=5")。

图 3-4-11　AVERAGEIFS 函数的使用

13. COUNTIFS

功能：计算多个区域中满足给定条件的单元格的个数。

语法：COUNTIFS(criteria_range1, criteria1, [criteria_range2, criteria2], ...)

参数：

criteria_range1：必需。计算关联条件的第一个区域。

criteria1：必需。criteria_range1 区域的条件。

criteria_range2, criteria2：附加的区域及其关联条件，最多允许 127 个区域条件对。

COUNTIFS 函数的使用如图 3-4-12 所示，求现价大于或等于 5 元且小于 10 元的银行股只数。公式为：=COUNTIFS(E2:E12,">=5",E2:E12,"<10")。

图 3-4-12　COUNTIFS 函数的使用

3.4.4 文本函数

1. LEN

功能：返回文本字符串中的字符数。

语法：LEN(text)

参数：text，必需。要查找其长度的文本字符串。空格将作为字符进行计数。

例如：LEN("Hello world!")的值为 12。

2. LEFT、RIGHT 和 MID

1) LEFT

功能：从文本字符串的第一个字符开始返回指定个数的字符。

语法：LEFT(text, [num_chars])

参数：

text：必需。包含要提取字符的文本字符串。

num_chars：可选。指定要由 LEFT 提取字符的数量，若省略，则默认为 1。

例如：LEFT("swufe",2)的返回值为 sw。

2）RIGHT

功能：从字符串的末尾返回指定个数的字符。

语法：RIGHT(text, [num_chars])

参数：

text：必需。包含要提取字符的文本字符串。

num_chars：可选，指由 RIGHT 提取字符的数量，若省略，则该参数默认为 1。

例如：RIGHT("swufe",2)的返回值为 fe。

3）MID

功能：从字符串的任一位置开始返回指定个数的字符。

语法：MID(text, start_num, num_chars)

参数：

text：必需。包含要提取字符的文本字符串。

start_num：必需。指定文本中要提取的第一个字符的位置。

num_chars：必需。指定提取字符的个数。

例如：MID("swufe",2,2)的返回值为 wu。

比较 LEFT、RIGHT、MID 函数的用法，如图 3-4-13 所示。MID 函数可以提取字符串中的任意子串，其功能包括了 LEFT 和 RIGHT 两个函数的功能。

	A	B
1	西南财经大学	
2	=LEFT(A1,2)	西南
3	=RIGHT(A1,2)	大学
4	=MID(A1,3,2)	财经

图 3-4-13 比较 LEFT、RIGHT 和 MID 函数的用法

3．REPLACE

功能：将字符串中的部分或全部内容替换成新的字符串。

语法：REPLACE(old_text, start_num, num_chars, new_text)

参数：

old_text：必需。需要被替换的文本字符串。

start_num：必需。需要被替换的字符串的起始字符位置。

num_chars：必需。从 start_num 开始需要被替换的字符数。

new_text：必需。用于替换 old_text 中字符串的新字符串。

例如：REPLACE("西南财经大学",3,2,"交通")的返回值为"西南交通大学"。

4．FIND

功能：用于在第二个文本字符串中定位第一个文本字符串，并返回第一个文本字符

串的起始位置。

语法：FIND(find_text, within_text, [start_num])

参数：

find_text：必需。要查找的文本。

within_text：必需。源文本。

start_num：可选。表示从指定位置开始查找，默认为1。

例如：FIND("c","character")的返回值为1，因为从文本的第一个字符开始查找，"c"第一次出现的位置就是1，结果返回1；FIND("c","character",2)的返回值为6，因为从文本的第二个字符开始向右查找，"c"第一次出现的位置是6，结果返回6。

5．TEXT

功能：将数值转换成指定数字格式的文本。

语法：TEXT(value,format_text)

参数：

value：必需。需要格式化的值，可以是数值、文本或逻辑值。

format_text：必需。指定的格式代码。

例如：TEXT(5,"00.00")的返回值为"05.00"，是一个文本型数据。

TEXT 函数常用于转换日期格式。

例如：TEXT("2024/11/15","yyyy 年 mm 月 dd 日")的返回值为"2024 年 11 月 15 日"；TEXT("2024/11/15","MM/DD/YYYY")的返回值为"11/15/2024"；TEXT("2024 年 11 月 15 日","mm/dd/yy")的返回值为"11/15/24"。

3.4.5 逻辑函数

1．AND、OR 和 NOT

使用逻辑函数可以对单个或多个表达式进行逻辑计算，然后返回一个逻辑值 TRUE 或者 FALSE。AND 函数、OR 函数和 NOT 函数分别对应"与"、"或"和"非"三种逻辑关系。

1）AND

功能：当所有参数为逻辑值 TRUE 时，函数返回 TRUE；否则返回 FALSE。

语法：AND(logical1,[logical2],...)

参数：logical1,[logical2],...是逻辑值或要检验的条件，这些参数的值为 TRUE 或 FALSE。

例如：AND(1=2,2=2,3=3)的返回值为 FALSE，因为第一个参数的值为 FALSE；AND(TRUE,50<100)的返回值为 TRUE，因为所有参数的值都为 TRUE。

2）OR

功能：当任一参数为逻辑值 TRUE 时，函数返回 TRUE；否则返回 FALSE。

语法：OR(logical1,[logical2],...)

参数：logical1,[logical2],...是逻辑值或要检验的条件，这些参数的值为 TRUE 或 FALSE。

例如：OR(1=2,2=2,3=3)的返回值为 TRUE，因为第二个参数和第三个参数的值为 TRUE；OR(FALSE,50>100) 的返回值为 FALSE，因为所有参数的值都为 FALSE。

3）NOT

功能：对其参数值求反。

语法：NOT (logical)

参数：logical 是逻辑值或要检验的条件，参数的值为 TRUE 或 FALSE。

例如：NOT(2=2)的返回值为 FALSE，因为参数的值为 TRUE，求反后为 FALSE；NOT(FALSE)的返回值为 TRUE。

2．使用 IF 函数进行条件判断

功能：根据条件进行判断，如果条件为 TRUE，该函数将返回一个值；如果条件为 FALSE，函数将返回另一个值。

语法：IF(logical_test, value_if_true, [value_if_false])

参数：

logical_test：必需。要测试的条件。

value_if_true：必需。logical_test 的结果为 TRUE 时，函数返回的值。

value_if_false：可选。logical_test 的结果为 FALSE 时，函数返回的值。该参数若省略，则返回逻辑值 FALSE。

例如：根据身份证判断性别，公式为：=IF(MOD(MID(C2,17,1),2)=0,"女","男")，如图 3-4-14 所示。

	A	B	C	D
1	档案编号	姓名	身份证号码	性别
2	XC112	项金海	520125...7551	=IF(MOD(MID(C2,17,1),2)=0,"女","男")
3	XC113	吴金波	510110...6250	男
4	XC114	何丽萍	510102...5826	女
5	XC115	盛志凡	510115...7715	男
6	XC116	马文卫	510103...5650	男
7	XC117	郑晨杰	510105...6015	男

图 3-4-14　IF 函数的使用

可以通过判断身份证号码的第 17 位的奇偶性来判断性别。所以在 IF 函数第一个参数的判断表达式中，使用 MOD 函数求身份证号码第 17 位除以 2 的余数是否为 0（当然也可以判断其是否为 1），如果为 0，则该表达式为 TRUE，IF 函数的返回值为第二个参数，即"女"，如果不为 0，则该表达式为 FALSE，IF 函数的返回值为第三个参数，即"男"。在 D2 单元格中写完该公式后向下复制公式。

3.4.6 日期时间函数

1. TODAY、NOW、YEAR、MONTH 和 DAY

TODAY、NOW、YEAR、MONTH 和 DAY 称为基本日期时间函数，如表 3-4-5 所示。

表 3-4-5 基本日期函数

函　　数	语　　法	功　　能
TODAY	TODAY()	返回系统当前日期
NOW	NOW()	返回系统当前的日期和时间
YEAR	YEAR(date)	返回日期 date 对应的年
MONTH	MONTH(date)	返回日期 date 对应的月
DAY	DAY(date)	返回日期 date 对应的日

> **注意**
> 表格中函数参数 date 必须是日期型数据。

2. DATE

功能：将年、月、日三个整数值合并为一个日期。

语法：DATE(year,month,day)

参数：

year：必需。year 参数的值是一个表示年的数字。

month：必需。month 参数的值是一个表示月的数字。

day：必需。day 参数的值是一个表示日的数字。

例如：=DATE(2019,3,1)的返回值是 2019/3/1。

3. DATEDIF

功能：计算两个日期之间的天数、月数或年数。

语法：DATEDIF(start_date,end_date,type)

参数：

start_date：必需。用于表示时间段的第一个（起始）日期。

end_date：必需。用于表示时间段的最后一个（结束）日期。

type：必需。要返回的信息类型，"y"表示返回年数；"m"表示返回月数；"d"表示返回天数。此参数要使用双引号引起来，大小写等效。

例如：公式"=DATEDIF("2000-01-01",TODAY(),"d")"返回从 2000 年 1 月 1 日到今天的天数。

4．NETWORKDAYS

功能：返回参数 start_date 和 end_date 之间完整的工作日数值。工作日不包括周末和专门指定的假期。

语法：NETWORKDAYS(start_date, end_date, [holidays])

参数：

start_date：必需。表示开始日期。

end_date：必需。表示终止日期。

holidays：可选。不在工作日中的一个或多个日期所构成的可选区域。

例如：求某项目的工作日天数，公式为：=NETWORKDAYS(A1,A2,A3:A7)，如图 3-4-15 所示。

图 3-4-15　NETWORKDAYS 函数的使用

5．WEEKDAY

功能：返回某个日期对应于一周中的第几天。

语法：WEEKDAY(serial_number,[return_type])

参数：

serial_number：必需。要查找的那一天的日期。

return_type：可选。若该参数省略，则默认为 1。

WEEKDAY 函数的 return_type 参数如图 3-4-16 所示。

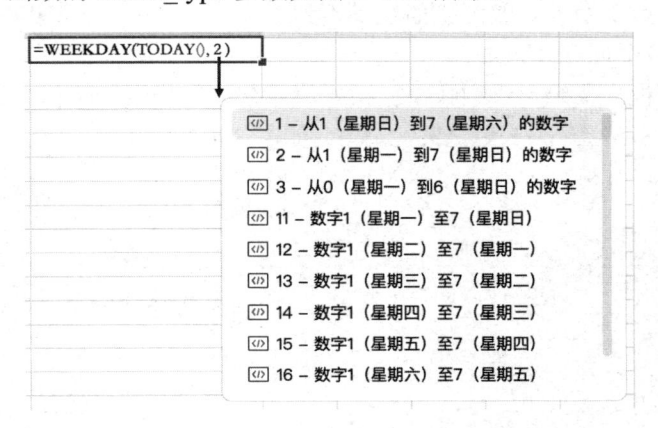

图 3-4-16　WEEKDAY 函数的 return_type 参数

3.4.7 查找与引用函数

查找函数是一组功能强大的函数，用于在数据表或范围内查找特定信息，并返回相应的匹配结果。例如，输入员工 ID 查找员工姓名。

引用的作用在于标识工作表上的单元格或单元格区域，并指明公式中所使用的数据的位置。我们学习过相对引用、绝对引用和混合引用，而引用函数能帮助我们查找数据在表格中的引用位置，可以是绝对位置，也可以是相对位置。

在学习查找与引用函数时，我们需要了解的一些术语如下。

（1）查找值：要在数据表中查找的特定值。

（2）查找范围：包含查找值和返回值的数据范围。

（3）返回值：查找值在查找范围内对应的结果。

（4）匹配类型：指定查找的匹配方式，如精确匹配或近似匹配（也称模糊匹配）。

1. LOOKUP

LOOKUP 函数是早期版本中的查找函数，可以执行简单的垂直和水平查找。LOOKUP 函数有两种形式：向量形式和数组形式。

1）向量形式

功能：用于在单列或单行范围内查找一个值，并返回另一个单列或单行范围中的相应值。

语法：LOOKUP(lookup_value, lookup_vector, [result_vector])

参数：

lookup_value：必需。要查找的值。

lookup_vector：必需。要查找的单行或单列范围，此区域内的值必须按升序排列。

result_vector：可选。要返回结果的单行或单列范围，此区域必须与 lookup_vector 大小一致。

说明：此函数采用近似匹配。如果找不到 lookup_value，则查找在 result_vector 中小于或等于 lookup_value 的最大值。

例如：（1）根据代码（该列数据已按升序排列）查找银行名称（精确查找）。

公式为：=LOOKUP(D2,A2:A9,B2:B9)，如图 3-4-17 所示。

	A	B	C	D	E
1	代码	名称		代码	银行名称
2	000001	平安银行		002948	=LOOKUP(D2, A2:A9, B2:B9)
3	002142	宁波银行			
4	002807	江阴银行			LOOKUP（查找值，查找向量，[返回向量]）
5	002839	张家港行			
6	002936	郑州银行			
7	002948	青岛银行			
8	600000	浦发银行			
9	600015	华夏银行			

图 3-4-17　使用 LOOKUP 函数进行精确查找

LOOKUP 函数第一个参数为查找值，即 D2 单元格；

LOOKUP 函数第二个参数为查找值所在的区域，即代码 002948 在数据表中的列 A2:A9，并且根据条件，该列数据已按升序排列；

LOOKUP 函数第三个参数为结果值所在的区域，即银行名称在数据表中的列 B2:B9。

通过已知的查找值在查找列中进行查找，返回结果列中对应的结果值，这就是函数 LOOKUP 的作用。

（2）根据分数查找等级（近似查找）。公式为：=LOOKUP(E2,A2:A7,B2:B7)，如图 3-4-18 所示。

	A	B	C	D	E	F
1	分数	等级	说明		分数	等级
2	0	F	分数大于或等于0分		92	A
3	50	E	分数大于或等于50分			
4	60	D	分数大于或等于60分			
5	70	C	分数大于或等于70分			
6	80	B	分数大于或等于80分			
7	90	A	分数大于或等于90分			

图 3-4-18　使用 LOOKUP 函数进行近似查找

在此例中，查找列（分数）为一些标明分段的分数，查找值在查找列（分数）中可能是没有的，因此在查找列升序排列的前提下，LOOKUP 函数进行近似查找。查找值为 92 时，就在分数列中查找小于或等于 92 分的最大值，即 90，在结果列中 90 对应的等级为"A"，故查找结果为"A"。

2）数组形式

功能：在数组的第一行或第一列中查找值，并返回数组最后一行或第一列中相同位置的值。

语法：LOOKUP(lookup_value, array)

参数：

lookup_value：必需。要查找的值。

array：必需。数组。

例如：用数组形式根据分数查找等级（近似查找），公式为：=LOOKUP(E2,A2:B7)，如图 3-4-19 所示。

2. VLOOKUP

功能：在垂直方向上查找数据。

语法：VLOOKUP(lookup_value,table_array,col_index_num,[range_lookup])

参数：

lookup_value：必需。要查找的值，必须位于查找范围的第一列。

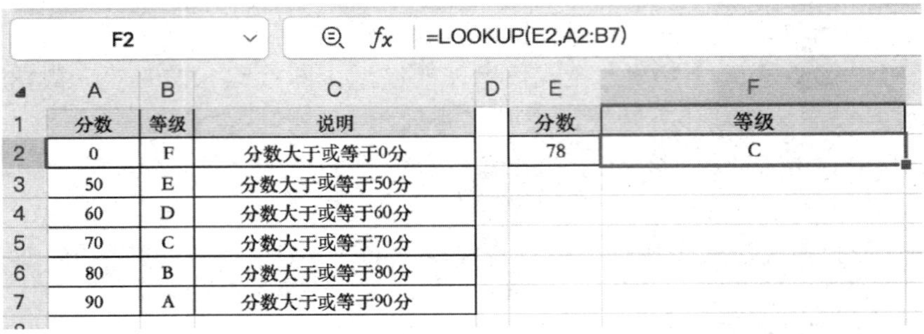

图 3-4-19　LOOKUP 函数数组形式查找

table_array：必需。查找范围，通常是一个包含多列的数据表。
col_index_num：必需。返回值所在的相对列号。
range_lookup：可选。指定匹配类型，TRUE 表示近似匹配，FALSE 表示精确匹配。
例如：根据银行名称查找该银行的流通股数量，如图 3-4-20 所示。

图 3-4-20　VLOOKUP 函数的使用

在这个例子中，我们不清楚银行名称这一列是否按升序排列，为保险起见，我们不使用 LOOKUP 函数，而使用 VLOOKUP 函数，因为 VLOOKUP 函数在做精确查找时查找列是不需要按升序排列的，这一点与 LOOKUP 函数不同。但如果做近似查找，VLOOKUP 函数的查找列也必须按升序排列，这与近似查找的原理有关。

VLOOKUP 函数第一个参数为查找值，即 H2 单元格中的"浦发银行"；

VLOOKUP 函数第二个参数为查找区域，该区域要求包含查找值和结果值，并且查找值必须为该区域的第一列，因此这里必须以 B 列为第一列，且包含 F 列的区域，即 B2:F8；

VLOOKUP 函数第三个参数为结果列的位置，也就是结果列在第二个参数区域 B2:F8 中的相对列号，"流通股（亿股）"列在该区域中是第 5 列，则该参数为 5；

VLOOKUP 函数第四个参数用于定义是精确匹配还是近似匹配，这里我们做的是精确匹配，所以使用 FALSE。

最终公式为：=VLOOKUP(H2,B2:F8,5,FALSE)。

3．HLOOKUP

功能：在水平方向上查找数据。
语法：HLOOKUP（lookup_value,table_array,row_index_num,[range_lookup]）

参数：

lookup_value：必需。要查找的值，必须位于查找范围的第一行。

table_array：必需。查找范围，通常是一个包含多行的数据表。

row_index_num：必需。返回值所在的相对行号。

range_lookup：可选。指定匹配类型，TRUE 表示近似匹配，FALSE 表示精确匹配。

例如：根据工资查找对应税率，公式为：=HLOOKUP(B7,B1:H2,2,TRUE)，如图 3-4-21 所示。

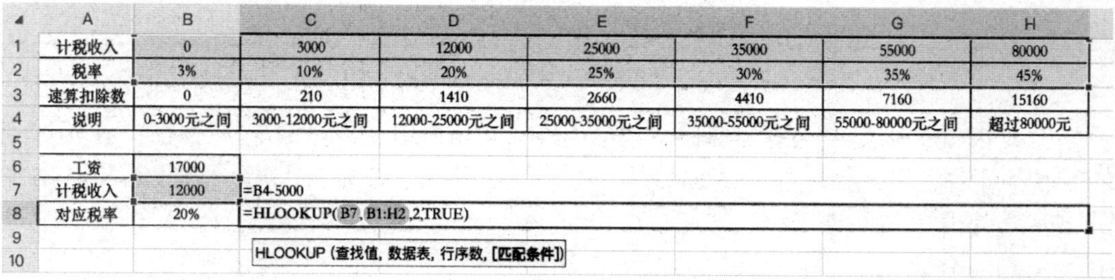

	A	B	C	D	E	F	G	H
1	计税收入	0	3000	12000	25000	35000	55000	80000
2	税率	3%	10%	20%	25%	30%	35%	45%
3	速算扣除数	0	210	1410	2660	4410	7160	15160
4	说明	0-3000元之间	3000-12000元之间	12000-25000元之间	25000-35000元之间	35000-55000元之间	55000-80000元之间	超过80000元
5								
6	工资	17000						
7	计税收入	12000	=B4-5000					
8	对应税率	20%	=HLOOKUP(B7,B1:H2,2,TRUE)					
9								
10			HLOOKUP (查找值, 数据表, 行序数, [匹配条件])					

图 3-4-21　HLOOKUP 函数的使用

4．XLOOKUP

功能：XLOOKUP 是新版 WPS 表格中的函数，用于根据指定的查找值在给定的数据范围或数组中搜索，并返回与该查找值相对应的结果。

语法：XLOOKUP(lookup_value,lookup_array,return_array,[if_not_found],[match_mode],[search_mode])

参数：

lookup_value：必需。要查找的值。

lookup_array：必需。查找的单元格区域或数组。

return_array：必需。返回值所在的单元格区域或数组。

if_not_found：可选。找不到有效的匹配项时的返回值;如果找不到有效的匹配项，且该参数缺失，则 XLOOKUP 函数返回错误值“#N/A”。

match_mode：可选。指定匹配模式，有四个选项，各选项含义如表 3-4-6 所示。

表 3-4-6　XLOOKUP 函数 match_mode 参数表

match_mode 参数选项	含　义
0	默认值，表示精确匹配
−1	近似查找，找小于或等于查找值的最大值，类似 LOOKUP
1	近似查找，找大于或等于查找值的最小值
2	表示支持通配符查询（默认不支持）

search_mode：可选。指定搜索模式，有四个选项，各选项含义如表 3-4-7 所示。

表 3-4-7　XLOOKUP 函数 search_mode 参数表

search_mode 参数选项	含　义
1	默认值，表示从第一项开始向下搜索
−1	表示从最后一项开始向上搜索
2	要求 lookup_array 按升序排列，执行二进制搜索；如果 lookup_array 未排序，将返回无效结果
−2	要求 lookup_array 按降序排列，执行二进制搜索；如果 lookup_array 未排序，将返回无效结果

例如：

（1）根据员工姓名查找其部门，如图 3-4-22 所示。由于"部门"列在"姓名"列的左侧，因此无法使用 VLOOKUP，但是可以使用 XLOOKUP。我们还可以添加 [if_not_found] 参数。如果查找失败，令其返回一个自定义消息，在这个例子中，[if_not_found] 参数是"未找到"。

公式为：=XLOOKUP(E2,C$2:C$12,A$2:A$12,"未找到")

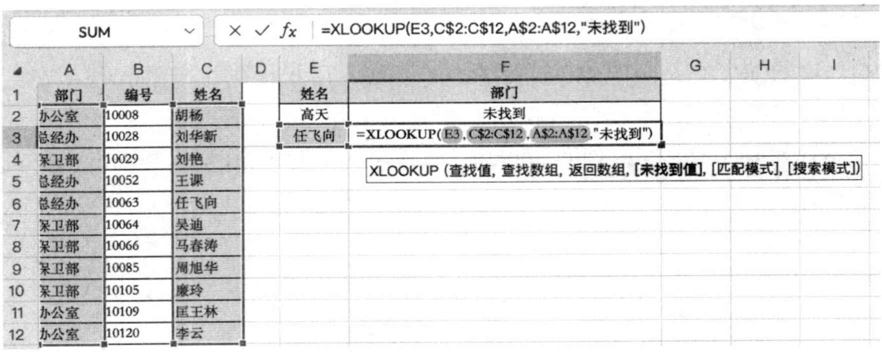

图 3-4-22　XLOOKUP 函数应用一

XLOOKUP 函数第一个参数为要查找的值，即 E 列中的值，如 E2 中的"高天"；

XLOOKUP 函数第二个参数为查找的单元格区域或数组，此例中是 C2:C12，由于查找的人不止一个，F2 单元格中的公式需要向下复制，因此要将区域中的行号加上符号"$"，成为混合引用 C$2:C$12，防止在复制时区域发生相对移动。

XLOOKUP 函数第三个参数为返回值所在的单元格区域或数组，此例中是 A2:A12，由于公式复制原因，需要在行号前加上"$"，成为 A$2:A$12。

XLOOKUP 函数第四个参数为找不到值时的返回值，本例中使用"未找到"作为找不到相应值时的返回值，此参数也可以省略。

在此例中，第五、六个参数均省略。

（2）根据工资计算应缴所得税额，如图 3-4-23 所示。

税率公式为：=XLOOKUP(G2,C5:C11,D5:D11,,−1)

速算扣除数公式为：=XLOOKUP(G2,C5:C11,E5:E11,,−1)

	A	B	C	D	E	F	G	H	I	J	K
1	个人所得税=应纳税所得额×适用税率-速算扣除数						工资总额	应纳税工资额	税率	速算扣除数	应缴税额
2	应纳税所得额=实发工资-扣除标准（5000/月）						17000	12000	20%	1410	990
3	2018年10月起个人所得税税率表										
4	级数	说明	起点	税率	速算扣除数						
5	1	不超过3000元的部分	0	3%	0		应纳税工资额	=G2-5000			
6	2	3000元至12000元的部分	3000	10%	210		税率	=XLOOKUP(G2,C5:C11,D5:D11,,-1)			
7	3	12000元至25000元的部分	12000	20%	1410		速算扣除数	=XLOOKUP(G2,C5:C11,E5:E11,,-1)			
8	4	25000元至35000元的部分	25000	25%	2660		应缴税额	=H2*I2-J2			
9	5	35000元至55000元的部分	35000	30%	4410						
10	6	55000元至80000元的部分	55000	35%	7160						
11	7	80000元的部分	80000	45%	15160						

图 3-4-23　XLOOKUP 函数应用二

此例的匹配条件参数 match_mode 为–1，表示近似查找。

在计算税率和速算扣除数时，第四个参数 if_not_found 没有使用，而直接使用了第五个参数 match_mode，所以第三个参数和第五个参数中间有两个连续的逗号，表示第四个参数未使用。

5．XLOOKUP 与 VLOOKUP 的区别

XLOOKUP 成为 VLOOKUP 的强大替代品。XLOOKUP 不仅保留了 VLOOKUP 的所有优点，还解决了 VLOOKUP 的一些局限性。以下是 XLOOKUP 与 VLOOKUP 的主要区别。

（1）双向查找：XLOOKUP 可以在表格的任意方向上查找数据，无论返回值在查找值的左侧还是右侧。而 VLOOKUP 只能在查找值的右侧查找返回值。

（2）精确匹配：XLOOKUP 默认进行精确匹配，而 VLOOKUP 默认进行近似匹配。

（3）更简单的语法：XLOOKUP 的语法更加直观和简洁，不需要指定列号。

（4）错误处理：XLOOKUP 内置了错误处理功能，可以通过 if_not_found 参数指定未找到匹配项时的返回值。

6．ROW 和 COLUMN

功能：ROW 函数返回行号，COLUMN 函数返回列号。返回值都是绝对行号和绝对列号。

语法：ROW([refrence])，COLUMN ([refrence])

参数：reference，可选。需要得到其行号或列号的单元格，若省略，则返回当前单元格的行号或列号数值。

例如：ROW(A3)的返回值为 3；COLUMN(D3)的返回值为 4。

7．MATCH

功能：返回符合特定顺序的项在数组中的相对位置。

语法：MATCH(lookup_value, lookup_array, [match_type])

参数：

lookup_value：必需。要查找的值。

lookup_array：必需。含有查找值的单元格区域，必须是一行或者一列。

match_type：可选。为数字-1，0 或 1。当为数字 1 或省略时，MATCH 查找小于或等于 lookup_value 的最大值，此时 lookup_array 参数中的值必须以升序排列。当为数字 0 时，MATCH 查找完全等于 lookup_value 的第一个值，此时 lookup_array 参数中的值可按任何顺序排列。当为数字-1 时，MATCH 查找大于或等于 lookup_value 的最小值，此时 lookup_array 参数中的值必须按降序排列。

例如：查找"苹果"是这组水果中的第几个，如图 3-4-24 所示，公式为：=MATCH("苹果",B1:E1,0)。

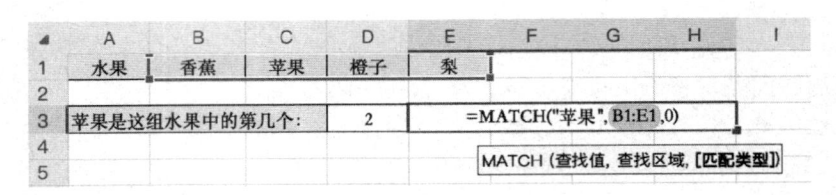

图 3-4-24　MATCH 函数的使用

8．INDEX

功能：返回指定相应的行列号（常利用 MATCH 函数确定）交叉处单元格的值或引用。

语法：INDEX(array, row_num, [column_num])

参数：

array：必需。选中的查找区域，可以只包含一行或一列。

row_num：必需，除非存在 column_num。指定查找区域中的相对行号。如果省略 row_num，则需使用 column_num。

column_num：可选。指定查找区域中的相对列号。如果省略 column_num，则需使用 row_num。

例如：

（1）参数 array 只有一列时，只需指定相对行号。

如图 3-4-25 所示，在 C2 单元格中输入公式"=INDEX(A2:A9,3)"，返回结果为"江阴银行"，即 A2:A9 单元格区域中的第三个元素。

图 3-4-25　单列使用 INDEX 函数[①]

---

① INDEX 函数中"[区域序数]"参数不常用，此处不做介绍。

（2）参数 array 只有一行时，只需指定相对列值。

如图 3-4-26 所示，在 F3 单元格中输入公式"INDEX(F1:K1,5)"，返回结果为"现价（元）"，即 F1:K1 单元格区域中的第五个元素。

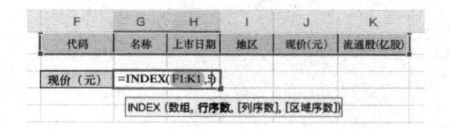

图 3-4-26　单行使用 INDEX 函数

（3）参数 array 为多行多列时，需要同时指定 row_num 和 column_num 以返回结果。

如图 3-4-27 所示，在 H1 单元格中输入公式"=INDEX(A2:F8,2,2)"，返回区域 A2:F8 中的第 2 行第 2 列的值，即"浦发银行"。

图 3-4-27　多行多列使用 INDEX 函数

9．INDEX 和 MATCH 的组合应用

INDEX 和 MATCH 的组合应用如图 3-4-28 所示。

（1）查找现价最高的股票名称，公式为：=INDEX(B2:B8,MATCH(MAX(E2:E8),E2:E8,0))。

查找上市时间最长的股票名称，公式为：=INDEX(B2:B8,MATCH(MIN(C2:C8),C2:C8,0))。

以查找现价最高的股票为例，由于股票名称在 B2:B8 单元格区域中，因此 INDEX 的查找区域为 B2:B8，在 B2:B8 区域中匹配现价最高值的所在行，而现价最高值所在的行则使用 MATCH 函数进行查找。

图 3-4-28　INDEX 和 MATCH 的组合应用

（2）加入数据有效性，查找任一股票代码的现价。

首先为 H2 单元格设置数据有效性（参见 3.2.4 小节），H2 单元格右侧会出现图 3-4-29 所示的下拉菜单。

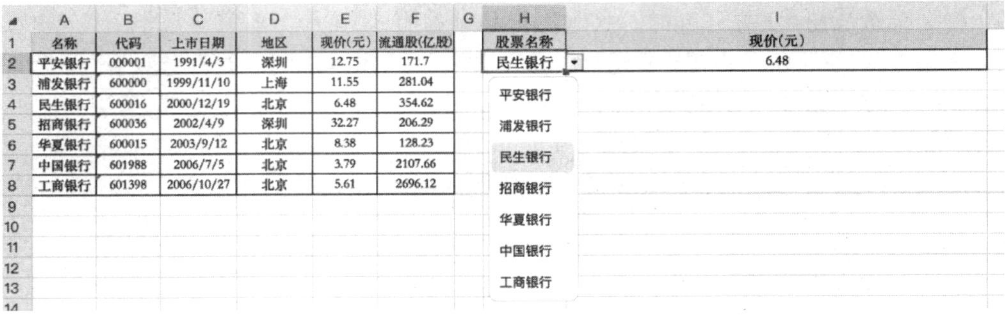

名称	代码	上市日期	地区	现价(元)	流通股(亿股)
平安银行	000001	1991/4/3	深圳	12.75	171.7
浦发银行	600000	1999/11/10	上海	11.55	281.04
民生银行	600016	2000/12/19	北京	6.48	354.62
招商银行	600036	2002/4/9	深圳	32.27	206.29
华夏银行	600015	2003/9/12	北京	8.38	128.23
中国银行	601988	2006/7/5	北京	3.79	2107.66
工商银行	601398	2006/10/27	北京	5.61	2696.12

图 3-4-29　加入数据有效性

在 I2 单元格中输入如下公式：=INDEX(B2:F8,MATCH(H2,A2:A8,0),MATCH(I1,B1:F1,0))，就可以查找任意股票的现价，如图 3-4-30 所示。

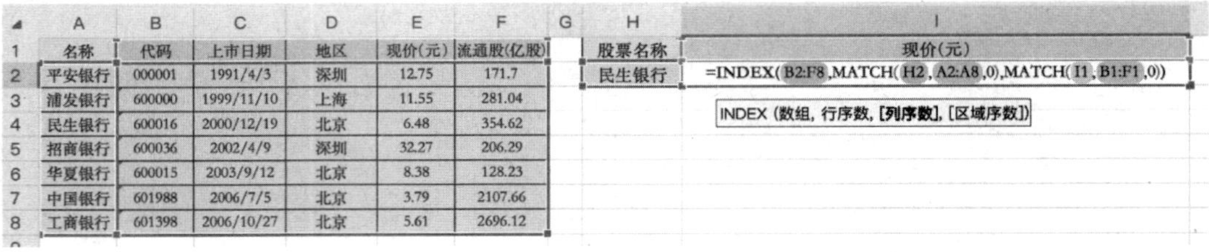

名称	代码	上市日期	地区	现价(元)	流通股(亿股)
平安银行	000001	1991/4/3	深圳	12.75	171.7
浦发银行	600000	1999/11/10	上海	11.55	281.04
民生银行	600016	2000/12/19	北京	6.48	354.62
招商银行	600036	2002/4/9	深圳	32.27	206.29
华夏银行	600015	2003/9/12	北京	8.38	128.23
中国银行	601988	2006/7/5	北京	3.79	2107.66
工商银行	601398	2006/10/27	北京	5.61	2696.12

图 3-4-30　查找任意股票的现价

同理，如果同时为 I1 单元格设置数据有效性，如图 3-4-31 所示，则可以在 I2 单元格表示出任意股票的任意信息，如代码、上市日期、地区、现价（元）等。

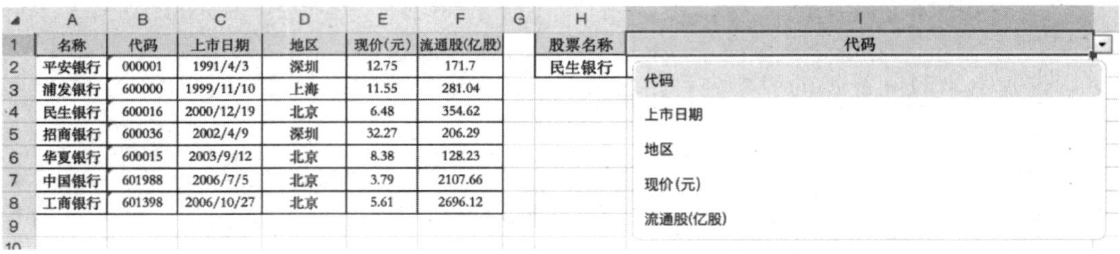

名称	代码	上市日期	地区	现价(元)	流通股(亿股)
平安银行	000001	1991/4/3	深圳	12.75	171.7
浦发银行	600000	1999/11/10	上海	11.55	281.04
民生银行	600016	2000/12/19	北京	6.48	354.62
招商银行	600036	2002/4/9	深圳	32.27	206.29
华夏银行	600015	2003/9/12	北京	8.38	128.23
中国银行	601988	2006/7/5	北京	3.79	2107.66
工商银行	601398	2006/10/27	北京	5.61	2696.12

图 3-4-31　同时为 I1 单元格设置数据有效性

10．OFFSET

功能：以指定的引用为参照系，通过给定偏移量得到新的引用。

语法：OFFSET(reference, rows, cols, [height], [width])

参数：

reference：必需。作为参照系的单元格或单元格区域的引用。

rows：必需。相对参照系要移动的行数。正数表示向下移动，负数表示向上移动。

cols：必需。相对参照系要移动的列数。正数表示向右移动，负数表示向左移动。

height：可选。需要返回的引用的行数，必须为正数。

width：可选。需要返回的引用的列数，必须为正数。

说明：OFFSET 实际上并不移动任何单元格或更改选中区域；它只是返回一个引用。

例如：OFFSET(A1,1,1)的返回值是 B2 的值；OFFSET(B2,1,-1)的返回值是 A3 的值；SUM(OFFSET(A1,1,1,2,2))的返回值是 B2:C3 单元格区域中值的和；SUM(OFFSET (A1:B2,1,1,2,2))的返回值是 B2:C3 单元格区域中值的和。

11. LARGE 和 SMALL

功能：返回数据集中第 k 大的值或第 k 小的值。

语法：LARGE(array,k)，SMALL(array,k)

参数：

array：必需。需要确定第 k 大的值或第 k 小的值的数组或单元格区域。

k：必需。返回值在数组或单元格区域中的位置（LARGE 函数将 array 从大到小排，SMALL 函数将 array 从小到大排）。

例如：=LARGE(A2:B6,3)返回 A2:B6 中第三大的值；=SMALL(A2:A10,3)返回 A2:A6 中第三小的值。

3.4.8 信息函数中的 IS 类函数

WPS 表格提供了 13 个以 IS 开头的函数，这里称为 IS 类函数，用于判断数据类型、奇偶性、空值单元格、错误值、文本、公式等，其返回值为 TRUE 或 FALSE。这 13 个函数在函数类别中被纳入信息函数的范畴。下面介绍其中的两个函数 ISERROR 和 ISNUMBER。

1. ISERROR

功能：检查一个值是否为错误值（#N/A、#VALUE!、#REF!、#DIV/0!、#NUM!、#NAME?、#NULL!），若是，则返回 TRUE，否则返回 FALSE。

语法：ISERROR(value)

参数：value，必需，是要检查的值。

例如：已知周一和周二两天涨幅分别排在前 15 位的股票代码，统计两天都进入了排行榜的股票，如图 3-4-32 所示。我们使用 IF 函数进行判断，如果周一的股票代码存在于周二的股票代码中，则显示该股票代码，否则不显示。也就是说，将在 B 列中查找 A 列的股票代码，如果找不到，则报错，使用 ISERROR 函数检查错误，如果出错，则不显示，否则在 C 列显示该股票代码。

在 C2 单元格中填写公式：=IF(ISERROR(MATCH(A2,$B$2:$B$16,0)),"",A2)

ISERROR 函数作为 IF 函数的第一个参数，其值只有 TRUE 或 FALSE 两种，当其值为 TURE 时，表示 MATCH 函数出现错误，即 A2 单元格中的股票代码未出现在 B2:B16 中，此时 IF 函数的值为空("")，即 C2 单元格为空；而当其值为 FALSE 时，表示 MATCH 函数在 B2:B16 中找到 A2 单元格中的股票代码，此时 IF 函数的值为该股票代码。将

C2 单元格中的公式填写好后，由于需要向下填充复制公式，因此先在区域的行列号前加上"$"，再向下复制。

	A	B	C
1	周一涨幅前15位股票	周二涨幅前15位股票	连续两天进入排行榜股票
2	002807	000001	=IF(ISERROR(MATCH(A2,$B$2:$B$16,0)),"",A2)
3	002839	002142	002839
4	600000	002807	
5	600015	002839	600015
6	600036	002936	
7	600919	600015	
8	600926	600908	
9	600928	600928	600928
10	601128	601009	601128
11	601166	601128	601166
12	601229	601166	
13	601288	601838	
14	601328	601860	
15	601939	601988	
16	603323	603323	603323

图 3-4-32　ISERROR 函数的使用

2．ISNUMBER

功能：检查一个值是否为数值型数据，若是，则返回 TRUE，否则返回 FALSE。
语法：ISNUMBER(value)
参数：value，必需，指要检查的值。
例如：=ISNUMBER(3)的结果是 TRUE，=ISNUMBER("3")的结果是 FALSE。

3.4.9　财务函数

1．FV

功能：根据固定利率计算投资的未来值。
语法：FV(rate,nper,pmt,[pv],[type])
参数：
rate：必需。各期利率。
nper：必需。年金的付款总期数。
pmt：必需。各期所应支付的金额，在整个年金期间保持不变。通常 pmt 包括本金和利息，但不包括其他费用或税款。
pv：可选。现值，或一系列未来付款的当前值的累积和，也叫本金。
type：可选。数字 0 或 1，用以指定各期的付款时间是在期初还是期末，期初为 0，期末为 1。如果省略，则默认为 0。

微课视频

说明：以上参数中，现金流入，以正数表示；现金流出，以负数表示。

例如：（1）用 100000 元购买一理财产品，年利率是 5%，按月计息，求 1 年后的本利合计，公式为=FV(0.05/12,12,0,-100000)，值为 105116.19。

（2）每月初存入 1000 元，年利率为 3.5%，按月计息，计算 2 年后该账户的存款额，公式为=FV(0.035/12,24,-2000,1)，值为 49643.9。

2. PMT

功能：根据固定付款额和固定利率计算贷款的付款额，即每期支付固定的本金加利息。

语法：PMT(rate, nper, pv, [fv], [type])

参数：

rate：必需。贷款利率。

nper：必需。该项贷款的付款总期数。

pv：必需。现值，或一系列未来付款的当前值的累积和，也叫本金。

fv：可选。未来值，或在最后一次付款后希望得到的现金余额。如果省略，则假定其值为 0，即贷款的未来值是 0。

type：可选。数字 0 或 1，用以指定各期的付款时间是在期初还是期末，0 表示在期末，1 表示在期初。如果省略，则默认为 0。

说明：以上参数中，现金流入，以正数表示；现金流出，以负数表示。

例如：贷款 100 万元，按 20 年分期还款，贷款年利率 7%，若每月月末还款，则计算每月还款额的公式为=PMT(0.07/12,240,1000000,,0)，值为–7752.99。

3. RATE

功能：计算每期的利率。

语法：RATE(nper, pmt, pv, [fv], [type], [guess])

参数：

nper：必需。该项贷款的付款总期数。

pmt：必需。每期的付款金额，在期数内不能更改。

pv：必需。现值，即一系列未来付款的当前值的累积和，也叫本金。

fv：可选。未来值，或在最后一次付款后希望得到的现金余额。如果省略，则假定其值为 0。

type：可选。数字 0 或 1，用以指定各期的付款时间是在期初还是期末，期初为 1，期末为 0，如果省略，则默认为 0。

guess：可选。预期利率。如果省略，则假定其值为 10%。

说明：以上参数中，现金流入，以正数表示；现金流出，以负数表示。

例如：某种保险，一次性缴费 12000 元，每年年底返还 1000 元，共 20 年，在没有出险的情况下，这种保险的年利率计算公式为=RATE(20,1000,-12000,,1)，值为 6.18%。

3.5 公式与函数应用案例

3.5.1 IF 函数的使用

假设在 B2:B100 单元格区域中记录有百分制的成绩，现在要根据成绩进行评级。评级依据为：小于 60 分，不及格；大于或等于 60 分且小于 75 分，及格；大于或等于 75 分且小于 85 分，良好；大于或等于 85 分，优秀。

评级公式：=IF(B2<60,"不及格",IF(B2<75,"及格",IF(B2<85,"良好","优秀")))

使用 IF 的嵌套，可以解决此类问题，如图 3-5-1 所示。嵌套使用 IF 函数时，最好按照数据从大到小或者从小到大的顺序设置参数，以免发生混乱。

	A	B	C	D
1	姓名	成绩	评级	公式
2	周旭华	77	良好	=IF(B2<60,"不及格",IF(B2<75,"及格",IF(B2<85,"良好","优秀")))
3	赵莹	81		
4	赵艳菲	52		IF (测试条件, 真值, [假值])

图 3-5-1　IF 函数嵌套

3.5.2 条件统计

根据条件来进行数据统计，是 WPS 表格的一项重要应用。在使用公式来做条件统计时，在不改变原有数据表布局的情况下，主要涉及两大类公式：一是使用 SUMIF/IFS、AVERAGEIF/IFS、COUNTIF/IFS 这三组（六个）统计函数；二是使用统计函数和 IF 函数嵌套。

下面以图 3-5-2 中的数据表为例（部分截图），使用公式和函数来完成给定条件下的数据统计。

	A	B	C	D	E	F	G	H	I	J	K
1	代码	名称	上市日期	地区	现价(元)	流通股(亿股)	流通市值(亿元)		地区	上市银行数	
2	601169	北京银行	2007/9/19	北京	6.32	182.48	1153.27		北京	9	
3	601128	常熟银行	2016/9/30	江苏	7.91	10.37	82.03		上海	3	
4	601838	成都银行	2018/1/31	四川	9.25	18.66	172.61		深圳	2	
5	601398	工商银行	2006/10/27	北京	5.61	2696.12	15125.23				
6	601818	光大银行	2010/8/18	北京	4.18	398.11	1664.10		上市时间满10年的银行数		16
7	601988	中国银行	2006/7/5	北京	3.79	12.39	165.41		在上交所上市的银行数		25
8	601997	贵阳银行	2016/8/16	贵州	13.35	20.82	184.26		现价前三高股票的平均价		23.9
9	600926	杭州银行	2016/10/27	浙江	8.85	128.23	1074.57				
10	600015	华夏银行	2003/9/12	北京	8.38	95.94	685.01		备注：		
11	601939	建设银行	2007/9/25	北京	7.14	60.08	430.17		1. 上市时间截止到当前日；		
12	600919	江苏银行	2016/8/2	江苏	7.16	7.18	47.32		2. 代码以"6"开头的股票上市地点为上交所。		
13	002807	江阴银行	2016/9/2	江苏	6.59	392.51	2543.46				
14	601328	交通银行	2007/5/15	上海	6.48	354.62	2297.74				
15	600016	民生银行	2000/12/19	北京	6.48	84.82	680.26				
16	601009	南京银行	2007/7/19		8.02	46.31	966.03				

图 3-5-2　使用公式和函数根据条件进行统计

1. 分地区统计上市银行数

在 J2 单元格中填写公式=COUNTIF($D$2:$D$32,I2)，并将公式向下填充至 J3 和 J4 单元格。

解释：由前面的 3.4.3 小节可知，COUNTIF 函数的语法是 COUNTIF(range,criteria)。在统计函数中，criteria 表示前面的 range 要满足的条件，用带双引号的文本来进行描述。但是，如果在本例中将 criteria 写成"=I2"，地址将失去意义。

WPS 表格允许将统计函数中的 criteria 写成用文本连接运算符&连接的形式。于是，"=I2"应该写成"="&I2，而"="可以省略，于是 criteria 就简化成了 I2。

也就是说，也可以在单元格 H3 中填写：=COUNTIF($D$2:$D$32,"="&G3)。

2. 统计上市时间满 10 年的银行数

在 K6 单元格中填写公式=COUNTIF(C2:C32,"<="&DATE(YEAR(TODAY())-10, MONTH(TODAY()),DAY(TODAY())))

解释：用 DATE 函数，生成在当前日期 TODAY( )之前 10 年的日期。如果将 DATE 函数放到英文双引号中，函数将无效。所以，使用&连接的形式。

3. 统计在上交所上市的银行数

在 K7 单元格中填写公式=SUM(IF(LEFT(A2:A32)="6",1,0))

解释：代码以 6 开头的股票，在上交所上市。所以需要先用 LEFT 函数将代码左边第一位取出来，再用 IF 函数进行判断，如果代码以 6 开头，则 IF 函数的返回值为 1，否则为 0。最后用 SUM 函数将所有的 1 进行求和，得到在上交所上市的银行数。

公式中分子统计的是满足条件的价格之和。LEFT 取出来的是文本型数字，所以 6 要加双引号。(LEFT(A2:A32)="6")的结果是逻辑型的 TRUE 或 FALSE。

4. 统计现价前三高股票的平均价

在 K8 单元格中填写公式=(LARGE(E2:E32,1)+LARGE(E2:E32,2)+LARGE(E2:E32,3))/3

解释：使用 LARGE 函数，分别获得第一高、第二高和第三高股票的现价，然后求平均值，即得到结果。

3.5.3 在条件格式中使用公式

在条件格式中设置格式规则时，可以通过公式来进行。

以图 3-5-3 中的数据表为例。

（1）对属于 12 月份的上市日期设置突出显示的单元格格式。

如图 3-5-3 所示，首先选中所有的上市日期，本例中为 C2:C16，然后在"开始"选项卡中选择"条件格式"下拉菜单中的"新建规则"选项，即弹出"新建格式规则"对话框。选择"使用公式确定要设置格式的单元格"选项，在公式编辑栏中输入公式

=MONTH(C2)=12，再单击"格式"按钮设置格式，单击"确定"按钮，12月份的上市日期就被突出显示了。

图 3-5-3　在条件格式中使用公式

公式中的引用地址 C2 为选中区域中活动单元格的地址。

执行这个公式时，会从活动单元格开始，分别检查选中区域中的所有单元格是否满足条件。相当于，=MONTH(C2)=12 为活动单元格 C2 中的公式，把该公式填充到选中区域中的其他单元格。因为 C2 采用相对引用，所以复制公式时，单元格引用会变化。比如在 C3 单元格中，这个公式变为=MONTH(C3)=12，MONTH(C3)=12 的结果为 FALSE，所以 C3 单元格的格式不会发生改变。

逐一检查中，若 MONTH(引用的单元格)=12 的结果为 TRUE，则满足条件，执行设置的单元格格式。

如果选择区域时，活动单元格不是 C2 而是 C16，那么公式中的引用单元格也需要对应地改变为 C16。

如果需要突出显示的是股票代码而非上市日期，那么先选中 A2:A16 区域，活动单元格为 A2，公式不变。

（2）对上市日期为 12 月份的股票，突出显示其所在的行。

如图 3-5-3 所示。首先选中 A2:E16 区域，然后按照上述步骤，在"新建格式规则"对话框的公式编辑栏中填写公式：=MONTH($C2)=12。

执行时，相当于这个公式首先位于活动单元格 C2，然后填充到整个 A2:E16 区域。由于字母前使用了$符号，公式中的 C 将不会变化。比如在 B3 单元格中，这个公式为

=MONTH($C3)=12，MONTH($C3)=12 的结果为 FALSE，所以 B3 单元格的格式不会发生改变。

3.6 数据分析

WPS 提供了多种多样的数据分析工具，方便用户对数据进行整理，进而通过分析洞察数据后面隐藏的信息，挖掘数据中包含的规律。

3.6.1 排序

进行排序操作时，需要先选中数据表中需要进行排序的单元格区域。如果整张数据表均参与排序，则只需要选中其中的一个单元格即可。以图 3-6-1 中的数据表为例，如果要按照"日期"进行排序，则先选中数据表中"日期"列中的任意单元格，然后单击鼠标右键，在弹出的快捷菜单中选择"排序"选项，或者选择"数据"选项卡中"排序"下拉菜单中的"升序"或"降序"选项，即可快速实现按"日期"排序。

图 3-6-1　数据表排序

排序可以分为升序和降序，从小到大为升序，从大到小为降序。

在 WPS 表格中，数值型数据及与数值型数据等效的日期型数据，其大小即为数据的值。

文本型数据排序时，先比较第一个字符，若第一个字符相同，再比较第二个字符，以此类推。默认状态下，排序时不区分英文字母的大小写，若要区分，需先在"数据"选项卡中的"排序"下拉菜单中选择"自定义排序"选项，然后在弹出的对话框中单击"选项"按钮，在"排序选项"对话框中勾选"区分大小写"复选框。

值得指出的是，对于文本型数字"9"，在排序时其值大于文本型数字"10"，因为

"9"的第一个字符比"10"的第一个字符"1"大。

默认状态下,汉字是按照其拼音的顺序来进行排序的,若要按照汉字的笔画来进行排序,则可在"排序选项"对话框中选择"笔画排序"选项。

在"排序"对话框中,还可以选择数据是否包含标题,即所选的数据表中,标题行是否参与排序。

在图 3-6-1 所示的数据表中,若需要先按照"商品 ID"来排序,如果"商品 ID"相同再按照"成交金额"排序,则可以在"排序"对话框中,将"商品 ID"设置为"主要关键字",然后单击"添加条件"按钮,将"成交金额"设置为"次要关键字",如图 3-6-2 所示。

图 3-6-2 "排序"对话框及"排序选项"对话框

在"排序依据"中,除了数值,还有单元格颜色、字体颜色等。

在"次序"中,除了升序和降序,还有"自定义序列",即根据用户自己定义的序列顺序来进行排序。

3.6.2 筛选

1. 筛选

对于数据表,选中其中的任意单元格,单击"数据"选项卡中的"筛选"按钮,数据表标题行中每个列标题的右侧即会出现下拉箭头,单击下拉箭头,就可以筛选该列数据。

WPS 定义了丰富的筛选方式,还可以使用"自定义筛选"。对于数值型数据,"自定义自动筛选方式"对话框中不仅包括对数值范围的筛选,还可以使用"与"和"或"这两种逻辑关系,如图 3-6-3 所示。

对文本型和日期型数据,同样有多种筛选方式。文本型数据可以根据文本的开头、结尾等内容来进行筛选,日期型数据可以根据年、月、日及季度的情况来进行筛选。图 3-6-4 所示的筛选方式中,筛选的是"日期"属于 2022 年 11 月的数据。

在"自定义自动筛选方式"对话框中,可以使用通配符。例如,要筛选出所有以 002 开头的商品 ID,筛选方式的设置如图 3-6-5 左图所示;要筛选出非文本型的"商品

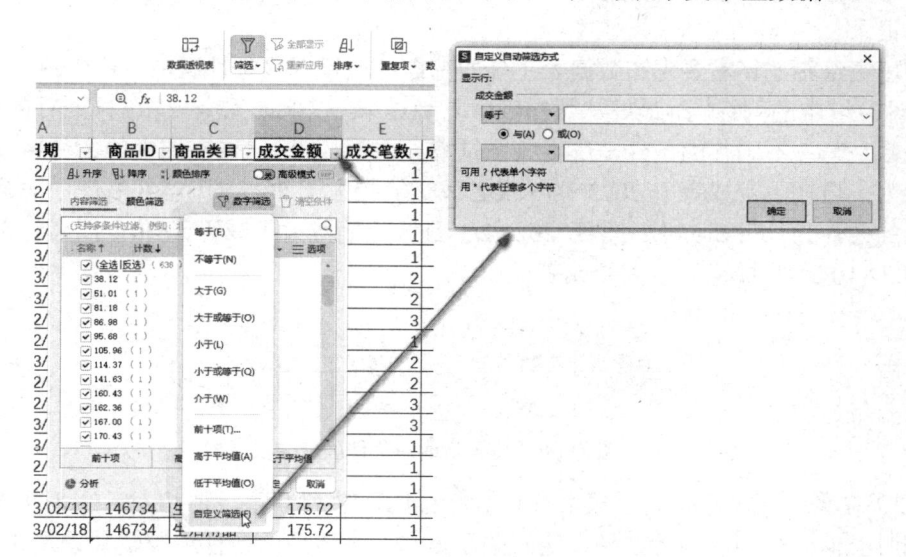

ID",筛选方式的设置如图 3-6-5 右图所示(单独一个*号表示文本型数据)。

图 3-6-3　数值筛选

图 3-6-4　日期筛选

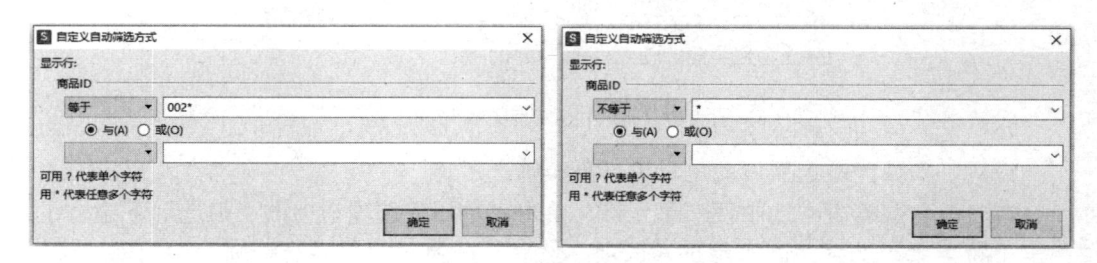

图 3-6-5　使用通配符筛选

在筛选结果中,可以针对其他字段,再次进行筛选。两次筛选之间的逻辑关系是与,即两次的筛选条件都要满足。

若要取消筛选,则可再次单击"数据"选项卡中的"筛选"按钮。

2. 高级筛选

在 WPS 表格中,单击"筛选"按钮右下角的小箭头,可以使用"高级筛选"功能。

高级筛选支持设置更复杂的筛选条件，可以将筛选结果输出到指定位置，可以筛选出不重复的记录。

使用高级筛选，需要先在数据表之外的空白区域设置"条件区域"，如图3-6-6所示。条件区域中的列标题，最好从数据表中复制过来，以保证完全一样。同一行的条件，逻辑关系是与；不同行的条件，逻辑关系是或。比如，图3-6-6左图中的条件区域表示的条件为，日期大于或等于2023/3/15或者成交笔数大于50；图3-6-6右图中的条件区域表示的条件为，日期大于或等于2023/2/1且成交笔数大于或等于30，或者上市日期小于2022/10/31且成交笔数大于或等于30。

H	I
日期	成交笔数
>=2023/3/15	
	>50

H	I
日期	成交笔数
>=2023/2/1	>=30
<2022/10/31	>=30

图3-6-6　高级筛选的条件区域

如果在条件区域中，将字段名称作为行标题而非列标题，则其表示的条件与作为列标题时类似，即同一列的条件，逻辑关系是与；不同列的条件，逻辑关系是或。

在WPS表格中，以=开头的条件，比如=10，=可以省略。但是，对于文本型数据，如果在条件中省略了=，高级筛选时的匹配模式为近似匹配。以图3-6-7中的数据为例，使用E列的条件区域，高级筛选的结果将包括"手机"、"手机屏幕"和"手机电池"等以手机开头的商品，而使用H列的条件区域，高级筛选的结果将只有"手机"。由于等号的特殊性，在H2单元格中要输入"=手机"，才会显示等号；或者可事先将H2单元格的格式设置为文本型，此时只需输入=手机。

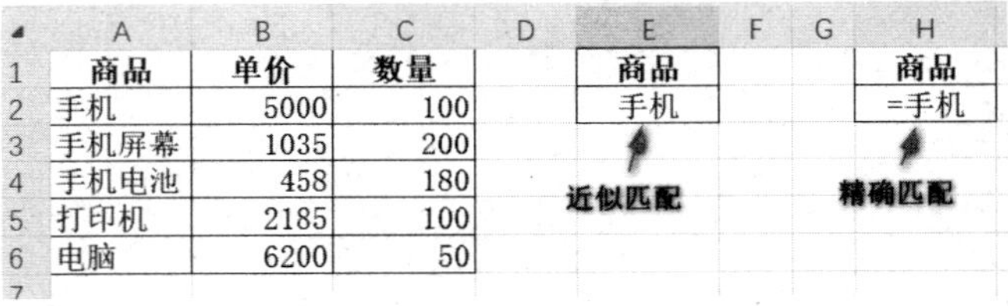

	A	B	C	D	E	F	G	H
1	商品	单价	数量		商品			商品
2	手机	5000	100		手机			=手机
3	手机屏幕	1035	200					
4	手机电池	458	180		近似匹配			精确匹配
5	打印机	2185	100					
6	电脑	6200	50					
7								

图3-6-7　条件区域有无等号的区别

设置好条件区域之后，就可以进行高级筛选了。

首先，在数据表中选中任一单元格，单击"数据"选项卡中的"筛选"下拉按钮，弹出下拉菜单，选择"高级筛选"选项。然后，在弹出的"高级筛选"对话框中进行设置，如图3-6-8所示。

高级筛选的筛选结果既可以和一般筛选那样，保留在原有区域，也可以复制到其他位置。若选择复制到其他位置，则需要在下面的"复制到"地址栏中选择或输入一个单元格地址，该单元格将作为筛选结果列表的左上角。

"高级筛选"对话框中的"列表区域"指的是需要进行筛选的单元格区域。在事先已经选中数据表中任一单元格的情况下，"列表区域"默认为整张数据表。"条件区域"则根据需要进行选择。

第 3 章　WPS 电子表格

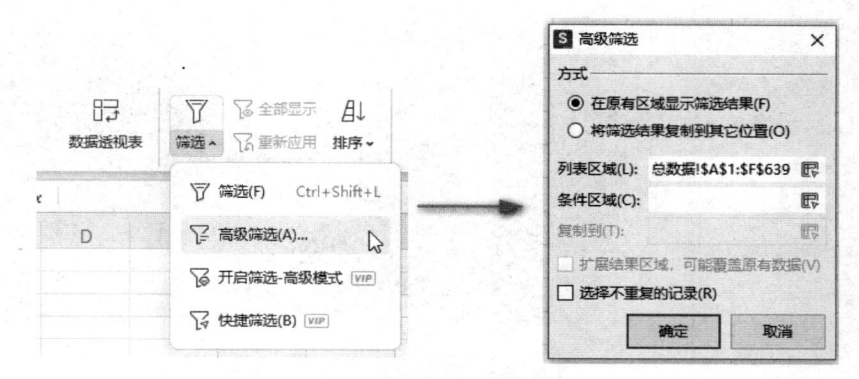

图 3-6-8　高级筛选设置[1]

设置好"高级筛选"对话框，单击"确定"按钮，即出现筛选结果。若没有满足筛选条件的记录，筛选结果将只有标题行。

勾选"高级筛选"对话框中的"选择不重复的记录"复选框，可以删除重复项，并可以将结果复制到其他区域。所谓重复项，要根据所选择的字段来确定。比如，选择的数据中有三个字段，那么只有这三个字段的数据都相同，才能称为"重复项"。以图 3-6-9 中的数据表为例，"列表区域"为 C 列，"条件区域"空白（相当于没有筛选条件），勾选"高级筛选"对话框中的"选择不重复的记录"复选框，结果就得到了不含重复项的"商品类目"。

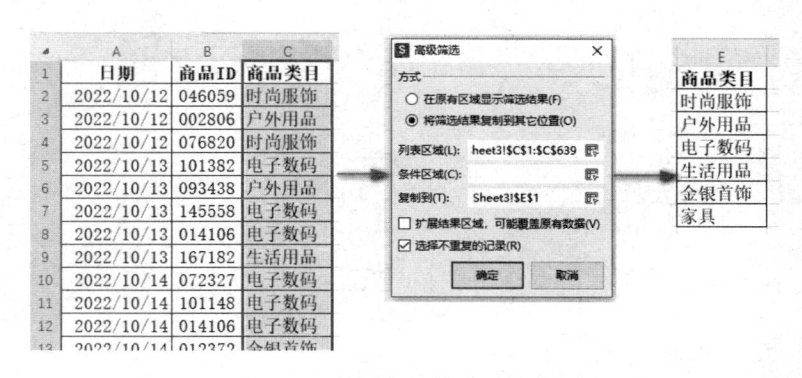

图 3-6-9　使用高级筛选删除重复项

3.6.3　重复项

除了使用"高级筛选"来删除重复项，WPS 表格中还有专门的"重复项"工具来处理数据重复的问题。

如图 3-6-10 所示，选择数据表中的 A1:F10 区域，然后选择"数据"选项卡中"重复项"下拉菜单中的"设置高亮重复项"选项，在弹出的对话框中单击"确定"按钮，所选区域中有重复内容的单元格被设置成了高亮背景。

---

[1] 软件截图中"其它"即为正文中的"其他"。

计算机与大数据基础

图 3-6-10　设置高亮重复项

图 3-6-10 右侧的数据表中，第 4 行和第 5 行的记录，所有列数据均相同。若只需要保留其中的一行，则可以先选择区域，再在"重复项"下拉菜单中选择"删除重复项"选项，然后在弹出的"删除重复项"对话框中，勾选全部列，单击"删除重复项"按钮，即可删除列数据全部相同的两行中的一条，如图 3-6-11 所示。

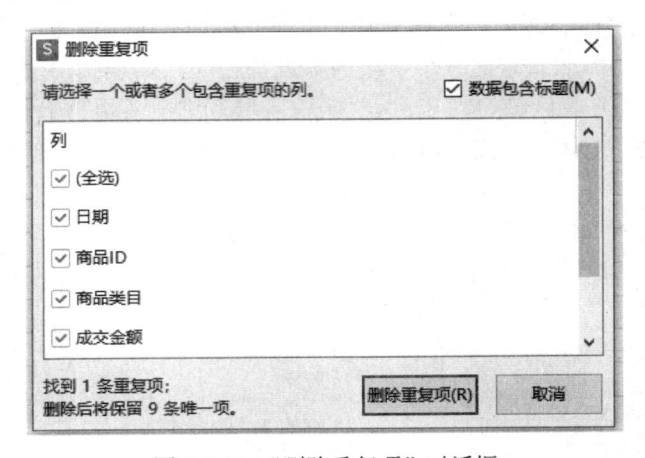

图 3-6-11　"删除重复项"对话框

3.6.4 分类汇总

WPS 表格的"分类汇总"功能，可以将数据表中的数据先按照字段进行分类，再进行汇总，汇总的方式包括求和、平均值、计数等。"分类汇总"还可以实现分级显示。

使用"分类汇总"功能时，必须先对分类的字段进行排序，按升序和降序均可。

1. 简单分类汇总

以图 3-6-12 中的数据表为例，操作目的是按照商品类目来统计成交金额的平均值。首先，在数据表中，按商品类目进行排序。然后，在"数据"选项卡中单击"分类汇总"按钮，在弹出的"分类汇总"对话框中进行设置，选择分类字段、汇总方式、选定汇总项等选项。

第 3 章　WPS 电子表格

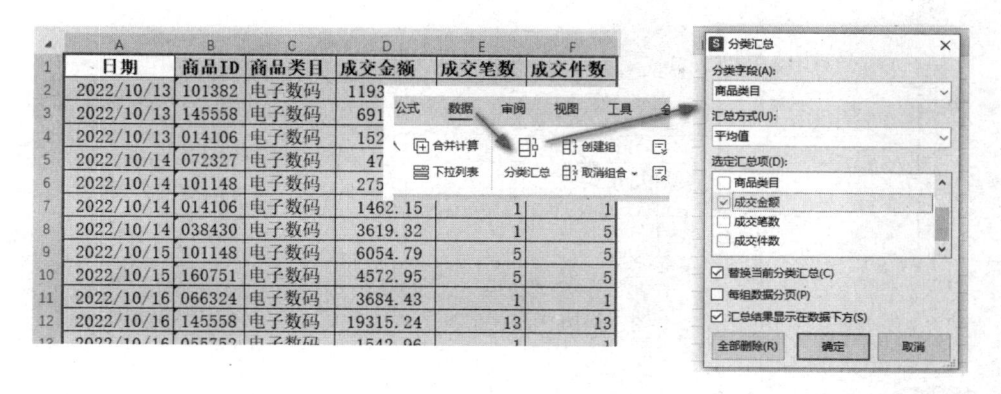

图 3-6-12　分类汇总

设置好之后，单击"确定"按钮，结果如图 3-6-13 所示。这里显示的是 2 级结果。可以通过分级显示按钮来选择需要显示的级别，也可以通过分级显示按钮下面的"+"按钮和"－"按钮来展开和收缩汇总项。

图 3-6-13　分类汇总结果及分级显示

在图 3-6-13 所示的 2 级显示结果中，因为隐藏了行，所以如果要复制结果，就需要使用定位功能。先选择区域，然后将"定位条件"设置为"可见单元格"，再进行复制，粘贴的结果就只有可见的单元格而不包含隐藏的单元格。

若要恢复成没有分类汇总的数据表，则可再次单击"分类汇总"按钮，打开"分类汇总"对话框，单击"全部删除"按钮。

2．多重分类汇总

在已经进行了分类汇总的基础上，再次进行分类汇总时，如果希望保留前一次的分类汇总结果，就要在"分类汇总"对话框中，取消勾选"替换当前分类汇总"复选框。这样，就可以实现多重分类汇总。

多重分类汇总，可以针对同一个分类字段进行，也可以针对不同的分类字段进行。

若是针对不同的分类字段进行，则排序时需要将第一次的分类字段设置为主要关键字，第二次的分类字段设置为次要关键字。这样，可以实现 3 级以上的分级显示，如图 3-6-14 所示。

计算机与大数据基础

	A	B	C	D	E	F
1	日期	商品ID	商品类目	成交金额	成交笔数	成交件数
246	2023/2/17	160751	电子数码	1765.02	2	2
247	2023/2/19	160751	电子数码	840.24	1	1
248	2023/2/24	160751	电子数码	12178.91	14	14
249		160751 汇总				130
250			电子数码 汇总	1926401.01		
251	2022/10/12	002806	户外用品	16608.28	18	18
252	2022/11/18	002806	户外用品	15639.74	17	17
253	2022/12/2	002806	户外用品	2463.08	2	2

图 3-6-14　多重分类汇总结果

3.6.5　数据透视表

数据透视表是 WPS 表格提供的一种功能强大的数据分析工具，能够以交互的方式，快速分类、汇总、比较大量数据，生成隐含数据明细信息的报表。

1. 创建数据透视表

如图 3-6-15 所示，单击"插入"选项卡中的"数据透视表"按钮，弹出"创建数据透视表"对话框。在该对话框中，可以选择需要分析的数据所在的单元格区域，还可以使用外部数据源。如果事先已经选中数据表中的任意一个单元格，那么默认的分析数据就是整张数据表中的数据。

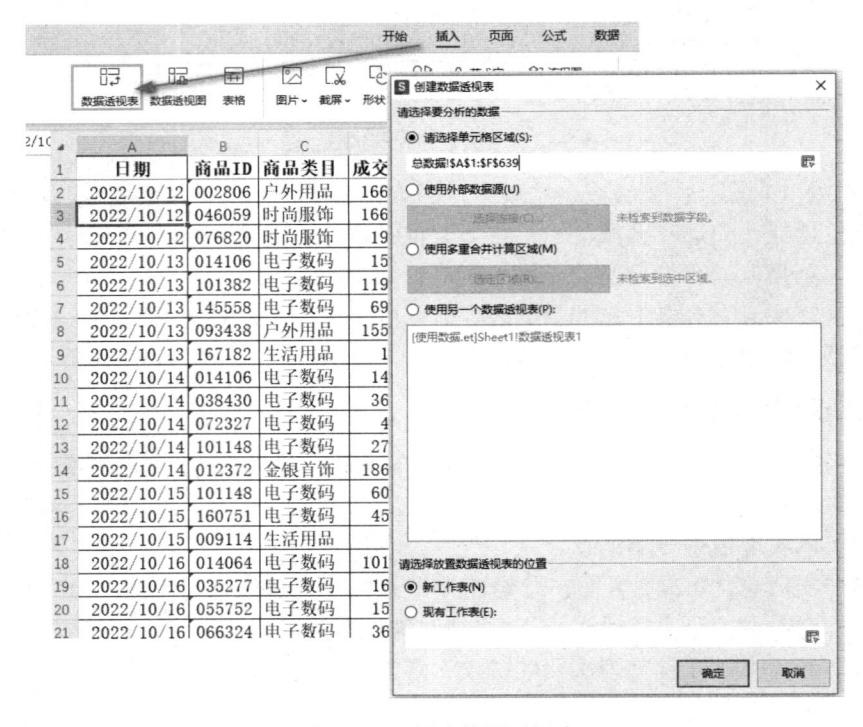

图 3-6-15　创建数据透视表

创建的数据透视表可以作为一张新的工作表插入原来的工作簿中，也可以放置在现有工作表的空白区域。在"创建数据透视表"对话框中，如果选择的是"现有工作表"，那么需要选中一个单元格作为数据透视表的左上角，该单元格的上面最好预留几个空行，因为在数据透视表的上面可能会放置一些相关内容。

单击"创建数据透视表"对话框中的"确定"按钮，即生成一张空白的数据透视表，同时在工作表的右侧出现"数据透视表"面板。选中数据透视表中的任意单元格，功能区将出现数据透视表工具，使用其中的"字段列表"工具，可以关闭或打开"数据透视表"面板，如图3-6-16所示。

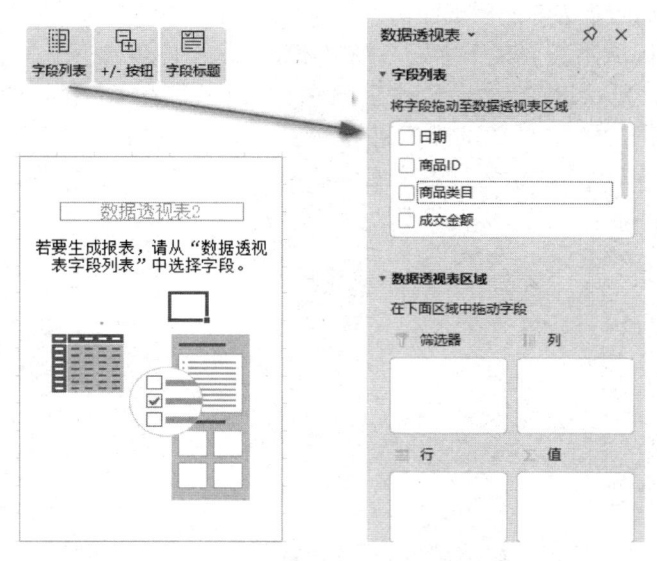

图 3-6-16　数据透视表及面板

2. 选择字段

在"数据透视表"面板的上面，列出了所选数据表的所有字段，按住鼠标左键可把这些字段拖到下面的框中。

"筛选器"中的字段，将作为筛选工具，出现在数据透视表上面的单元格中。"列"中的字段，其取值将作为列标签，即列的标题。"行"中字段的取值将作为行标签。"值"中的字段，将作为汇总项，WPS 表格将根据情况指定默认汇总方式，而用户则可以根据情况选择汇总方式。

如图 3-6-17 所示，在右侧的面板中，将"商品类目"字段拖入"行"，"成交金额"字段拖入"值"，所生成的数据透视表见图 3-6-17 的左侧。

数据透视表是一张表格，可以进行单元格格式设置、排序等操作。

双击数据透视表中的汇总值，可以显示其来源明细。

当数据表中的数据改变之后，右击数据透视表，在弹出的菜单中选择"刷新"选项，或者单击"数据透视表工具-分析"选项卡中的"刷新"按钮，数据透视表中的数据会更新。

求和项:成交金额	
商品类目	汇总
电子数码	1926401.01
户外用品	662066.88
家具	244318.68
金银首饰	350075.38
生活用品	48614.62
时尚服饰	933494.35
总计	4164970.92

图 3-6-17　选择字段生成数据透视表

可以向"数据透视表"面板下面的四个区域中拖入多个字段，从而构造复杂的数据透视表。若某个区域不需要某个字段，则将该字段拖出即可。

同一个字段，既可以作为"行"或者"列"，又可以另外作为统计的"值"。图 3-6-18 所示的数据透视表，"列"为"商品类目"，"行"为"商品 ID"，"值"也是"商品 ID"，其统计的是"商品 ID"在销售订单中出现的次数。文本型数据作为"值"时，可以对其进行计数。

计数项:商品ID	商品类目						
商品ID	电子数码	户外用品	家具	金银首饰	生活用品	时尚服饰	总计
000330			3				3
002806		10					10
003424	2						2
005052				4			4
006528				9			9
006705						11	11
009114					1		1
011277	3						3
011511						1	1
012372				9			9

图 3-6-18　文本型数据作为"值"时的数据透视表

3．值字段设置

值字段是指进行汇总操作的字段。调出"值字段设置"对话框的方法有：在"数据透视表"面板中，单击值字段右侧的下拉箭头，在下拉菜单中选择"值字段设置"选项；或者在数据透视表中，选中任意值字段的取值，然后单击鼠标右键，在弹出的菜单中选择"值字段设置"选项。

如图 3-6-19 所示，"值字段设置"对话框中有两个选项卡：值汇总方式和值显示方式。值汇总方式包括求和、计数、平均值、最大值、最小值等。值显示方式包括无计算（直接显示汇总值）、总计的百分比、列汇总的百分比等。

图 3-6-20 所示的数据透视表中，值汇总方式为"求和"，值显示方式为"列汇总的百分比"。

4．创建组合

对于数值型的行标签和列标签，可以通过创建组合来进行进一步的分组。以图 3-6-21 中的行标签为例，右击其中的任意一个行标签，在弹出的快捷菜单中选择"组合"选项，即弹出"组合"对话框，其中显示了数值型标签的起始数和终止数。

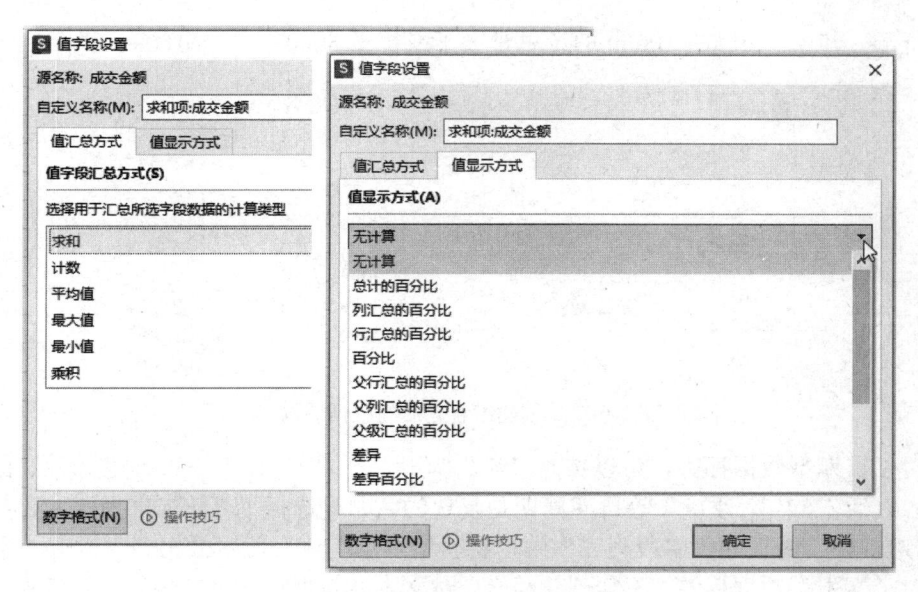

图 3-6-19 "值字段设置"对话框

图 3-6-20 值字段设置后的数据透视表

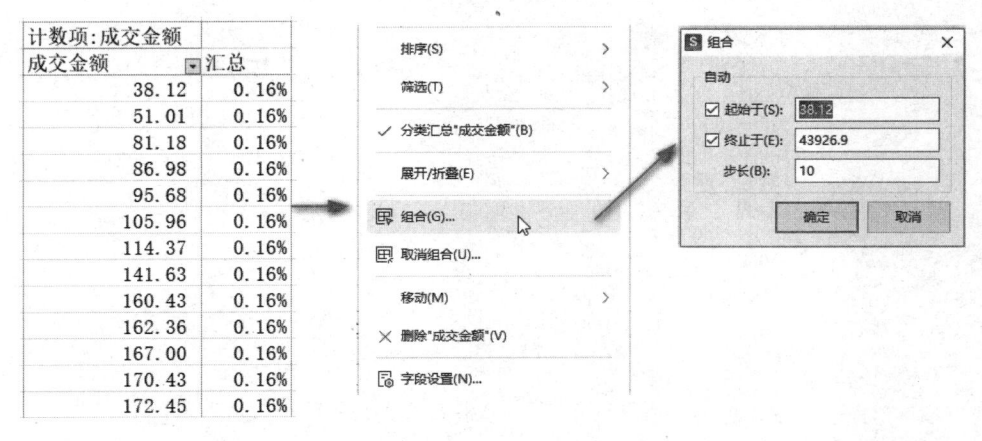

图 3-6-21 创建组合

如图 3-6-22 所示，在"组合"对话框中，根据需要对"起始于"和"终止于"框中的数据进行修改，并且将步长修改为 5000，则数据透视表中行标签的改变如图 3-6-22

右图所示。其中，5000—10000 的意思是大于或等于 5000 且小于 10000。

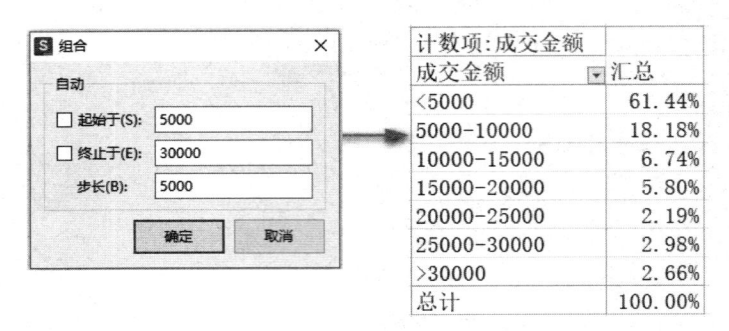

图 3-6-22　创建组合之后的数据透视表

对于日期型数据标签，可以按照"年""季度""月""日"来进行组合。对日期进行组合之后，"年""季度"等日期周期是复选的。如果选择了"年"作为标签，在右侧"数据透视表"面板的"字段列表"中，将新增"年"这一原本数据表中没有的字段。

对于文本型数据标签，不能创建组合。对文本型数据标签创建组合时，将弹出"选中区域不能分组"的信息。

要取消已经创建的组合，在数据透视表中右击任意分组，在弹出的快捷菜单中选择"取消组合"选项即可。

5．筛选器

在"数据透视表"面板中，将"字段列表"中的选中字段拖入"筛选器"后，在数据透视表上面的单元格中将增加筛选字段，形成带筛选器的数据透视表，如图 3-6-23 所示。单击筛选器按钮，可以进行筛选。

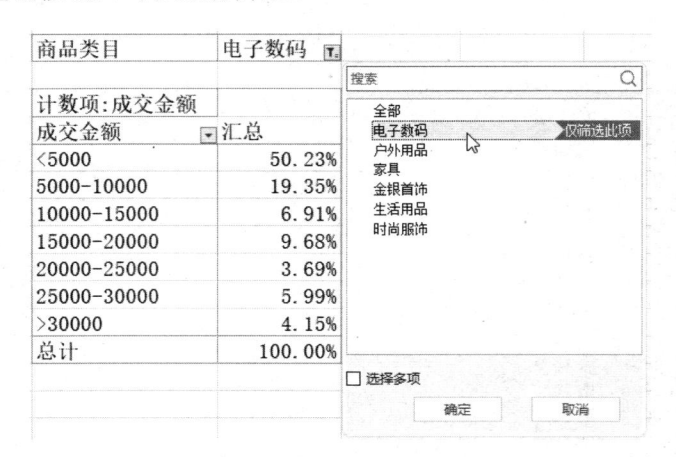

图 3-6-23　带筛选器的数据透视表

3.6.6　单变量求解

到目前为止，本教材介绍的数据分析，都从数据出发，通过计算，或者通过 WPS

表格提供的工具得到想要的结果。这是一种正向的数据分析。

    WPS 表格还提供了逆向数据分析工具。所谓逆向，是指从结果出发，去分析在什么样的情况下，才可能得到这样的结果。如果要找到的情况可以用一个变量的取值来表示，则可以使用"单变量求解"工具；若需要多个变量的取值来表示，则使用"规划求解"工具。本教材只介绍"单变量求解"，以使读者能够一窥逆向数据分析。

    在简单的应用场景中，"单变量求解"要解决的就是一个简单的一元方程求解问题。

例 1　计算当半径为多少时，圆的面积为 100。

【主要操作步骤】

（1）建立模型，即通过一个算例说明圆的面积和半径之间的关系，如图 3-6-24 所示。这里给出的是半径为 0.5 时，通过公式算出的圆的面积。

（2）单击"数据"选项卡中的"模拟分析"下拉按钮，在下拉菜单中选择"单变量求解"选项，在"单变量求解"对话框中进行如图 3-6-24 所示的设置。目标单元格即"圆的面积"取值所在的单元格，将其取值设置为 100，即求解目标是当"圆的面积"为 100 时的半径。可变单元格即"半径"取值所在的单元格。

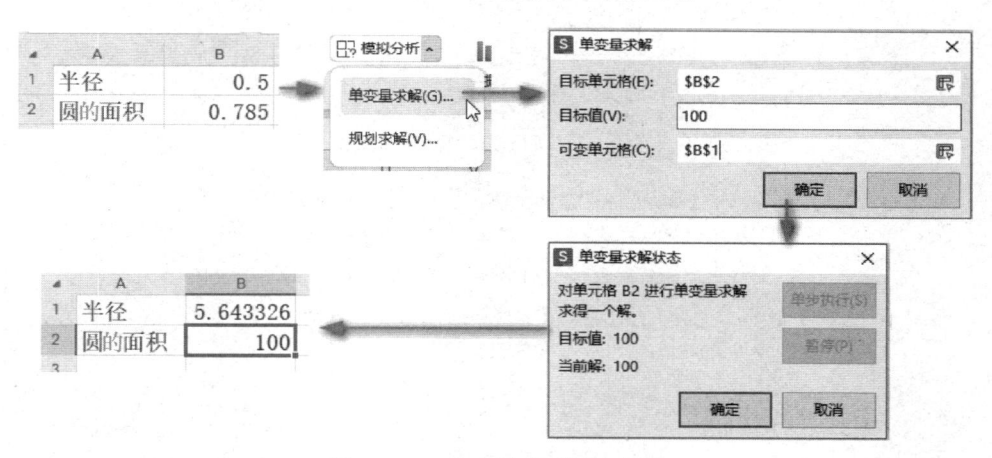

图 3-6-24　单变量求解圆的半径

（3）单击"确定"按钮，开始计算，在设置的精度下，找到所需要的解。对于一些问题，也可能在设置的计算次数内找不到满足精度要求的解。

（4）找到解之后，单击"确定"按钮，可变单元格中的数据会变为所求得的解。

    单变量求解时的精度和迭代次数，可以通过"文件→选项→重新计算"进行设置。

例 2　从银行贷款 100 万元，从贷款之后的第一个月起开始还款，20 年还清，贷款年利率为 3.65%，计算使用等额本息法来还款时，每个月应该还款多少钱。

    等额本息法是银行贷款中，经常使用的一种归还本息的方法，每个月还款的金额是一样的，其中包括了本金和利息。假如每个月还款 5000 元，那么第一期还款时，其中包含的利息为 2916.67 元，本金为 2083.33 元。

【主要操作步骤】

（1）建立模型。如图 3-6-25 所示，这里给出的是每个月还本付息 5000 元的算例。

	A	B	C	D	E	F	G
1	贷款年限		期数	还本付息	付息	还本	剩余本金
2	20		0				¥1,000,000.00
3	贷款年利率		1	¥5,000.00	¥2,916.67	¥2,083.33	¥997,916.67
4	3.50%		2	¥5,000.00	¥2,910.59	¥2,089.41	¥995,827.26
5			3	¥5,000.00	¥2,904.50	¥2,095.50	¥993,731.75
241			239	¥5,000.00	¥833.30	¥4,166.70	¥281,534.55
242			240	¥5,000.00	¥821.14	¥4,178.86	¥277,355.69

在D3单元格输入：5000
在E3单元格输入：=G2*$A$4/12
在F3单元格输入：=D3-E3
在G3单元格输入：=G2-F3

在D4单元格输入：=$D$3

图 3-6-25　等额本息法算例

（2）使用单变量求解，设置如图 3-6-26 上面的对话框所示。

（3）求解结果如图 3-6-26 下面的数据表所示。最后一期，剩余的本金变成了 0 元。

这样，使用单变量求解工具计算出了，采用等额本息法，每个月还本付息的金额为 5799.60 元。

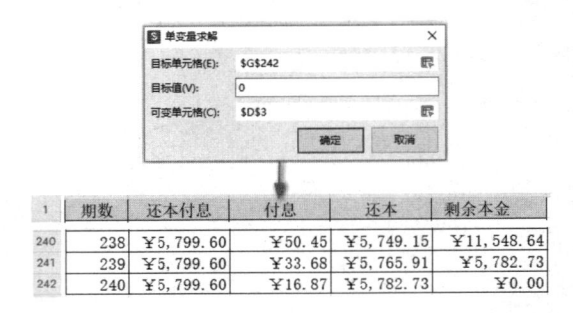

图 3-6-26　单变量求解的设置和结果

3.7　图表生成

数据可视化是数据处理技术中的一个重要领域。WPS 表格提供了丰富的图表类型，用户可以方便地根据选择的数据来制作所需要的图表。下面通过几种主要类型图表的生成，介绍图表制作过程中的基本概念。

3.7.1　柱形图

柱形图可分为二维柱形图和三维柱形图。在 WPS 表格中，图表的生成步骤主要包括三个：选择数据、生成图表、编辑美化图表。

1．选择数据

图表是由数据生成的，所以首先要选择数据。以图 3-7-1 中的数据为例，来生成图表。

第 3 章　WPS 电子表格

	B	C	D	E	F	G	H
1							
2		宜友公司销售统计					
3	月份	华北	华东	华南	华西	华中	总计
4	1月	564	456	213	235	365	1833
5	2月	232	220	134	201	465	1252
6	3月	456	464	233	259	456	1868
7	4月	464	270	453	389	879	2455
8	5月	721	612	523	402	456	2714
9	6月	802	720	636	369	546	3073
10	总计	3239	2742	2192	1855	3167	13195
11							

图 3-7-1　选择数据

按住鼠标左键拖动鼠标，即可选择生成图表的数据区域。若选择的单元格不连续，则在选择的同时按住 Ctrl 键。对于行和列的标题，如果在图表中需要显示，也应该选择。

2．生成图表

选择数据之后，在"插入"选项中的"图表"功能区中，选择要插入的图表类型。如图 3-7-2 所示，这里选择柱形图中的二维簇状柱形图。

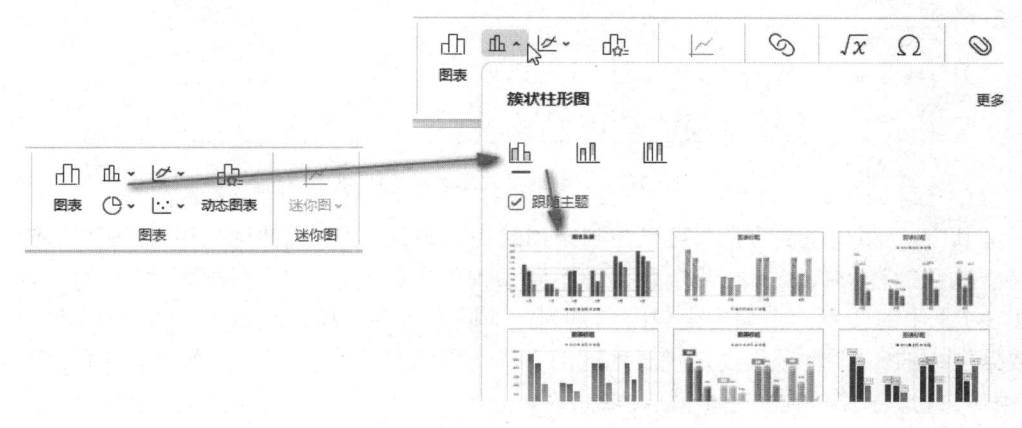

图 3-7-2　选择图表类型

选择了图表类型之后，即生成簇状柱形图，如图 3-7-3 所示。

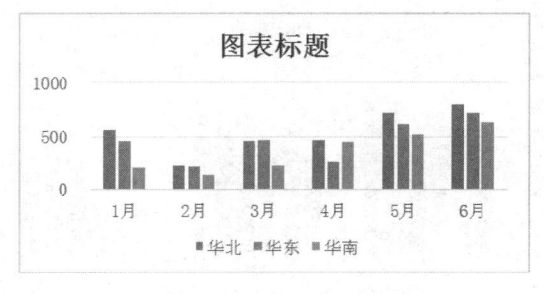

图 3-7-3　簇状柱形图

3．编辑美化图表

生成了图表之后，可以对图表区域的组成元素进行编辑和美化，以满足需要。图表区域包括绘图区、图例、标题等组成元素。对于柱形图这样的图表，还包括坐标轴。

1）图表区域

图表区域是指图表所占的整个区域。选中图表区域，单击鼠标右键，在弹出的快捷菜单中选择"选择数据"选项，弹出"编辑数据源"对话框，如图3-7-4所示。

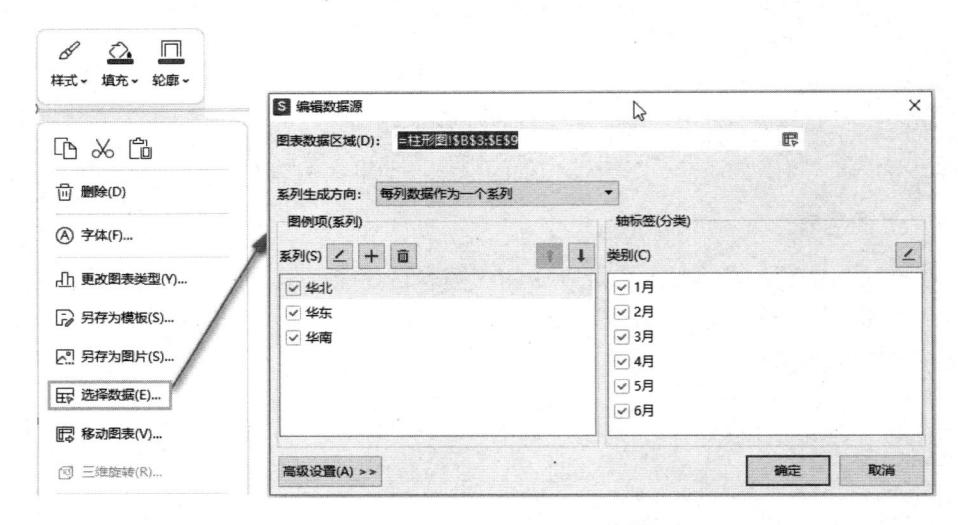

图 3-7-4　编辑生成图表的数据源

其中，"系列生成方向"可以控制系列是由列数据还是行数据生成的。在柱形图中，同一颜色的柱形代表了同一个系列。不同系列所用的颜色，在"图例"中进行说明。图3-7-3中的图表，系列的生成方向是列，即同一系列的柱形是由图3-7-1中的同一列数据生成的。"图例项"则是代表地区的"华北""华东""华南"。而数据表中的行标签（销售月份）则作为柱形图的分类轴标签。

如果将系列生成方向切换为"每行数据作为一个系列"，则在选择的数据表区域不变的情况下，生成的图表如图3-7-5所示，这时地区成为分类轴。

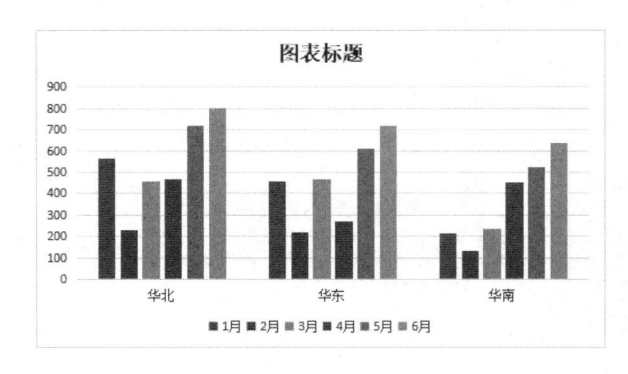

图 3-7-5　每行数据作为一个系列

在图 3-7-4 左图所示的快捷菜单中,"移动图表"是指除在原来的工作表中插入图表之外,还可以将图表插入新的工作表中;菜单上方的"样式""填充"等下拉菜单,则用于设置图表区域的样式、颜色等。

2)绘图区

绘图区是指图表中图形所在的区域。如图 3-7-6 所示,选中绘图区,在边缘产生的 8 个小圆圈处按住鼠标左键并拖动鼠标可以调整绘图区的大小。

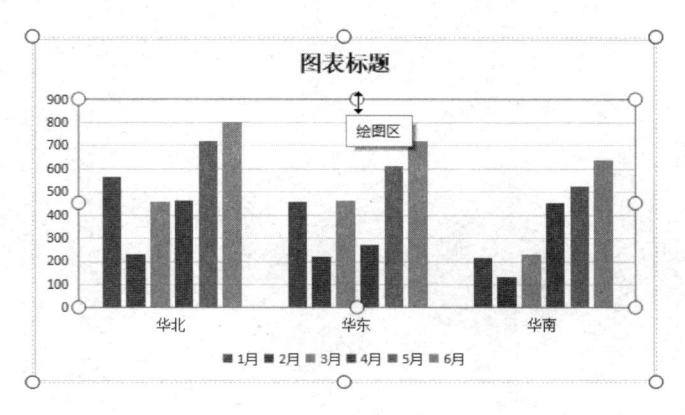

图 3-7-6　绘图区

如图 3-7-7 所示,单击绘图区中的任一数据系列,该系列的全部柱形均被选中,单击鼠标右键,即可在弹出的菜单中对该系列进行细致的设置。

在图 3-7-7 中的弹出菜单中,选择"添加数据标签"选项,在所选系列图形的上面,将出现柱形图所代表的数值的大小,这就是"数据标签"。添加了数据标签之后,右击其中的一个标签,又可以对其进行设置。

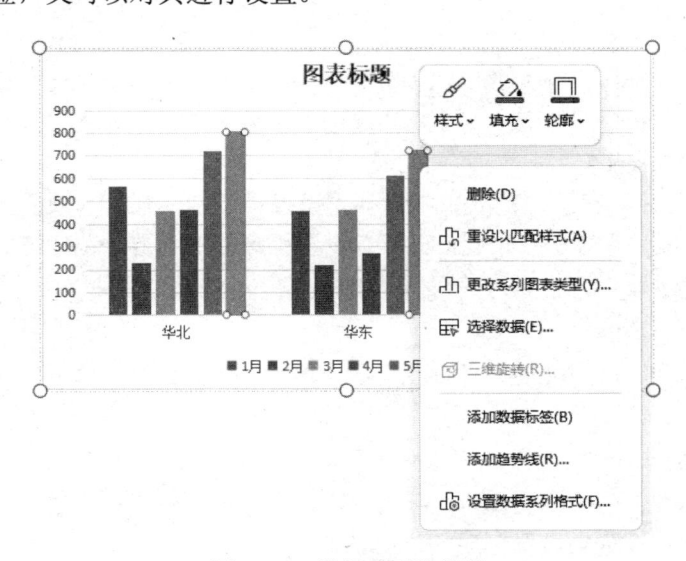

图 3-7-7　数据系列的设置

计算机与大数据基础

在图3-7-7中的弹出菜单中，选择"设置数据系列格式"选项，在工作表的右侧将出现"属性"面板。通过该面板可以设置和编辑系列的"填充与线条"、"效果"和"系列"属性。其中，"系列"属性用于设置系列重叠程度和分类间距，当将"系列重叠"设置为0时，系列之间将没有间距，如图3-7-8所示。

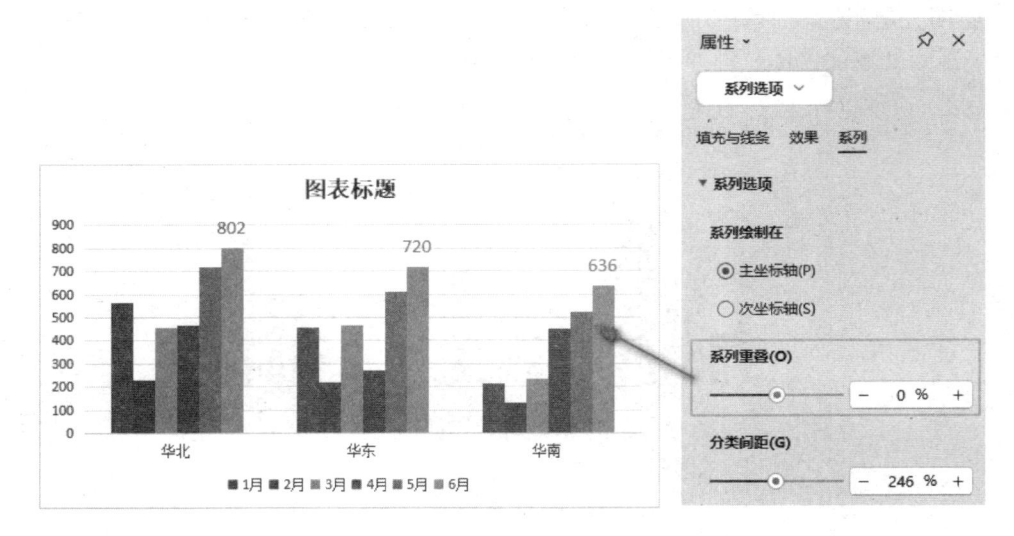

图3-7-8 将"系列重叠"设置为0

单击任一数据系列之后，再次单击，则可以选中该系列中的一个柱形对象。右击该对象，可以在弹出的菜单中选择相应的设置。

在图表区域，要设置某个组成元素的格式，除了使用上面已经介绍的弹出菜单和面板，还可以使用"图表工具"选项卡。

3）坐标轴

在柱形图中，坐标轴分为数值轴和分类轴。和前面的操作类似，选中坐标轴，可以在工作表右侧的面板中进行相关设置。先选中坐标轴再单击鼠标右键，可以在弹出的菜单中进行更细致的设置。

如图3-7-9所示，在弹出的菜单中选择"设置坐标轴格式"选项，可以对坐标轴的"填充与线条""效果"等进行设置，还可以设置坐标轴的边界、单位等。对网格线的格式，也可以进行设置。

4）图例

单击图例，可以对图例进行设置，包括位置、字体等。再次单击，则可以设置其中的图例项。

5）图表标题

图表标题实际上是一个文本框。可以直接在文本框中输入标题的文字内容，然后通过对文本框的格式设置来设置标题的格式。

在图表区域的其他位置上，也可以插入文本框，添加需要的文本内容。

第 3 章　WPS 电子表格

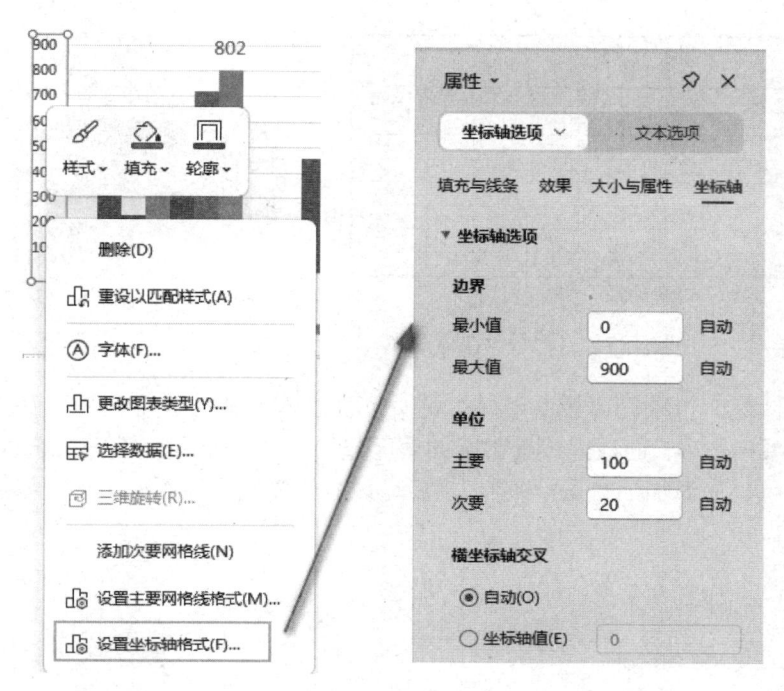

图 3-7-9　设置坐标轴格式

6）图表快捷按钮

选中图表区域中的任意元素，在其右侧就会出现图表快捷按钮。通过快捷按钮，可以快速地对图表进行设置和编辑。图 3-7-10 显示了如何通过快捷按钮中的"图表元素"按钮来为坐标轴添加标题。

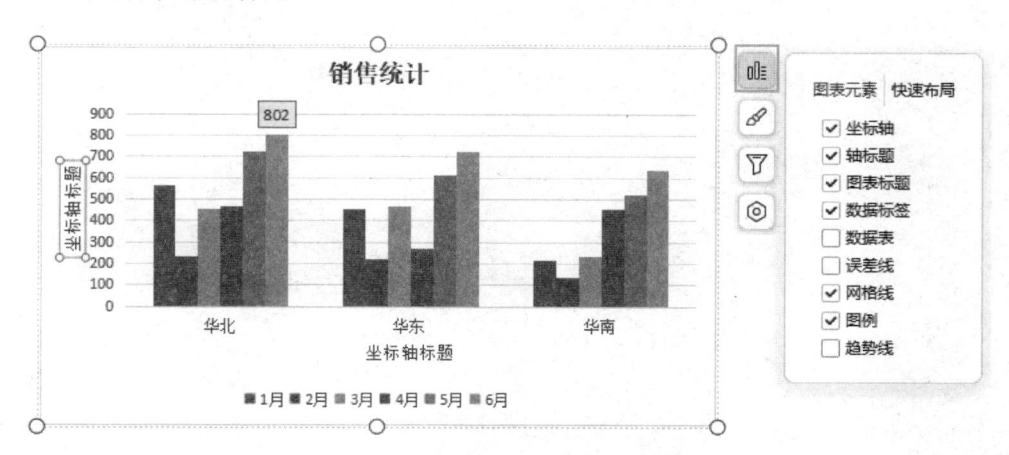

图 3-7-10　通过图表快捷按钮添加图表元素

3.7.2　饼图

如图 3-7-11 所示，先选择数据，再绘制饼图。

微课视频

计算机与大数据基础

月份	华北	华东	华南	华西	华中	总计
1月	564	456	213	235	365	1833
2月	232	220	134	201	465	1252
3月	456	464	233	259	456	1868
4月	464	270	453	389	879	2455
5月	721	612	523	402	456	2714
6月	802	720	636	369	546	3073
总计	3239	2742	2192	1855	3167	13195

宜友公司销售统计

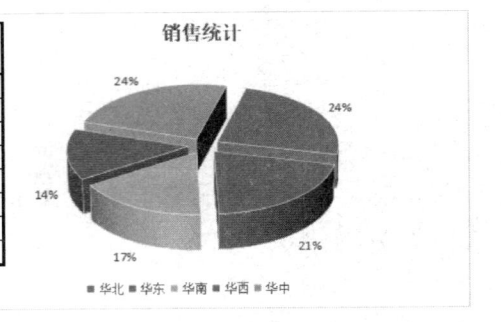

图 3-7-11　饼图

选中绘图区，可以设置数据系列格式。如图 3-7-12 左图所示，可以先选择系列，然后通过"系列选项"面板来设置饼图的扇区起始角度、饼图分离程度等。如图 3-7-12 右图所示，可以先添加"数据标签"，然后通过"标签选项"面板来设置标签的显示方式、布局等。

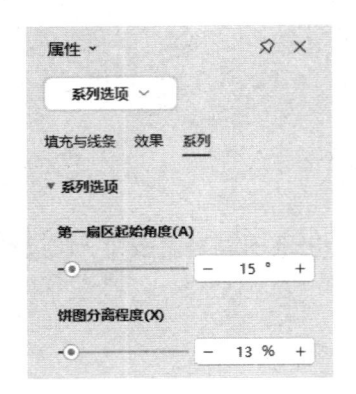

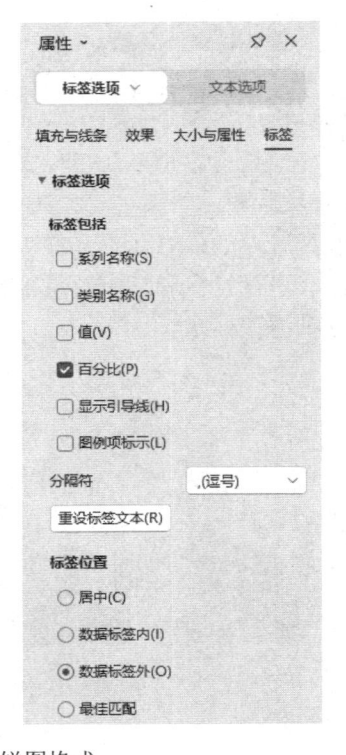

图 3-7-12　设置饼图格式

3.7.3　散点图

微课视频

在经济管理工作中，经常需要验证两个经济变量之间是否存在一定的函数关系，或者对时间序列进行预测。这两种情况，都属于散点图的典型应用场景。

1．验证两个变量之间的关系

使用散点图验证两个变量之间的关系，如图 3-7-13 所示。

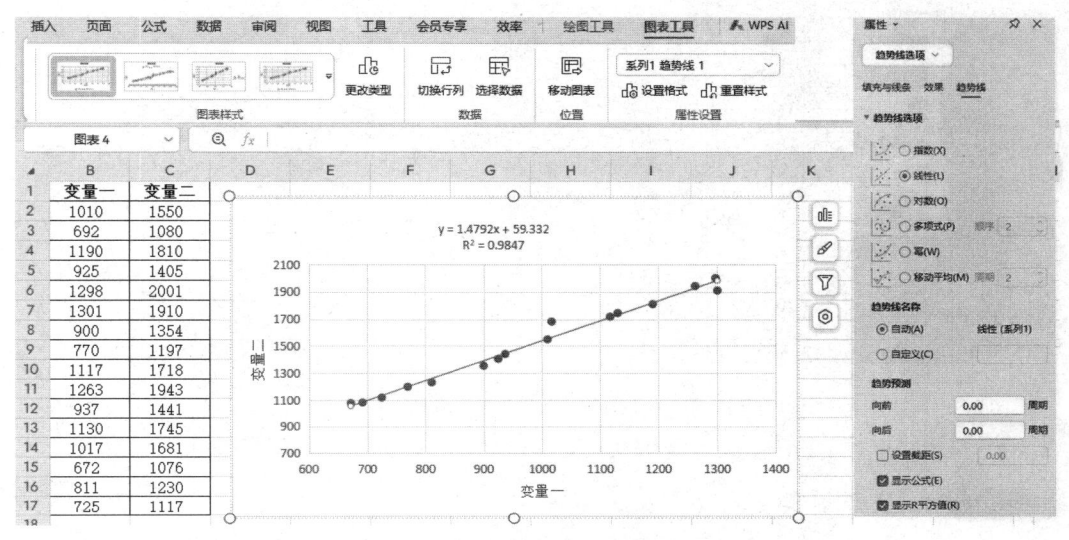

图 3-7-13　使用散点图验证两个变量之间的关系

（1）在数据区域中选择数据，创建散点图。

（2）设置坐标轴格式。为了使散点图尽量分布在绘图区的中间位置，更改坐标轴起点和终点的数值。

（3）使用图表快捷按钮，添加两个坐标轴的标题。

（4）选中散点，单击鼠标右键，添加趋势线，在工作表右侧的"趋势线选项"面板中，勾选"显示公式"和"显示 R 平方值"复选框。公式是指两个变量之间的函数关系。R 平方值表示趋势线上的点与实际点之间的拟合程度，越接近 1，拟合程度越高。在"趋势线选项"菜单中，有"指数""线性""对数"等函数关系可以选择。在本例中，选择"线性"选项之后，R 平方值非常接近 1，说明拟合程度已经很高。这验证了变量一和变量二之间存在公式所列的线性关系。

（5）在工作表上方的功能区中，在"图表样式"区域中，选择合适的样式。

2．时间序列预测

如图 3-7-14 所示，根据数据区域中的时间序列数据，来预测 2017 年以后的 GDP。

在时间序列预测中，一般不直接使用时间作为分类轴，而使用从 1 开始的序数作为分类轴。在本例中，1 代表 2000 年，2 代表 2001 年，以此类推。

选择数据之后，生成散点图，添加趋势线，并在"趋势线选项"面板中，选择适当的趋势线，使得 R 平方值尽量接近 1。最后，得到公式。在公式中，当 x 取 19 和 20 时，就得到 2018 年和 2019 年的 GDP 预测值。

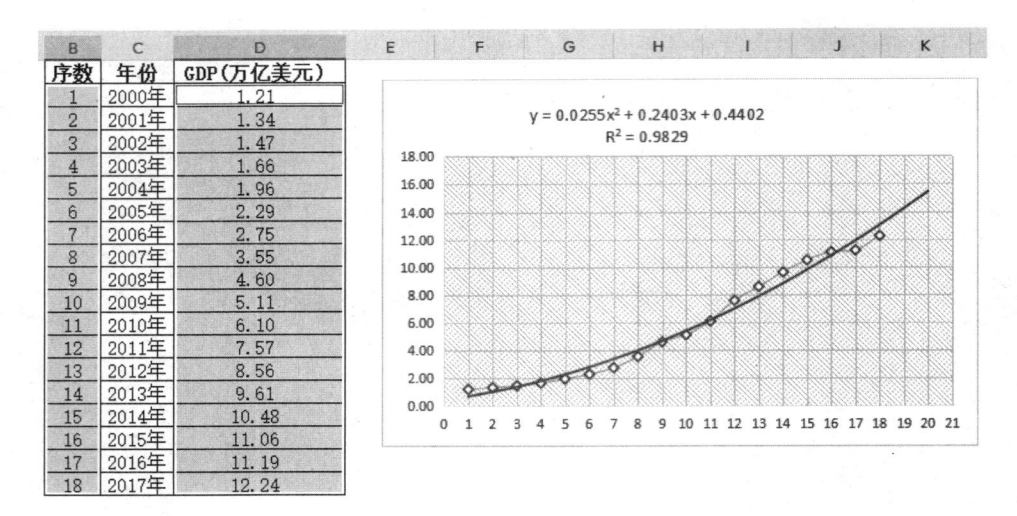

	B	C	D
	序数	年份	GDP（万亿美元）
	1	2000年	1.21
	2	2001年	1.34
	3	2002年	1.47
	4	2003年	1.66
	5	2004年	1.96
	6	2005年	2.29
	7	2006年	2.75
	8	2007年	3.55
	9	2008年	4.60
	10	2009年	5.11
	11	2010年	6.10
	12	2011年	7.57
	13	2012年	8.56
	14	2013年	9.61
	15	2014年	10.48
	16	2015年	11.06
	17	2016年	11.19
	18	2017年	12.24

$y = 0.0255x^2 + 0.2403x + 0.4402$

$R^2 = 0.9829$

图 3-7-14　时间序列预测

3.7.4　组合图表

将两种和两种以上的图表类型组合在同一张图表中，即为组合图表。下面以图 3-7-15 为例，在簇状柱形图中插入表示平均值的折线图。

宜友公司销售统计						
	华北	华东	华南	华西	华中	总计
1月	564	456	213	235	365	1833
2月	232	220	134	201	465	1252
3月	456	464	233	259	456	1868
4月	464	270	453	389	879	2455
5月	721	612	523	402	456	2714
6月	802	720	636	369	546	3073
总计	3239	2742	2192	1855	3167	13195

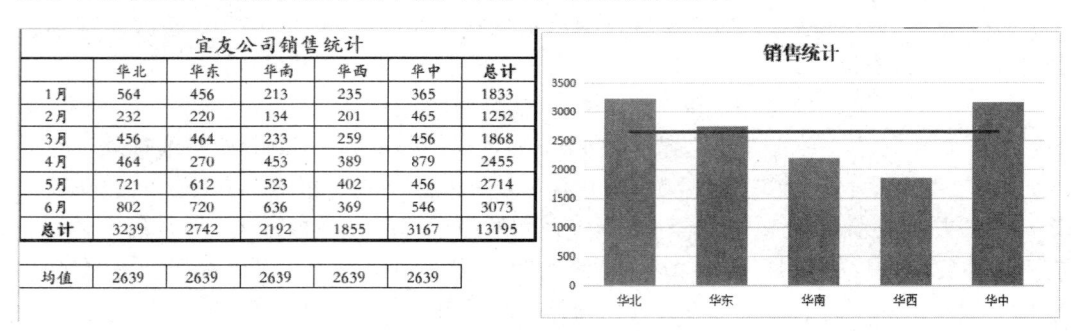

均值	2639	2639	2639	2639	2639

图 3-7-15　组合图表

（1）选择数据，生成簇状柱形图。

（2）在数据区域中，使用 AVERAGE 函数计算各地区总计的平均值，生成 5 个数据。

（3）选中图表区域，单击鼠标右键，在弹出的菜单中选择"选择数据"选项。然后，如图 3-7-16 所示，先在"编辑数据源"对话框中添加系列，再在"编辑数据系列"对话框中输入新的系列名称，在数据表中选择系列值，即新计算出的平均值的单元格区域。单击"确定"按钮之后，在原来的图表中，就添加了一个新的系列。

（4）选中图表区域，单击鼠标右键，在弹出的菜单中选择"更改图表类型"选项，弹出对话框。如图 3-7-17 所示，选择"组合图"选项，并将系列 2 的图表类型修改为"折线图"。在功能区中选择适当的图表样式，即可生成图 3-7-15 所示的组合图表。

第 3 章　WPS 电子表格

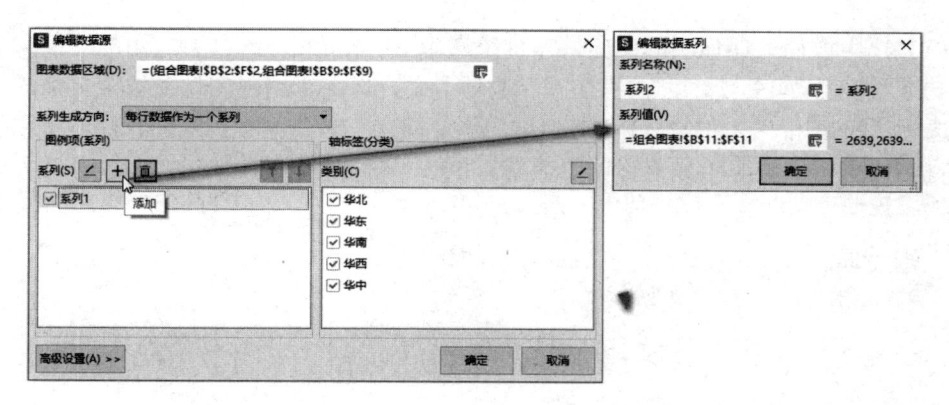

图 3-7-16　添加新的数据系列

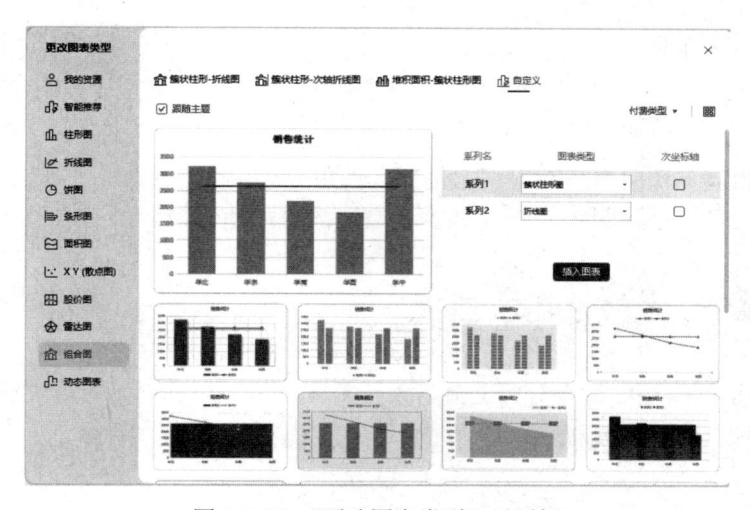

图 3-7-17　"更改图表类型"对话框

3.7.5　迷你图

迷你图是放置在单元格中的微型图表，其结构简单，通常位于数据区域的旁边，能够帮助用户快速直观地识别数据的变化情况。

下面以图 3-7-18 中的迷你图为例，来介绍创建迷你图的步骤。

	A	B	C	D	E	F	G
1		华北	华东	华南	华西	华中	
2	1月	564	456	213	235	365	
3	2月	232	220	134	201	465	
4	3月	456	464	233	259	456	
5	4月	464	270	453	389	879	
6	5月	721	612	523	402	456	
7	6月	802	720	636	369	546	
8							

图 3-7-18　迷你图

171

（1）选中要插入迷你图的单元格，这里选中 B8 单元格。

（2）如图 3-7-19 所示，在"插入"选项卡中，选择"迷你图"下拉菜单中的"折线"选项，即弹出"创建迷你图"对话框。迷你图有三种类型：折线图、柱形图和盈亏图。在对话框中设置好生成迷你图的数据，单击"确定"按钮。

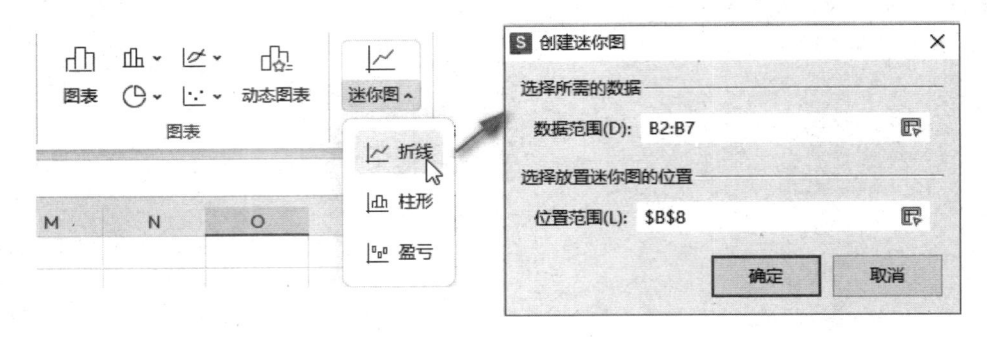

图 3-7-19　创建迷你图

（3）使用填充柄向右填充数据，创建其他单元格中的迷你图。

类似地，可以创建图 3-7-18 中数据表右侧的柱形迷你图。

3.8　WPS 表格常用快捷键

WPS 表格常用快捷键可分为 Ctrl 系列、F 系列和 Alt 系列，具体快捷键及其功能如表 3-8-1～表 3-8-3 所示。

表 3-8-1　Ctrl 系列快捷键及其功能

快 捷 键	功　　能
Ctrl+字母	
Ctrl+A	选中整个数据区域或整张工作表
Ctrl+C	复制
Ctrl+F	打开"查找和替换"对话框中的"查找"选项卡
Ctrl+G	打开"定位"对话框
Ctrl+H	打开"查找和替换"对话框中的"替换"选项卡
Ctrl+N	新建工作簿
Ctrl+P	打开"打印"对话框
Ctrl+Q	打开"快速分析"工具
Ctrl+S	保存
Ctrl+T	打开"创建表"对话框
Ctrl+V	粘贴
Ctrl+X	剪切
Ctrl+Z	撤销上一步操作

第 3 章　WPS 电子表格

续表

快 捷 键	功　能
Ctrl+其他	
Ctrl+1	打开"设置单元格格式"对话框
Ctrl+-	删除选中的行或列；或者打开"删除"对话框
Ctrl+;	显示系统当前日期
Ctrl+↓	定位到数据区域或者工作表中相同列的最后一行
Ctrl+-→	定位到数据区域或者工作表中相同行的最后一列
Ctrl+↑	定位到数据区域或者工作表中相同列的第一行
Ctrl+-←	定位到数据区域或者工作表中相同行的第一列
Ctrl+-Enter	向选中的单元格中填充相同的数据
Ctrl+Shift+其他	
Ctrl+Shift+0	取消隐藏列
Ctrl+Shift+9	取消隐藏行
Ctrl+Shift+1	设置为数值格式
Ctrl+Shift+3	设置为日期格式
Ctrl+Shift+4	设置为货币格式
Ctrl+Shift+5	设置为百分比格式
Ctrl+Shift+;	显示系统时间
Ctrl+Shift+Enter	数组公式完成输入

表 3-8-2　F 系列快捷键及其功能

快 捷 键	功　能
F1	显示帮助
F2	单元格进入编辑状态
F4	切换单元格地址类型
F5	打开"定位"对话框
F9	显示公式分步计算的结果

表 3-8-3　Alt 系列快捷键及其功能

快 捷 键	功　能
Alt+Enter	对单元格中的内容强制换行
Alt+=	对行或者列一键求和
Alt+F4	退出

思考题

1. 单元格地址有绝对地址、相对地址和混合地址三种形式，在公式中使用这三种地址对公式的复制有什么影响？

2．WPS 表格中有哪些方法或函数可以进行数据查找，这些查找方法或函数的区别是什么？

3．设计一个职员薪资表模板，项目包括人员基本信息、基本薪资、绩效奖金、工龄工资、考勤、加班、社保、个税等，包括各项所需的公式。

4．按照 A 字段数据值的升序来进行排序，若 A 字段的数据值相同，则按照 B 字段数据的升序来进行排序，应该如何操作？

5．在数据透视表中，假如某一列统计的是每个分公司的销售总金额，现在要将分公司的销售总金额变更为其占总公司销售金额的百分比，应该如何操作？

第 4 章 数据库应用基础

【学习目标】
1. 了解为什么要学习和使用数据库。
2. 掌握数据库系统的基本概念。
3. 掌握关系模型的三要素。
4. 了解 PostgreSQL 数据库的特点、安装和操作界面。
5. 掌握 PostgreSQL 数据库二维表数据的导入与导出。
6. 掌握 SQL 语言的特点和使用规则。
7. 了解定义二维表的 SQL 命令，掌握对二维表数据进行查询和更新的 SQL 命令。

4.1 为什么要学习和使用数据库

1. 问题引入

我们先来思考下面的问题：

淘宝、京东、拼多多、亚马逊等电商购物网站上展示的各种商品信息、用户基本信息、订单信息等是以什么方式保存的呢？可以用 Excel 电子表格或 WPS 电子表格文件保存吗？

电子表格文件虽然可以满足多种数据处理需求，但其能处理的数据量是有限的，例如，目前 WPS 表格最大支持的行数为 1048576 行，而且当数据量很大时，其在处理效率上也很难达到我们的要求。

根据官方数据，淘宝平台每天的订单量可以达到数百万个甚至更多，显然已经超出了电子表格的行数限制。

学校的学生信息数据量可能没有超出电子表格行数的限制，但是学校各系统中处理的学生数据（如学生基本信息、选课及成绩信息、奖惩信息等）是否可以直接用电子表格文件来保存呢？

如果用电子表格来保存学生数据，如何实现多个学生同时选课、同时查询自己的信息呢？如果某些学生要查询某门课程的成绩，而某些老师又要录入其他学生的成绩，如何保证他们之间不相互干扰，又如何确保老师录入的信息是正确的呢？例如，学号必须在学生名单中存在，选课信息中不能存在重复记录，成绩必须在有效范围内。基于电子表格，这些问题的解决可能面临较大挑战。

上述列举的情况暴露出以电子表格存储应用系统的数据时存在的一些缺陷：数据量限制、难以满足多个用户的数据共享和并发操作、难以保障数据的正确性等。

在实际应用中，上述数据都是保存在数据库中的，大家使用的学籍管理、一卡通信息管理、就业管理、网上购物、微信、QQ 即时通信等应用的背后也都有数据库的支持，数据库系统在各行各业早已得到普遍应用。

数据库技术是对数据进行存储、管理、控制、应用与分析的基础技术。数据库与芯片、操作系统并称为信息时代三大基石，是信息系统中必不可少的核心技术。

2．数据库的优点

数据库具有以下优点。

（1）数据冗余度低，扩展性好。数据库系统能以很小的冗余度存储和处理大量数据，不仅可以处理表格数据，还可以处理声音、图片、视频、文档等类型的数据。

（2）数据共享性好。数据库系统可以满足多个用户的数据共享需求，能很好地满足多个用户的并发操作需求。

（3）保障数据的安全性和完整性。数据库系统提供了严格的数据访问控制机制，可以为不同用户设置不同的权限，确保数据的安全性。同时，数据库系统提供多种约束机制保障数据的完整性（正确性和一致性）。

（4）实现数据的独立性。数据库系统能够保障应用系统与数据的相对独立，即使数据结构或存储发生了某些改变，也能保证原有应用系统的稳定。

（5）便于发挥数据的价值。数据库系统支持复杂的数据查询、数据分析、数据挖掘等功能，能更好地揭示数据的内在规律和关联关系，从而便于人们做出正确的决策。

3．学习数据库技术的必要性

（1）有利于职业发展。数据库技术几乎应用于各行各业，学习数据库技术有助于我们更好地理解和使用应用系统，帮助我们解决应用系统未覆盖的数据处理和分析问题，提高工作效率；还能增加跨专业发展的机会，为我们的职业发展提供更多灵活性。

（2）培养思维。学习数据库技术有助于培养我们的逻辑思维、计算思维、人工智能思维，大大提高我们借助计算机和人工智能解决问题的能力。

（3）适应时代发展。移动互联网、物联网、大数据与云计算、人工智能等现代技术使人类社会步入了大数据时代和智能时代，我们的衣食住行和社会的方方面面越来越多地与智能终端、网络、服务器、各种计算机系统紧密联系在一起，一切皆成为数据，数据成为决策的核心依据，数据管理和数据分析已经成为当代人必备的技能之一。

4.2 数据库系统概述

数据库系统是对满足用户业务需求、实现业务逻辑所需要的数据进行组织、存储、定义、操作、控制、分析的软件系统，在各行各业早已得到普遍应用。

4.2.1 数据库系统基本概念

1. 什么是数据

我们经常用到"数据"这个词,在数据处理领域,"数据"具体指的是什么呢?图 4-2-1 是某个电商购物网站的部分统计信息。

商品浏览与成交数据统计表

日期	商品ID	浏览次数	成交金额	成交笔数	成交件数
2022-10-10	330	31	0	0	0
2022-10-10	2806	1396	16608.28	18	18
2022-10-10	3424	6228	101844.23	57	57
2022-10-10	6528	74	2688.09	1	1
2022-10-10	6705	103	665.49	1	1
2022-10-10	13908	10	0	0	0
2022-10-10	14064	113	0	0	0
2022-10-10	14106	24	0	0	0
2022-10-10	16350	2	0	0	0
2022-10-10	17829	2	0	0	0
2022-10-10	18527	803	17391.61	14	14
2022-10-10	24876	51	0	0	0
2022-10-10	29309	148	692.68	1	1
2022-10-10	35091	2	0	0	0
2022-10-10	35277	1	0	0	0

图 4-2-1　电商购物网站的部分统计信息

我们通常认为这张表格中的都是数据,这些数据反映了该购物网站某一天商品的浏览和销售总体情况。显然,如果没有第一行(即标题行),我们就无法知道数据表达的含义,数据也就失去了价值。

在数据处理领域,数据是描述事物特征的物理符号,它同时包括三方面的特征:数据类型、数据取值(或称数据内容)和数据语义。

1)数据类型

数据类型决定了数据取值的表达形式和可以进行的操作类型,常用的数据类型包括:

① 数值型

数值型数据的表达形式和数学上数值的表达形式一致,可以进行数学上允许的各种运算。例如,图 4-2-1 中商品的"浏览次数""成交金额""成交笔数""成交件数"这四列数据都是数值型数据,通过成交金额和成交件数之间的除法运算可以得到该商品的平均单价。

② 文本型

文本型数据的表达形式在不同系统中可能不同,一般用单引号或双引号引起来。文本型数据可以进行比较大小、检索匹配、取其中的某一部分内容、替换部分内容、合并等操作。例如,图 4-2-1 中的商品 ID,虽然看起来是数字,但它没有进行数学运算的需求,而可能存在比较是否以某些数字开头(属于一个大类)的操作需求,所以其通常作为文本型数据而非数值型数据。

③ 日期型、日期时间型

日期型数据的表达也有多种形式，年、月、日之间可以采用"-"或"/"等分隔符分隔，在不同系统中的表达形式不尽相同，日期型数据可以进行比较大小，取其中的年、月、日部分，计算日期差，产生未来某个日期，得到以前的某个日期等多种操作。日期时间型数据在日期型数据的基础上，加入了表示时、分、秒的时间部分。

除了上述常用的三种类型之外，图形、图像、声音等类型的数据现在也非常常见。

2) 数据取值

数据取值表示数据的当前状态，例如：0，31，"330"、2022-10-10。

3) 数据语义

数据语义即数据的"含义"，是数据所反映的客观事实，例如，图 4-2-1 所示数据中第一行的"330"表示当前商品的 ID（即标题行该列对应的标题），如果数据没有语义（即没有标题行），则表格中的数据也就失去了意义和价值。

图 4-2-2 展示了图 4-2-1 所示数据的三方面特征。

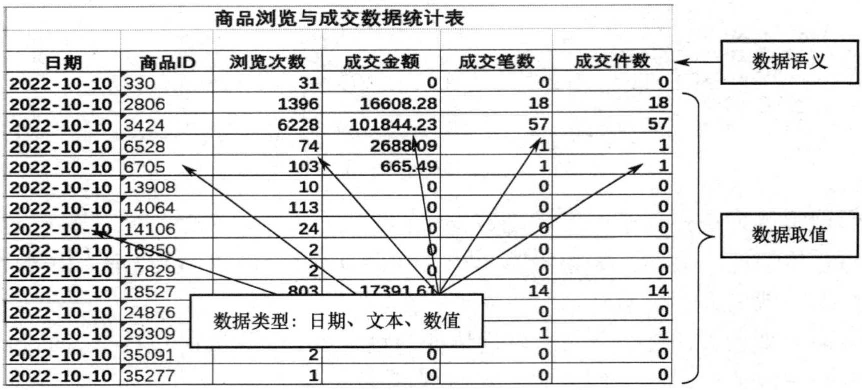

商品浏览与成交数据统计表					
日期	商品ID	浏览次数	成交金额	成交笔数	成交件数
2022-10-10	330	31	0	0	0
2022-10-10	2806	1396	16608.28	18	18
2022-10-10	3424	6228	101844.23	57	57
2022-10-10	6528	74	2688.09	1	1
2022-10-10	6705	103	665.49	1	1
2022-10-10	13908	10	0	0	0
2022-10-10	14064	113	0	0	0
2022-10-10	14106	24	0	0	0
2022-10-10	16350	2	0	0	0
2022-10-10	17829	2	0	0	0
2022-10-10	18527	803	17391.6	14	14
2022-10-10	24876			0	0
2022-10-10	29309			1	1
2022-10-10	35091	2	0	0	0
2022-10-10	35277	1	0	0	0

数据类型：日期、文本、数值

图 4-2-2　电商购物网站数据的三方面

在现实生活中，我们还常听到"信息"这个词，实际上信息和数据是密不可分的，简单来讲，信息是数据（包括对数据进行处理后得到的结果）所传达的含义，数据则是信息的具体表达形式，二者经常作为同义词使用，例如，信息处理也可以称为数据处理、信息采集也可以称为数据采集等。

2. 数据存放在哪里

在数据库系统中，数据存放在数据库中。数据库（Database，DB）是长期储存在计算机内、有组织、可共享、与某个特定应用（如银行核心业务、电商线上购物）相关的、大量数据的集合。

在现实生活中，人们为了方便、高效地存放物品，同时节约空间，往往对物品分门别类地进行整理、存放。同样地，为了减少冗余，高效地存取（即实现读写操作）数据库中的数据，数据往往按一定的格式来组织和存放，并且需要满足一定的规则，用专业术语来讲，数据库中的数据按某种数据模型进行组织、描述和储存、并按一定的规则进行存取管理。

3. 数据由谁管理

我们可以把数据库想象成现实世界中的一个物品仓库,仓库的库管员对仓库进行直接管理。数据库的库管员就是数据库管理系统(Database Management System,DBMS),它是专门负责对数据库进行统一管理、控制和操作的软件。

DBMS 具体执行多个用户对数据库中数据的并发读取、写入操作,实现数据的共享,并保证数据的完整性和一致性;同时实施对用户权限的控制,保证数据的安全性;DBMS 还实现了应用程序与数据库中数据的逻辑结构和物理存储的适当隔离,只要用户的数据需求没有改变,数据库中数据的逻辑结构和物理存储的任何变化都不会影响到应用程序的使用,保证数据的独立性。

DBMS 最早于 20 世纪 60 年代末诞生于美国,此后蓬勃发展,得到广泛应用,常用的 DBMS 包括 Oracle、MySQL、SQL Server、PostgreSQL、SQLite 等;近年来,随着国内研发力量的增强,我国国产 DBMS 的应用越来越多,如 PolarDB、TDSQL、OpenGauss、达梦、人大金仓、OceanBase、TiDB 等。

操作系统是计算机硬件系统上的第一层系统软件,是整个计算机系统的管家,DBMS 作为一种软件也必须要在某种操作系统的支撑下完成工作。

我们知道了 DBMS 相当于数据库的库管员,专门负责对数据库进行统一管理和操作。我们再深入想一下,数据库里面可以存放哪些数据?哪些用户可以存取这些数据?当前采用的 DBMS 产品性能如何?数据库使用过程中发生故障怎么办?这些问题是 DBMS 本身可以解决的吗?显然不是,这些问题是由数据库管理员(Database Administrator,DBA)解决的,DBA 对一个数据库系统的建立和正常运行起着举足轻重的作用。

综上所述,DBMS 专门负责对数据库进行统一管理和操作,是数据库管理和操作的直接实施者;DBA 利用 DBMS 实现对数据库的管理、监控和维护。

4. 用户如何使用这些数据

在数据库系统的日常应用中,主要有两类用户:一类是上面讲过的 DBA,DBA 作为管理者通过 DBMS 来管理和维护数据库。另一类则是一般用户,这类用户通过完成相应业务的应用程序来使用数据库,但应用程序最终也要通过 DBMS 来实现对数据库中数据的存取操作。

所以说,DBMS 在整个数据库系统中处于核心地位,所有用户对数据库的访问都要借助 DBMS 来实现。

5. 数据库系统的构成

我们把带有数据库的计算机系统称为数据库系统。

综合前面的介绍,数据库系统主要包括数据库、数据库的管理者(也就是 DBMS 和 DBA)、数据库的一般用户(也称为终端用户)及其使用的应用程序,如图 4-2-3 所示。

如果加入数据库的系统分析设计人员、应用系统、应用开发工具以及数据库系统正常运行所需要的硬件支撑等,我们就得到了数据库系统的完整构成,如图 4-2-4 所示。

图 4-2-3 数据库系统的构成

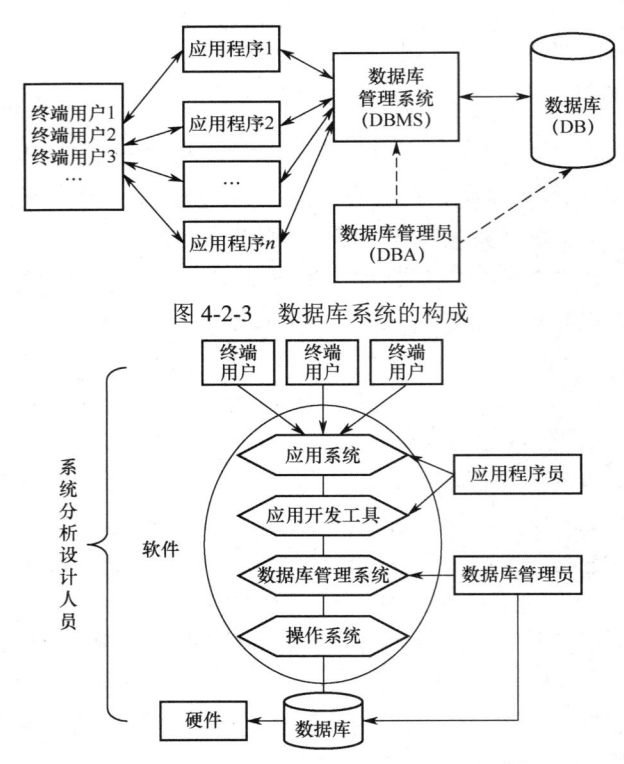

图 4-2-4 数据库系统的完整构成

1)硬件和数据库

数据库和所有的软件都存放在计算机的存储设备上,并且需要在运行效率上满足多个用户的需要,因此数据库系统对硬件资源的要求较高:要求计算机具有足够大的内存,用于存放操作系统、DBMS 的核心模块、数据缓冲区及应用程序;要求计算机有足够大和安全性好的磁盘或磁盘阵列等存储设备,用于存放数据及数据备份和软件;要求计算机有运算能力强大的 CPU 和通信能力强大的 I/O 通道。

2)软件

数据库系统的软件主要包括操作系统、DBMS、应用开发工具和应用系统。操作系统作为基础软件支持 DBMS 运行;DBMS 完成数据库的管理和控制;应用开发工具用于开发应用程序,主要包括高级语言及其编译系统;应用系统满足特定业务需求。其中,DBMS 是数据库系统的核心。

3)用户

用户通常包括以下三类人员:

(1)数据库管理员:负责整个数据库的规划和设计,并利用 DBMS 对数据库进行全面管理、维护和控制;

(2)系统分析设计人员:负责应用系统的分析设计,配合数据库管理员,指导应用程序员的工作;

(3)应用程序员:按照系统分析设计人员的要求编写和调试应用程序。

4.2.2 数据模型

对一个具体的应用,如何确定在数据库中存放哪些数据?这些数据在数据库中以什么形式存储?如何表达数据之间的联系?这就涉及数据模型的概念。

1. 数据建模的两个阶段

在现实世界中有许多模型,如飞机模型、汽车模型,这些模型都是对现实世界中某种对象特征的抽象和模拟。类似地,数据模型就是对数据建立的模型,而数据又是对客观世界的描述,因此,我们可以说数据模型是对应用系统对应的现实世界(如电商购物网站)数据特征的抽象和表示,采用某些概念和工具描述这些数据的结构、联系和操作。建立数据模型的过程称为数据建模。

建立一个飞机模型、汽车模型,我们往往需要先绘制图纸,再准备材料,根据图纸制作模型。数据模型所要模拟的客观世界更加复杂,因此数据建模也需要一个类似绘制图纸的中间过程,称为创建概念模型(这时不考虑模型的实现细节),而后再将概念模型转化为数据库系统中实际实现的数据模型。因此,数据建模分为两个阶段:

一是创建概念模型,用于抽象与某个具体应用相关的现实世界中的人、事、物、活动、概念等,并用相应的术语和工具进行描述,和以后要采用的 DBMS 没有关系;

二是创建数据模型,创建在计算机系统中需要 DBMS 具体实现的模型。

数据建模的两个阶段(又称为两个层次)如图 4-2-5 所示。

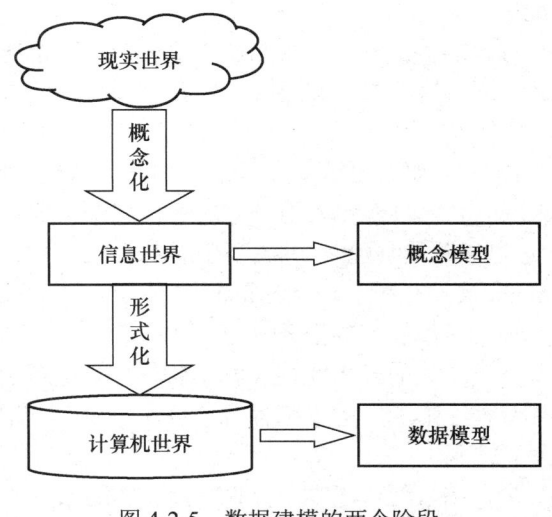

图 4-2-5 数据建模的两个阶段

2. 概念模型

如果我们需要为某个电商购物网站设计一个数据库,首先确定网站需要实现哪些功能，分析每个功能需要哪些数据；然后对这些数据进行分析、归类、抽象，形成某种概念级的信息结构，这种信息结构和具体的计算机系统无关，我们把它称为概念模型。

假定电商购物网站需要实现的功能及其对应的数据项如下：

商品的分类展示：商品大类 ID、商品大类名称、商品 ID、商品名称、商品品牌、商品当前价格、商品数量、商品介绍、商品图片。

客户对商品进行浏览查看：日期时间、商品 ID、客户 ID。

客户收藏商品：日期时间、商品 ID、客户 ID。

客户将商品加入购物车：日期时间、商品 ID、客户 ID。

客户购买商品：订单编号、日期时间、商品 ID、商品大类 ID、客户 ID、商品价格、购买数量、购买金额、地址、姓名、电话。

得到上述数据项后，对这些数据项进行分析、归纳、抽象，建立概念模型。

概念模型的表示方法很多，其中最常用的是由美籍华裔计算机科学家陈品山提出的实体（Entity）-联系（Relation）模型，简称 E-R 模型，用相应的图形表达出来就是 E-R 图。

E-R 模型中的概念和术语可以分为两组，一组用于描述实体的相关概念和术语，另一组用于描述实体之间的联系。

1）"实体"类术语及其在 E-R 图中的表示

① 实体（Entity）

客观存在的、可以相互区分的事物或事件称为实体。例如，电商购物网站中的一个客户、一个商品、一个订单等都是独立的实体。

不同的实体之间通过某些方面的不同特征（即属性）相互区别。

② 属性（Attribute）

实体所具有的某一方面的特征称为属性，实体往往通过一组属性来描述，例如，电商购物网站中的一个客户具有客户 ID、姓名、电话、地址等属性。

③ 域（Domain）

每个属性都有一个合理的取值范围，这个取值范围称为域，即域是具有一组相同数据类型的值的集合。域是根据客观事实人为设定的一种规定或约束，例如，性别的域可以是（"男"，"女"），也可以是（"F"，"M"），还可以是（0，1）。

④ 候选码（Candidate Key）和主码（Primary Key）

描述实体的属性有多个，但它们的重要程度不同。

取值能够唯一标识一个实体的最简属性组称为实体的候选码。候选码既具有标识一个实体的唯一性，又具有表达形式上的最简性（或最小性），即从候选码中去掉任意属性后剩余部分都不再是候选码。

例如，属性"客户 ID"的取值可以唯一标识电商购物网站中的一个客户，则（客户 ID）是电商购物网站客户实体的候选码；如果每个客户的电话都不同，而且不会改变，则电话的取值也可以唯一标识一个客户，（电话）也是电商网站客户实体的候选码。

一个实体可能存在多个候选码，根据应用的实际需要，选择其中一个候选码作为唯一标识一个实体的主码。

很多情况下，一个实体只有一个候选码，该候选码也就自然地成为主码。

⑤ 实体型（Entity Type）

实体作为一个对象，它也有自己的类型，称为实体型，用实体名（属性名1，属性名2，...）来表示。

例如，电商购物网站的客户实体型表示为：客户（客户ID，姓名，电话，地址）

⑥ 实体集（Entity Set）

同类型实体构成的集合称为实体集。例如，电商购物网站的全体客户构成一个实体集。

在E-R图中，实体型用矩形表示，里面标注实体型的名称，属性用椭圆形表示，并用直线与相应的实体型连接起来；构成候选码的属性，其属性名下加下划线。

在上述电商购物网站案例中，为降低复杂度，假定一个客户只设置一个地址、姓名和电话。对各功能需要的数据项进行分析、归纳、抽象，共涉及三个实体型：商品、商品大类、客户，对应的候选码（主码）分别为商品ID、商品大类ID、客户ID，E-R图如图4-2-6所示。

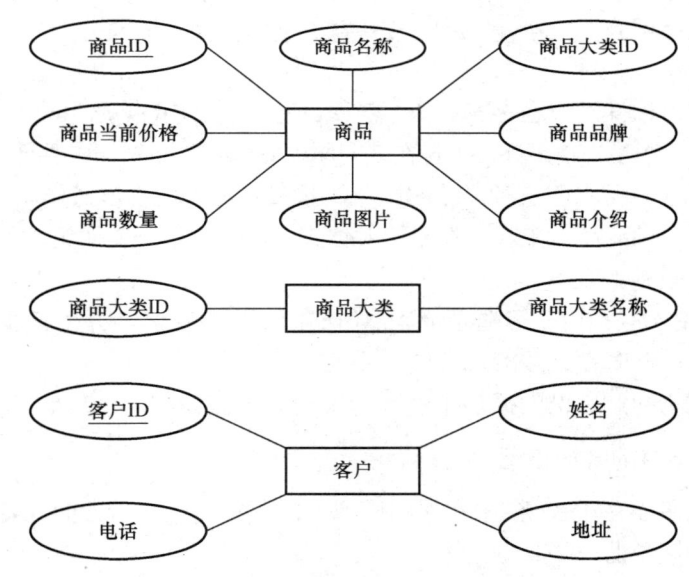

图 4-2-6　电商购物网站实体 E-R 图

2）联系及其在 E-R 图中的表示

在现实世界中，事物与事物之间以及事物内部都是有联系的，而这些联系反映在信息世界中就表现为实体型之间（或同一实体型中不同实体之间）的数量对应关系。最普遍的是两个实体型之间的联系，这种联系根据两个实体型对应实体集元素的数量对应关系分为一对一、一对多、多对多三种。

① 一对一联系（1∶1）

如果实体集A中的一个实体至多同实体集B中的一个实体相联系，而实体集B中的一个实体也至多同实体集A中的一个实体相联系,则称二者之间存在一对一联系,记为1∶1。

例如，在不允许兼任的情况下，一所学校只有一个校长，一个校长也最多只能管理一所学校，那么学校实体集和校长实体集之间就存在一对一联系。

② 一对多联系（1∶n）

如果实体集 A 中的一个实体同实体集 B 中的多个实体相联系，而实体集 B 中的一个实体至多同实体集 A 中的一个实体相联系，则称二者之间存在一对多联系，记为 $1:n$。

例如，一个商品只能属于一个商品大类，而一个商品大类则可以包含多个商品，因此商品大类实体集和商品实体集之间存在一对多联系。

③ 多对多联系（m∶n）

如果实体集 A 中的一个实体同实体集 B 中的多个实体相联系，而实体集 B 中的一个实体也同实体集 A 中的多个实体相联系，则称二者之间存在多对多联系，记为 m:n。

例如，一个学生可以选修多门课程，一门课程也可以由多个学生来选修。那么学生实体集与课程实体集之间就存在多对多联系。

联系也可以视为特殊的实体，同样可以具有属性。例如，学生和课程之间的多对多联系具有以下属性：选修学期、授课老师、成绩；上述电商购物网站案例中，商品和客户之间存在多对多"购买"联系，该联系具有多个属性：订单编号、日期时间、购买数量、购买金额。

实体型间也可以同时存在多种联系，例如，上述电商购物网站案例中，商品和客户实体集之间除了"购买"联系外，还存在多对多"非购买"联系，该联系具有日期时间、操作类型两个属性，反应客户对商品的浏览、收藏、加入购物车操作。

一般情况下，联系发生在两个不同的实体集之间，但单个实体集内部、多个实体集之间也可以存在联系。

在 E-R 图中，联系用菱形框表示，菱形框内给出联系名，并用直线分别与有关的实体型连接起来，同时在直线旁边标注联系的类型。

上述电商购物网站案例的添加了联系的完整 E-R 图如图 4-2-7 所示。

3．DBMS 支持的数据模型

数据模型是需要在 DBMS 中实现的模型，需要描述以下三方面内容，它们也称为数据模型的三要素。

1）数据结构

数据结构也就是数据的存储和组织方式，描述数据和数据之间的联系，是一种静态特征。数据模型中的数据结构用于描述数据库的组成对象以及对象之间的联系，是数据模型最重要的方面，数据模型中采用的数据结构主要有树、图、二维表等。

在数据库系统中，往往根据采用的数据结构的类型来命名数据模型。例如，采用树结构的数据模型称为层次模型，采用有向图结构的数据模型称为网状模型，采用二维表结构的数据模型称为关系模型。其中，关系模型的应用最为广泛。新型的面向对象的数据模型、关系对象模型则支持多种数据结构。

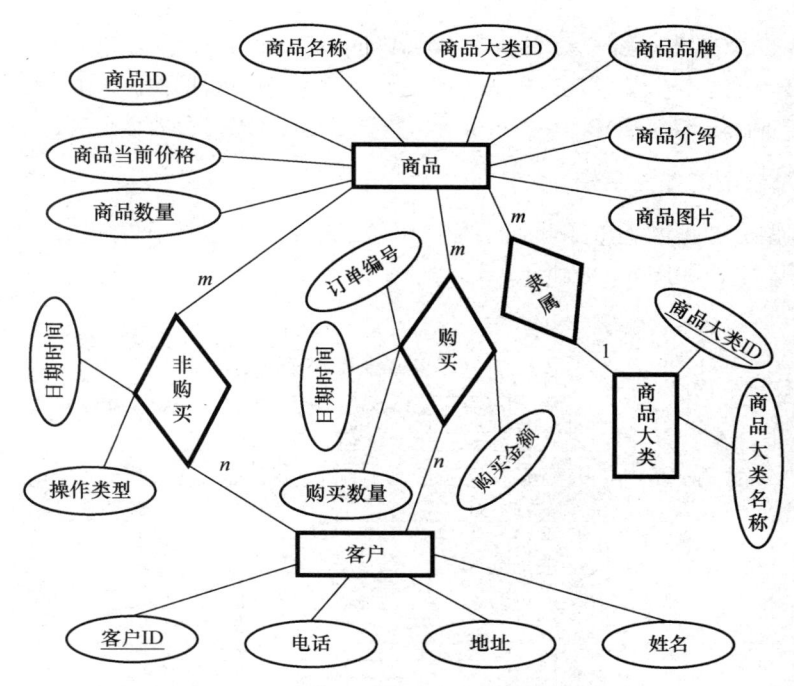

图 4-2-7　电商购物网站案例的完整 E-R 图

2）数据操作

数据操作描述对数据库中的对象允许执行的操作,描述数据的动态特征,主要有查询（或称为检索）和更新（包括插入、删除、修改）两大类。数据模型必须定义这些操作的确切含义、操作符号、操作规则（如优先级）以及实现操作的语言。

3）数据的完整性约束

数据的完整性约束描述数据及其联系应满足的约束规则,数据模型应该提供定义和实现这些约束规则的机制。

数据模型是 DBMS 实现的核心和基础,DBMS 随其支持的数据模型的变化不断发展。第一代 DBMS 支持层次模型和网状模型；20 世纪 80 年代以来,支持关系模型的第二代 DBMS 不断发展、得到广泛应用,如 Oracle、DB2、SQL Server 等；在当今大数据时代,除数值、文本、日期时间等常用类型的简单数据之外,越来越多的图形、图像、视频、音频、长文档等复杂类型数据需要数据库系统进行处理,新型 DBMS 融合了关系模型和非关系模型（如键值、文档、列、图等）。

4.2.3　关系模型

1970 年,美国 IBM 公司 San Jose 研究室的研究员 E.F.Codd 在论文中首次提出了关系模型,他也因此于 1981 年获得图灵奖。关系模型结构简单,操作方便,而且具有严格的数学理论基础,是目前数据库系统普遍支持的一种数据模型。

支持关系模型的 DBMS 称为关系数据库管理系统,常用的有著名的大型商用数据库

Oracle、DB2、SQL Server 等，开源数据库 PostgreSQL、MySQL、SQLite，小型桌面数据库 Access。近些年，国产 DBMS 发展迅速，市场份额不断扩大，例如，达梦、华为云 OpenGauss、阿里云 PolarDB、OceanBase、腾讯云 TDSQL、人大金仓等。

微课视频

1．关系模型的数据结构

关系模型的数据结构就是我们平时常用的二维表，专业术语为关系。二维表的基本术语如图 4-2-8 所示。

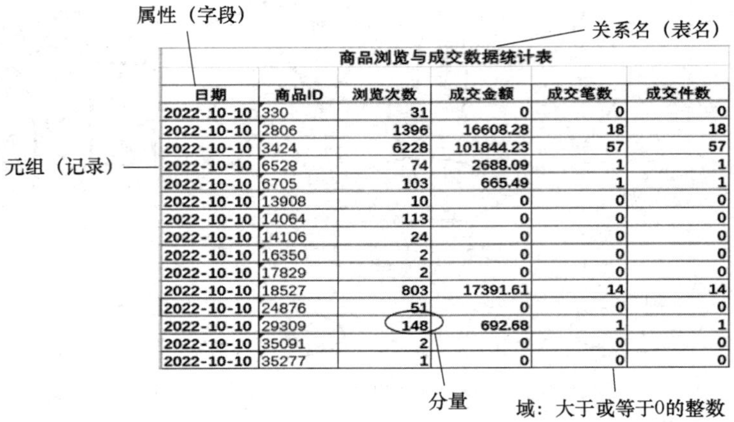

商品浏览与成交数据统计表					
日期	商品ID	浏览次数	成交金额	成交笔数	成交件数
2022-10-10	330	31	0	0	0
2022-10-10	2806	1396	16608.28	18	18
2022-10-10	3424	6228	101844.23	57	57
2022-10-10	6528	74	2688.09	1	1
2022-10-10	6705	103	665.49	1	1
2022-10-10	13908	10	0	0	0
2022-10-10	14064	113	0	0	0
2022-10-10	14106	24	0	0	0
2022-10-10	16350	2	0	0	0
2022-10-10	17829	2	0	0	0
2022-10-10	18527	803	17391.61	14	14
2022-10-10	24876	51	0	0	0
2022-10-10	29309	148	692.68	1	1
2022-10-10	35091	2	0	0	0
2022-10-10	35277	1	0	0	0

图 4-2-8　二维表的基本术语

简单地讲，二维表由元组和属性等构成。

1）元组（Tuple）

二维表中的行称为元组。概念模型的一个实体转化为关系模型的一个元组。

2）属性（Attribute）

二维表中的列称为属性，每个属性有唯一的属性名，各属性不能重名。

3）域（Domain）

属性的取值范围称为域，是一组具有相同数据类型的值的集合。每个属性对应一个域，不同的属性可以具有相同的域。例如，属性“浏览次数”“成交笔数”“成交件数”的域都是大于或等于 0 的整数。

4）分量（Item）

属性在每个元组中对应的取值称为元组的一个分量。如果一张二维表的每个分量都是不可分的数据项，即只有一个取值，则这张二维表就是一个关系。

5）候选码（Candidate Key）和主码（Primary Key）

这里的候选码和主码与我们在概念模型中学过的候选码和主码非常类似，只是将二维表中的一个元组对应于概念模型中的一个实体。取值能够唯一标识一个元组的最小属性组称为候选码，根据实际需要，从候选码中根据需要选择一个作为主码。图 4-2-8 所示的电商购物网站商品浏览与成交数据统计表中，属性组（日期，商品 ID）是该二维表的候选码和主码。

6）关系模式

现实世界中的任何实体都有它所属的类型，对实体的称呼实际上就包含了它所属类型的名称，例如，一张桌子、一个学生、一门课程。同样地，二维表也有它所属的类型，在关系模型中，对二维表类型的描述称为关系模式。

对二维表类型的描述包括哪些方面呢？

总体来讲，对二维表类型的描述可以包含两大方面，一方面是表的结构，包括表名、列名（即属性名）；另一方面是填表说明，即表中数据应满足的约束条件，包括每列应填写的数据范围（即前面讲过的域）、不同列之间取值的约束关系。因此，关系模式可以归纳为包含五个元素的表示：$R（U，D，DOM，F）$。

其中，R 为关系名，U 为属性组，D 为各属性的取值范围，DOM 为 U 与 D 的对应关系（即说明每个属性对应的取值范围），F 为属性间应满足的约束条件。

由于 D 和 DOM 根据实际应用环境很容易确定和理解，所以可以省略，又因为 F 的表达比较专业，一般用于关系模式的设计领域，因此在一般使用中也可以省略。这样，关系模式可以简单地表示为二元组 $R（U）$，即关系名（属性1，属性2，…，属性n），这种表示和概念模型的实体型类似。图 4-2-8 所示二维表的关系模式为：

商品浏览与成交数据统计表（日期，商品ID，浏览次数，成交金额，成交笔数，成交件数）

在实际应用中，关系名和属性名一般采用英文表达。

一个关系（一张二维表）实际上就是关系模式在某一时刻的状态或内容，是关系模式的一个取值。

按照一定的规则可以将 E-R 图表示的概念模型转化为关系模型，基本转换规则如下：

（1）一个实体型转换为一个关系。

（2）一个一对多联系可以选择与多方实体型转化后的关系合并（在关系中加入一方实体型的主码和联系的属性）。

（3）一个多对多联系转化为一个独立的关系，关系中的属性包括相关实体型的主码、联系的属性。

图 4-2-7 所示的 E-R 图可转化为以下二维表：

商品大类（商品大类ID，商品大类名称）

商品（商品ID，商品大类ID，商品名称、商品品牌、商品当前价格、商品数量、商品介绍、商品图片）

客户（客户ID，收货地址，收货人姓名，收货人电话）

购买操作（订单编号，日期时间，商品ID，客户ID，购买数量，购买金额）

非购买操作（日期时间，操作类型，商品ID、客户ID）

其中，操作类型的取值范围为：("浏览","收藏","加入购物车")，商品当前价格、商品数量、购买数量、购买金额都是大于或等于 0 的数值。

关系模型还要提供定义和维护上述二维表的机制。

2. 关系模型的数据操作

在关系模型中，数据操作主要包括查询和更新两类，也就是对二维表的读和写操作，更新操作又包括元组的增加、删除、修改操作三种类型。在关系模型中，查询的表达能力是最主要的。

关系操作通过关系运算来实现，关系可看作元组的集合，也就是说，二维表可看作记录的集合。因此，关系运算具有集合运算的特点：关系运算的对象和结果都是关系。查询操作除包括传统的并、交、差等集合运算以外，还包括选择、投影、连接、除等专门的关系运算。

下面结合电商购物网站案例，简单介绍三种应用最广泛的专门的关系运算。

在电商购物网站案例中，假定我们通过数据汇总等处理，已经得到了如图4-2-9（a）～图4-2-9（c）所示的三张二维表：pcate（商品大类编码表）、product（商品基本信息表）、pstat（商品浏览和成交数据统计表）。

商品大类编码表(pcate)

商品大类ID	商品大类名称
1	电子数码
4	生活用品
5	生活家具
7	户外用品
8	时尚服饰
10	金银首饰

（a）商品大类编码表

商品基本信息表(product)

商品ID	商品大类ID	品牌ID	商品名称	商品当前单价	商品库存数量
330	5	400	商品5-1	5118.14	10
2806	7	683	商品7-1	805.49	2037
3424	1	510	商品1-1	1532.99	6252
5052	4	641	商品4-1	171.99	9
6528	10	207	商品10-1	2519.13	22
6705	8	211	商品8-1	696.01	15
9114	4	641	商品4-2	51.01	10
11277	1	404	商品1-2	682.73	40
11511	8	510	商品8-2	1413.89	7
12372	10	473	商品10-2	3772.15	27

（b）商品基本信息表

商品浏览与成交数据统计表(pstat)

日期	商品ID	浏览次数	成交金额	成交笔数	成交件数
2022-10-10	330	31	0	0	0
2022-10-10	2806	1396	16608.28	18	18
2022-10-10	3424	6228	101844.23	57	57
2022-10-10	6528	74	2688.09	1	1
2022-10-10	6705	103	665.49	1	1
2022-10-10	13908	10	0	0	0
2022-10-10	14064	113	0	0	0
2022-10-10	14106	24	0	0	0
2022-10-10	16350	2	0	0	0
2022-10-10	17829	2	0	0	0
2022-10-10	18527	803	17391.61	14	14
2022-10-10	24876	51	0	0	0
2022-10-10	29309	148	692.68	1	1

（c）商品浏览与成交数据统计表

图4-2-9 电商购物网站案例的三张二维表

1）选择运算

选择运算是从二维表中找出满足条件的行（包括所有列）构成一张新的二维表的操作。例如，在电商购物网站案例中，查询商品大类ID为"1"的大类下所有商品的基本信息就是对product表进行选择操作，选择条件为：商品大类ID等于"1"，满足条件的所有行构成新的结果表。

2）投影运算

投影运算是从二维表中选取若干列（包括所有行）组成一张新的二维表的操作。例如，在电商购物网站案例中，查询所有商品每天的成交金额就是对 pstat 表进行投影操作，将表中所有行的"日期""商品 ID""成交金额"三列构成一张新的结果表。

一个查询可能同时需要选择和投影两种操作，此时，要先进行选择操作，再在选择的结果中进行投影操作。

例如，查询成交金额为 0 的商品的被浏览信息。需要先从 pstat 表中筛选出成交金额为 0 的所有行，再对这些行构成的结果表进行投影操作，只保留其前三列，构成最终的结果表。

3）连接运算

连接运算是将两张二维表在水平方向上合并成一张新的二维表的操作。结果表的属性包含原来两张表中的所有属性，行则由两张表的行按某种条件匹配合并形成。

如果结果表中的行只包括满足匹配条件（称为连接条件）的两张表的行水平拼接形成的大行，则连接操作称为内连接。

如果结果表中的行不仅包括内连接的结果行，还包括不满足连接条件但只出现在某一张表中的行，连接操作则称为外连接，根据结果表包含只出现在哪张表中的行，外连接又分为左外连接、右外连接、全外连接。

内连接是应用最广泛的连接操作，本章后续内容仅介绍内连接（即后续内容中出现的连接均指内连接）。

例如，查询包含所属大类名称的商品基本信息。商品大类名称仅存在于 pcate 表中，product 表中只存在商品对应的商品大类 ID。如果我们想得到包含商品所属的大类名称的商品基本信息，就需要对 product 表和 pcate 表进行连接操作，连接条件是两张表数据行的商品大类 ID 相等。

从 product 表中的第一行开始，获取当前行商品大类 ID 的值，进行以下操作：在 pcate 表中逐行查看商品大类 ID 的值，如果 pcate 表当前行的商品大类 ID 的值和 product 表中当前行的商品大类 ID 的值相同（即满足连接条件），就把 product 表的当前行和 pcate 表的当前行合并成一个大行放入结果表中，否则不进行合并，继续查看 pcate 表的下一行，进行同样的操作，直到 pcate 表中所有行检查完毕，参见图 4-2-10。

商品基本信息表(product)

商品ID	商品大类ID	品牌ID	商品名称	商品当前单价	商品库存数量
330	5	400	商品5-1	5118.14	10
2806	7	683	商品7-1	805.49	2037
3424	1	510	商品1-1	1532.99	6252
5052	4	641	商品4-1	171.99	9
6528	10	207	商品10-1	2519.13	22
6705	8	211	商品8-1	696.01	15
9114	4	641	商品4-2	51.01	10
11277	1	404	商品1-2	682.73	40
11511	8	510	商品8-2	1413.89	7
12372	10	473	商品10-2	3772.15	27

商品大类编码表(pcate)

商品大类ID	商品大类名称
1	电子数码
4	生活用品
5	生活家具
7	户外用品
8	时尚服饰
10	金银首饰

商品ID	商品大类ID	品牌ID	商品名称	商品当前单价	商品库存数量	商品大类ID	商品大类名称
330	5	400	商品5-1	5118.14	10	5	生活家具

图 4-2-10　product 表的第一行与 pcate 表的第三行满足连接条件（产生结果表的一行）

对 product 表的所有行重复上述操作，得到如图 4-2-11 所示的连接结果表。

商品ID	商品大类ID	品牌ID	商品名称	商品当前单价	商品库存数量	商品大类ID	商品大类名称
330	5	400	商品5-1	5118.14	10	5	生活家具
2806	7	683	商品7-1	805.49	2037	7	户外用品
3424	1	510	商品1-1	1532.99	6252	1	电子数码
5052	4	641	商品4-1	171.99	9	4	生活用品
6528	10	207	商品10-1	2519.13	22	10	金银首饰
6705	8	211	商品8-1	696.01	15	8	时尚服饰
9114	4	641	商品4-2	51.01	10	4	生活用品
11277	1	404	商品1-2	682.73	40	1	电子数码
11511	8	510	商品8-2	1413.89	7	8	时尚服饰
12372	10	473	商品10-2	3772.15	27	10	金银首饰

图 4-2-11　product 表与 pcate 表进行连接运算的结果

在这个连接操作中，连接条件是 product 表的商品大类 ID= pcate 表的商品大类 ID，连接条件中使用了"="比较符，且"="两边的属性分别来自不同的二维表，这种连接称为等值连接。

在等值连接条件中，"="两边进行比较的属性往往是相同的，这样在等值连接的结果中就会出现重复列，为此，关系模型引入了一种称为自然连接（Natural Join）的特殊连接操作：不需要特别指明连接条件，默认将两张表中的所有同名属性相等作为连接条件，并将等值连接结果中的重复列只保留一个。上例对应的自然连接结果如图 4-2-12 所示。

商品ID	商品大类ID	品牌ID	商品名称	商品当前单价	商品库存数量	商品大类名称
330	5	400	商品5-1	5118.14	10	生活家具
2806	7	683	商品7-1	805.49	2037	户外用品
3424	1	510	商品1-1	1532.99	6252	电子数码
5052	4	641	商品4-1	171.99	9	生活用品
6528	10	207	商品10-1	2519.13	22	金银首饰
6705	8	211	商品8-1	696.01	15	时尚服饰
9114	4	641	商品4-2	51.01	10	生活用品
11277	1	404	商品1-2	682.73	40	电子数码
11511	8	510	商品8-2	1413.89	7	时尚服饰
12372	10	473	商品10-2	3772.15	27	金银首饰

图 4-2-12　product 表与 pcate 表进行自然连接运算的结果

3. 关系模型的完整性约束

关系模型的完整性约束是为了保证关系中数据的正确性和一致性，对关系及其操作做出的一系列约束。其中，最重要也最常用的是以下三类完整性约束：实体完整性约束、参照完整性约束和用户自定义的完整性约束。

微课视频

1）实体完整性约束（Entity Integrity Rule）

一个基本关系通常对应概念模型中的一个实体集，一个元组对应一个实体，候选码的取值唯一标识一个实体，这就要求候选码的取值必须是具有唯一性的具体的值，既不能是一个空值（空值表示"不知道"的值，而实体必须是可以标识的），又不能与其他元组的候选码取值相同（实体是可以区分的），这就是实体完整性约束。实体完整性约束可以简单地表达为：关系的候选码取值非空且唯一。主码也是候选码，因此，主码也满足取值非空且唯一的约束。

在电商购物网站案例中，pcate 表的主码为商品大类 ID；product 表的主码为商品 ID；pstat 表的主码是（日期，商品 ID）（表示日期和商品 ID 的组合）。

2）参照完整性约束（Reference Integrity Rule）

在电商购物网站案例中，product 表中的商品大类 ID 能否出现 pcate 表中的商品大类 ID 不存在的值？

显然不能，product 表中商品大类 ID 的填写必须参照 pcate 表中商品大类 ID 的取值，这种表间的参照关系在关系模型中用外码来表示。

外码的定义如下：如果关系 R 的属性 K 不是关系 R 的主码，其取值需要参照关系 S 的主码，则称 K 为关系 R 的外码。

在上述电商购物网站案例中，属性商品大类 ID 不是 product 表的主码，但其取值必须参照 pcate 表的主码商品大类 ID，因此，商品大类 ID 是 product 表的外码。

外码体现了关系之间的参照（也称引用），参照完整性约束就是对外码取值的一种约束。简单来讲，参照完整性约束的内容就是：外码的取值要么为空值，要么为它所参照的主码的值。

在一个具体的关系中，外码的取值是否可以为空值，除了受参照完整性约束限制，还可能受用户自定义约束的限制，例如，在 product 表中，外码商品大类 ID 的取值不能为空值。

3）用户自定义的完整性约束

用户自定义的完整性约束就是根据实际业务需要给出的取值约束。例如，属性"性别"的取值可以规定为"男"或"女"，也可以规定为"M"或"F"，还可以规定为"0"或"1"，又可以规定为 0 或 1。

在上述电商购物网站案例中，用户自定义的完整性约束为：product 表中商品大类 ID、商品名称的取值不能为空值；商品当前单价、商品库存数量的取值必须大于或等于 0；商品库存数量如果未给出值，则默认为 0；商品名称必须唯一。

关系模型中常用的用户自定义的完整性约束主要包括以下几种：

（1）非空（NOT NULL）。

（2）满足某种条件（称为 CHECK 条件）。

（3）默认值（DEFAULT 默认值）。

（4）唯一（UNIQUE）。

在对关系进行更新操作时，DBMS 会自动检查数据是否满足该关系上定义的上述三类完整性约束条件，满足时才能正常执行。

4.2.4 关系数据库标准语言 SQL

微课视频

为了完成对关系数据库的统一管理和控制，关系数据库管理系统必须提供相应的命令语言来完成对数据的定义、操作以及各种权限的限定。

结构化查询语言SQL（Structured Query Language）就是所有关系数据库管理系统通用的标准操作语言。

1．SQL的产生与发展

SQL语言是1974年由Boyce和Chamberlin提出的，最早在IBM的San Jose研究室研制的关系数据库管理系统原型系统System R中实现。Oracle在1979年率先推出了支持SQL的商用关系数据库管理系统，通过不断修改、扩充和完善，SQL语言最终发展成为关系数据库的标准语言。

1986年至今，美国国家标准协会（ANSI）和国际标准化组织（ISO）制订了一系列的SQL标准：SQL-86、SQL-89、SQL-92（简称SQL2）、SQL-99（简称SQL3）、SQL-2003、SQL-2008、SQL-2011、SQL-2016、SQL-2019、SQL-2023等，其中，SQL-92标准涉及了SQL最基础和最核心的内容。随着各标准版本的推出，SQL标准的内容越来越丰富、完善，以适应不断变化的需求。

SQL功能丰富，语言简洁，备受用户及计算机界的欢迎，被众多关系数据库管理系统所采用，例如，著名的大型商用数据库Oracle、DB2、Sybase、SQL Server，开源数据库PostgreSQL、MySQL、SQLite，小型桌面数据库Access，国产数据库华为云OpenGauss、阿里云PolarDB、腾讯云TDSQL、达梦、OceanBase、人大金仓等。

2．SQL的特点

SQL语言主要有以下特点。

（1）功能强大，集数据定义、数据操纵、数据控制等功能于一体。

（2）高度非过程化。使用SQL命令时，用户不必关心数据是怎么存放的、如何存取，只需要告诉SQL需要什么数据，即用户只需要描述"做什么"，而无须了解"怎么做"。

（3）采用集合操作方式，即操作对象、操作结果都是集合（二维表看作元组的集合）。

（4）语言简洁，易学易用，核心功能只需要9个命令动词就能实现。

（5）以同一种语法结构提供两种使用方式：

联机交互方式：在数据库管理系统提供的交互式环境中直接输入一条SQL命令并执行，马上能看到命令的执行结果；

嵌入式方式：将SQL命令嵌入高级语言编写的程序中，在运行程序时执行其中包含的SQL命令。

不管采用哪种方式，相同功能的SQL命令的语法形式基本一致。

3．SQL核心命令动词

SQL虽然功能强大，但其命令并不多，用9个命令动词就可以实现数据库的核心功能，而且这些动词的功能依据其英文含义很容易掌握，参见表4-2-1。

我们后面将学习其中的前7个命令动词来完成数据的定义、查询和更新。

表 4-2-1 SQL 核心命令动词

SQL 功能	动　　词
数据定义	CREATE，DROP，ALTER
数据查询	SELECT
数据操纵（更新）	INSERT，UPDATE，DELETE
数据控制	GRANT，REVOKE

4．SQL 使用注意事项

在使用 SQL 命令时应注意以下事项：

（1）SQL 命令大小写无关。SQL 命令中的命令动词、关键字、表名、属性名既可以大写，也可以小写，但命令动词、关键字一般大写，表名、属性名一般小写。

（2）每条 SQL 命令后一般加入英文半角分号";"表示结束（只执行单个语句的交互式环境下也可以省略结尾的分号）。

（3）SQL 命令中的字符文本数据需要用单引号或双引号引起来。

（4）SQL 命令中使用的所有标点符号都是英文半角符号。

（5）各数据库厂商对标准 SQL 进行了一定的扩充和修改，增加了部分非标准 SQL 语句、函数、数据类型。例如，PostgreSQL 中用 CURRENT_DATE 表示当前日期，Oracle 中则以 SYSDATE 表示。

4.3　建立 PostgreSQL 数据库

4.3.1　PostgreSQL 数据库简介与安装

1．PostgreSQL 简介

PostgreSQL 是功能强大的免费、开源数据库管理系统，它由加州大学 1986 年开始的 POSTGRES 软件开发项目发展而来。经过几十年的不断改进和完善，PostgreSQL 以其可靠性、灵活性和对开放技术标准的支持而享有盛誉。它不仅支持关系模型，还支持 JSON、键值对、空间数据、数组、XML 等非关系数据类型，目前已经成为全球广泛使用的对象-关系数据库管理系统（ORDBMS）。

PostgreSQL 具有以下主要特点：

（1）免费、开源。PostgreSQL 是一个完全免费、开源的数据库管理系统，任何人都可以自由使用、修改和分发。PostgreSQL 还有活跃的社区，提供丰富的文档、教程和支持，帮助用户解决各种问题。

（2）支持跨平台使用和多语言接口。PostgreSQL 可以运行在所有主流操作系统上，包括各种 Linux、UNIX、Windows、MacOS 等；PostgreSQL 支持多种编程语言的接口，包括 Java、Python、C/C++、C#、JavaScript 等。

（3）安全性高。PostgreSQL 提供了多种安全功能，包括用户认证、权限控制、数据加密、日志审计等。

（4）功能强大。PostgreSQL 支持丰富的数据类型，包括整型、浮点型、日期型、文本型、数组、JSON、XML 等，还支持用户自定义数据类型。

PostgreSQL 支持国际字符集、多字节编码，支持按时间点恢复（PITR）、表空间、异步复制、嵌套事务、在线热备、列存储等多种高级功能。

PostgreSQL 对 SQL 标准的支持性非常好，其支持 SQL-2023 标准的大多数主要特性；同时 PostgreSQL 也支持很多其他关系数据库系统的语法和特性，用户可以轻松将其他数据库迁移到 PostgreSQL。

PostgreSQL 具有以上诸多特点和优势，被广泛应用于多个领域，如企业级数据库、数据仓库、Web 后端数据库、地理空间数据库等。

PostgreSQL 在 DB-Engines Ranking 2025 年 1 月排行榜上高居第 4 位，在国内数据库市场所占份额也越来越大，阿里云推出了基于 PostgreSQL 的 PolarDB For PG 版本数据库、腾讯云推出了基于 PostgreSQL 的 TDSQL For PG 版本数据库、华为云推出了基于 PostgreSQL 的 OpenGauss，人大金仓推出了 KingBase 等，为我国的信息安全和自主可控提供了有力支持。

2．PostgreSQL 安装

首先从 PostgreSQL 社区网站下载与操作系统对应的 PostgreSQL 安装包，Windows 和 MacOS 系统下的安装包也可以直接通过 EnterpriseDB 官网下载。

下面介绍在 Windows 10 系统下安装 PostgreSQL 的过程。

（1）从 EnterpriseDB 官网下载某个版本（如 16.7 版本）的 Windows x86-64 对应的 PostgreSQL 安装包。

（2）打开下载的安装包，在弹出的安装向导窗口中单击"Next"按钮。

（3）选择安装路径，如图 4-3-1（a）所示。

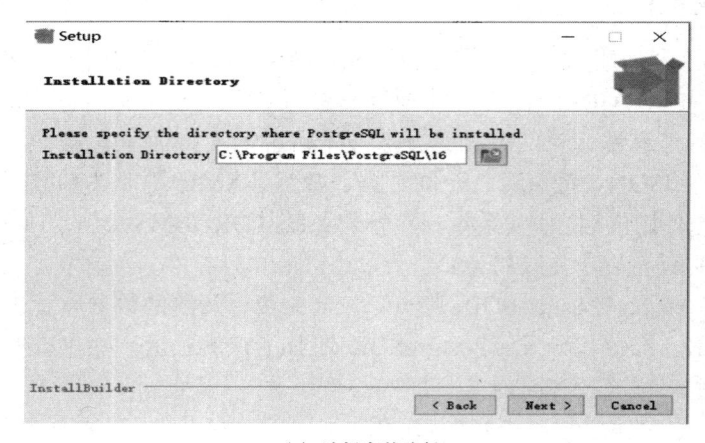

(a) 选择安装路径

图 4-3-1　安装路径

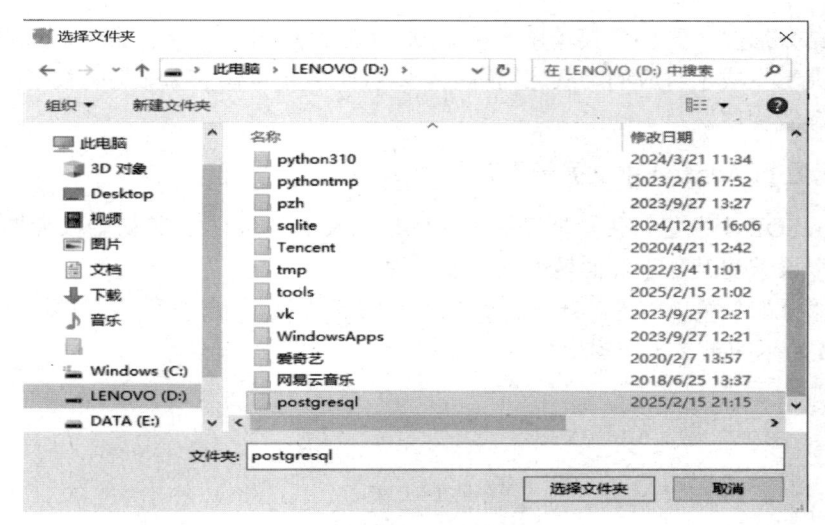

(b）新建并选择安装文件夹

图 4-3-1　安装路径（续）

如果你的 C 盘空间充足，可以采用系统默认安装路径，直接单击下面的"Next"按钮。否则，建议单击默认安装路径右侧的按钮，从弹出的对话框中选择 C 盘以外的一个空文件夹，如果没有合适的空文件夹，可先选择建立空文件夹的路径，如 D 盘根目录，如图 4-3-1（b）所示。在对话框左上部分单击"新建文件夹"按钮，输入文件夹名称，如 postgresql，单击"选择文件夹"按钮。

（4）选择安装组件（Select Components）：取消勾选"Stack Builder"复选框，如图 4-3-2 所示。

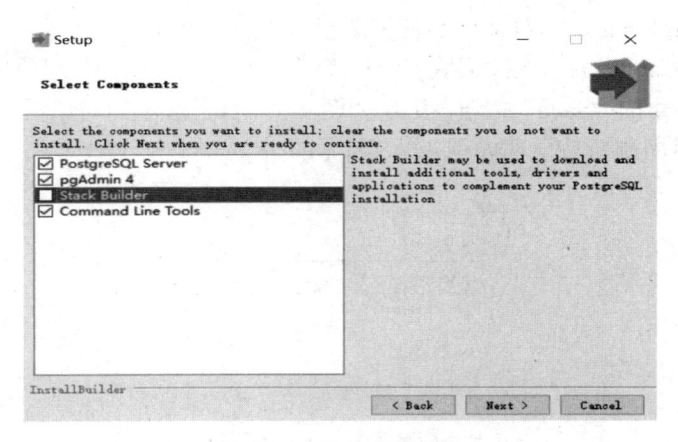

图 4-3-2　选择安装组件

（5）设置数据存放目录：保持默认设置。
（6）设置超级用户 postgres 的密码：输入两次相同的密码。
（7）设置服务监听端口：保持默认设置。
（8）其他后续步骤：保持默认设置，最后单击"Finish"按钮，安装结束。

安装结束后在"开始"菜单中可以看到"PostgreSQL 16"对应的启动项组；并在安装文件夹下生成了对应的卸载应用程序，以后如果要卸载本次安装的数据库系统，可以运行该卸载程序。

3. 配置 pgAdmin4 中文显示界面

PostgreSQL 安装包自带数据库图形化管理工具 pgAdmin4，其初始显示界面为英文界面，可以设置将其显示界面转换为中文界面。

运行"开始"菜单中"PostgreSQL 16"下的 pgAdmin4 应用程序，稍等片刻，出现如图 4-3-3 所示的英文工作窗口。

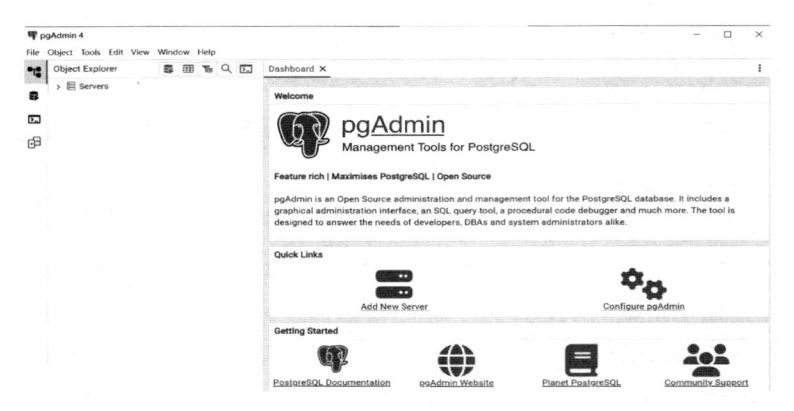

图 4-3-3　pgAdmin4 工作窗口（英文）

执行菜单命令"File"→"Preferences"，如图 4-3-4（a）所示，出现"Preferences"对话框，或者在图 4-3-3 所示界面中直接单击"Configure pgAdmin"按钮，打开 Preferences 对话框。在"Preferences"对话框的左侧选择"Miscellaneous"下的"User Interface"选项，在右侧"Language"下拉菜单中选择"Chinese(Simplified)"选项，如图 4-3-4（b）所示，单击右下角的"Save"按钮，出现如图 4-3-4（c）所示的对话框，单击"Refresh"按钮，则系统界面刷新后出现如图 4-3-5 所示的中文工作窗口。

（a）执行菜单命令

图 4-3-4　配置中文显示界面

(b) 选择"Chinese (Simplified)"选项

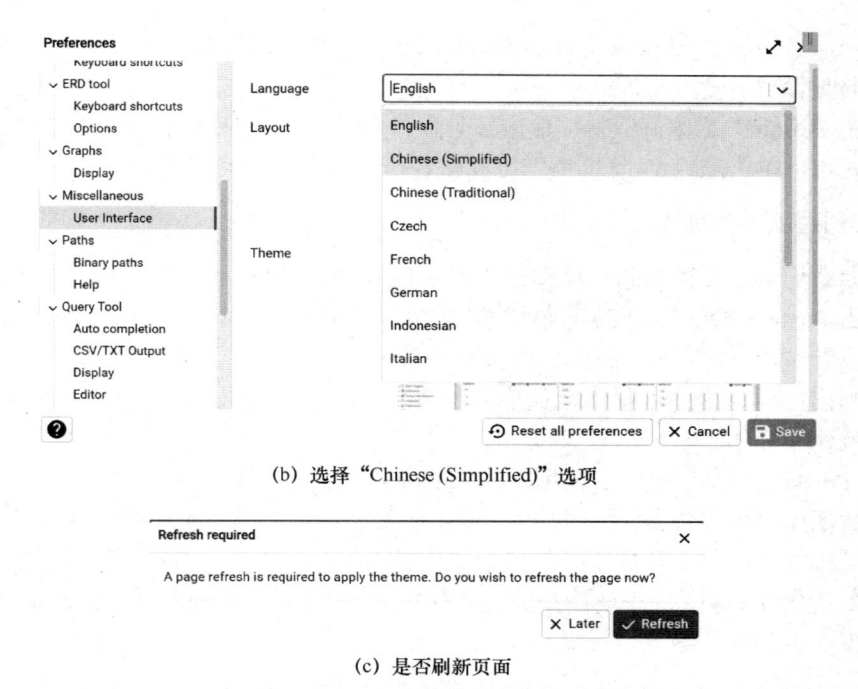

(c) 是否刷新页面

图 4-3-4　配置中文显示界面（续）

图 4-3-5　pgAdmin4 工作窗口（中文）

4.3.2　创建 PostgreSQL 数据库

运行 pgAdmin4，在 pgAdmin4 工作窗口中单击窗口左侧对象浏览器中"Servers"前面的">"，根据系统提示，输入安装时设置的超级用户密码，可以看到当前系统中存在一个 PostgreSQL 16 数据库服务（相当于数据库的库管员），其当前管理的数据库只有一个，名称为"postgres"（PostgreSQL 安装时建立的默认数据库）。一个数据库服务可以同时管理多个数据库。

在 pgAdmin4 工作窗口中，单击某个项目前的">"可以展开该项目下的所有内容，单击项目前的"∨"可以折叠该项目下的所有内容。

微课视频

1. 创建新的数据库

下面我们建立电商购物网站数据库，数据库名为"websales"。

单击 PostgreSQL 16 下的 ■数据库，再执行菜单命令"对象"→"新建"→"数据库"，或者右击 ■数据库，在弹出的菜单中选择"新建"→"数据库"选项。

在弹出的对话框中，输入数据库名称"websales"，单击右下角的"保存"按钮，数据库就建立好了。

在 PostgreSQL 数据库中，模式（Schema，中文界面翻译为"架构"）是用于组织和管理数据库对象（如表、视图、索引等）的重要机制。根据业务需求和权限控制的需要，可以将数据库对象分成不同的组（称为模式），其中，"public"模式是 PostgreSQL 安装后默认建立的模式，未明确指定到其他模式的数据库对象都放入该模式，我们后面将在该模式中建立二维表。

2. PostgreSQL 中的常用基本数据类型与完整性约束

PostgreSQL 支持的二维表的数据类型非常丰富，常见的基本数据类型可分为整数、小数、字符、布尔、日期时间等，具体如表 4-3-1 所示。

表 4-3-1　PostgreSQL 支持的常见基本数据类型举例

类　型	数 据 类 型	描　　述
整数	INT（或 INTEGER）	标准整数 范围通常从 −2,147,483,648 到 2,147,483,647
	SERIAL	从 1 开始自动增加的标准整数
小数	REAL	单精度浮点数
	DOUBLE PRECISION	双精度浮点数
	NUMERIC(M,N)	定点数，其中，M 为数的总位数，N 为小数位数
字符	CHAR(n) 或 CHARACTER(n)	固定长度字符串，n 是长度
	VARCHAR(n) 或 CHARACTER VARYING(n)	可变长度字符串，n 是最大长度
	TEXT	大量文本
布尔	BOOLEAN	True/False
日期时间	DATE	仅日期（年-月-日）
	TIME	仅时间（时:分:秒）
	TIMESTAMP	日期和时间（年-月-日 时:分:秒）

PostgreSQL 支持 4.2.3 节介绍的关系模型的三类完整性约束，即实体完整性约束、

参照完整性约束、用户自定义的完整性约束。

3．创建二维表

在定义二维表时，需要定义表名、各属性信息（列名、数据类型）、完整性约束三方面的内容。

使用 SQL 创建二维表的命令格式如下：

```
CREATE TABLE  表名(
    列名1    数据类型    列级完整性约束,
    列名2    数据类型    列级完整性约束,
    …,
    表级完整性约束);
```

> **注意**
> 各列定义和表级完整性约束之间都是用半角逗号隔开的。因为外码反映了表间数据的引用关系，所以外码的定义必须作为表级完整性约束；其他约束只要不涉及多列，都可以作为列级完整性约束，但涉及多列的约束必须作为表级约束。

列级完整性约束（只针对单列的约束）具体如下：

（1）主码：PRIMARY KEY。

（2）非空：NOT NULL。

（3）满足指定条件：CHECK（条件）。

（4）默认值：DEFAULT 默认值。

（5）唯一：UNIQUE。

表级完整性约束（外码和涉及多列的约束）具体如下：

（1）多列构成主码：PRIMARY KEY（主码字段列表）。

（2）外码：FOREIGN KEY 外码 REFERENCES 表名（主码）。

（3）多列满足指定条件：CHECK（条件）。

注意：列级完整性约束可以放在表级中，但表级完整性约束不能放在列级中。

另外，SQL 命令提供了注释功能，有两种表达形式（单行注释和多行注释）：

单行注释：在一行中，双减号"--"后面的内容为注释内容。

多行注释：把注释内容放在"/*"和"*/"之间，可以是多行。

下面我们在电商购物网站数据库 websales 中创建以下三张二维表：商品大类编码表 pcate、商品基本信息表 product、商品浏览与成交数据统计表 pstat，具体信息如表 4-3-2～表 4-3-4 所示。

表 4-3-2 商品大类编码表 pcate

列　名	含　义	类　型	约　束
cid	商品大类 ID	CHAR(2)	主码
cname	商品大类名称	VARCHAR(12)	非空且唯一

表 4-3-3　商品基本信息表 product

列　名	含　义	类　型	约　束
pid	商品 ID	VARCHAR(8)	主码
cid	商品大类 ID	CHAR(2)	非空 外码，引用 pcate 表的主码 cid
bid	品牌 ID	VARCHAR(4)	
pname	商品名称	VARCHAR(20)	非空且唯一
price	商品当前单价	NUMERIC(8,2)	大于或等于 0
qty	商品库存数量	INT	大于或等于 0

表 4-3-4　商品浏览与成交数据统计表 pstat

列　名	含　义	类　型	约　束
odate	日期	DATE	非空，默认值为当前日期，与 pid 一起构成主码
pid	商品 ID	VARCHAR(8)	与 odate 一起构成主码 外码，引用 product 表的主码 pid
bfreq	浏览次数	INT	大于或等于 0
damt	成交金额	Numeric(12,2)	大于或等于 0
dnum	成交笔数	INT	大于或等于 0
dqty	成交件数	INT	大于或等于 0

在电商购物网站数据库 websales 中创建三张二维表对应的 SQL 命令如下：

```
/* 商品大类编码表*/
CREATE TABLE pcate
(
    cid CHAR(2) PRIMARY KEY,                --商品大类 ID，主码
    cname VARCHAR(12) NOT NULL UNIQUE       --商品大类名称，非空且唯一
);

/* 商品基本信息表*/
CREATE TABLE product
(
    pid VARCHAR(8) PRIMARY KEY,             --商品 ID，主码
    cid CHAR(2) NOT NULL,                   --商品大类 ID，非空
    bid VARCHAR(4),                         --品牌 ID
    pname VARCHAR(20) NOT NULL UNIQUE,      --商品名称，非空且唯一
    price NUMERIC(8,2) CHECK(price >= 0),   --商品当前单价，大于或等于 0
    qty INT CHECK(qty >= 0),                --商品库存数量，大于或等于 0
    FOREIGN KEY(cid) REFERENCES pcate(cid)  --外码
);
/* 商品浏览与成交数据统计表*/
CREATE TABLE pstat
(
```

```
    odate DATE DEFAULT CURRENT_DATE,    --日期，默认值为当前日期
    pid varchar(8) NOT NULL,            --商品 ID，非空
    bfreq INT CHECK(bfreq >= 0),        --浏览次数，大于或等于 0
    damt Numeric(12,2) CHECK(damt >= 0), --成交金额，大于或等于 0
    dnum INT CHECK(dnum >= 0),          --成交笔数，大于或等于 0
    dqty INT CHECK(dqty >= 0),          --成交件数，大于或等于 0
    PRIMARY KEY (odate,pid),            --两个属性一起作为主码
    FOREIGN KEY(pid) REFERENCES product(pid) --外码
);
```

> **注意**
> 在第三张表 pstat 的定义中，CURRENT_DATE 是 PostgreSQL 中对当前日期的特殊表达。

在 pgAdmin4 工作窗口中，先单击我们上面新建的 websales 数据库，再单击窗口菜单栏中的第一个工具按钮 ▣（查询工具按钮），进入 SQL 命令编辑和执行窗口。以后的 SQL 命令都可以在这个窗口中输入和执行。

逐条输入上述创建二维表的 SQL 命令，然后单击 ▶ 或 ▶ 按钮执行，参见图 4-3-6。

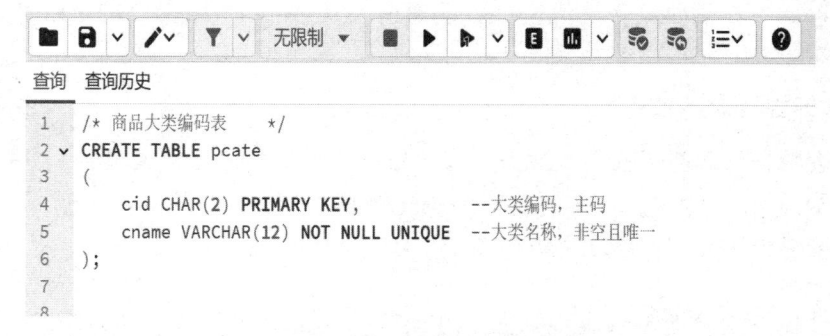

图 4-3-6 SQL 命令编辑和执行窗口

> **注意**
> 在 SQL 命令编辑和执行窗口中可以同时输入多条 SQL 命令，如果要执行窗口中的所有 SQL 命令，需要单击 ▶ 按钮，如果只想执行其中的某条或某几条 SQL 命令，则需要先选中要执行的命令，再单击 ▶ 按钮。

SQL 命令执行后，单击窗口左上角的 按钮回到初始界面，右击 public 框架下的"表"，在弹出的菜单中选择"刷新"选项，可以看到建立了三张表。右击表名，在弹出的菜单中选择"属性"选项可以看到当前二维表的定义信息。

单击窗口左上角的 ▣ 按钮回到 SQL 命令编辑和执行窗口，通过单击 ▣ 按钮可将当前窗口中的所有 SQL 命令保存到一个文件中，通过单击"查询历史"选项卡可以查看或再次执行已经执行过的 SQL 命令。

4. 修改二维表的定义与删除二维表

如果二维表的结构需要修改，可以在 PostgreSQL 中使用如下 SQL 命令：

ALTER TABLE 表名 ADD COLUMN 列定义 --增加列
ALTER TABLE 表名 ALTER COLUMN 列名 TYPE 类型 --修改列类型
ALTER TABLE 表名 DROP COLUMN 列名 --删除列

例如：

ALTER TABLE pcate ADD COLUMN memo text; --为 pcate 表添加一个备注列 memo
ALTER TABLE pcate ALTER COLUMN memo TYPE VARCHAR(40); --修改 memo 类型为 VARCHAR(40)
ALTER TABLE pcate DROP COLUMN memo; --删除 memo 列

修改完整性约束的 SQL 命令格式如下：

ALTER TABLE 表名 ALTER COLUMN 列名 SET NOT NULL(或 DEFAULT 值) --添加非空（或默认值）约束
ALTER TABLE 表名 ALTER COLUMN 列名 DROP NOT NULL(或 DEFAULT 值) --删除非空（或默认值）约束
ALTER TABLE 表名 ADD CONSTRAINT 约束名 CHECK(条件) --添加 CHECK 约束
ALTER TABLE 表名 ADD CONSTRAINT 约束名 UNIQE(列名) --添值唯一约束
ALTER TABLE 表名 DROP CONSTRAINT 约束名 --删除约束

如果以后不再需要某张二维表，可以通过 SQL 命令"DROP TABLE 表名"删除该表。

5. 更新二维表的数据

二维表数据的更新包括插入数据、修改数据、删除数据三种操作。

1）插入数据

向二维表中插入一行数据可以使用以下格式的 SQL 命令：

格式 1：

INSERT INTO 表名 VALUES (值 1,值 2,…);

格式 2：

INSERT INTO 表名 (属性 1,属性 2,…) VALUES(值 1,值 2,…);

如果要插入的新数据行的每列都有值，而且命令中给出的值的顺序和该二维表定义的属性顺序一致，则可以用格式 1。

例如，向商品大类编码表 pcate 中插入三行数据：

INSERT INTO pcate VALUES('1','电子数码');
INSERT INTO pcate VALUES('5','生活家具');
INSERT INTO pcate VALUES('7','户外用品');

如果不确定二维表定义时各属性的顺序，或者只想插入部分属性（必须包含主码和非空约束的属性）的值，则可以使用格式 2，属性的排列顺序可以任意指定，只要VALUES 子句值的排列顺序和指定属性的排列顺序一致、个数相等即可。

例如，向商品基本信息表 product 中插入三行数据：

INSERT INTO product(pid,pname,cid,bid,price,qty)
VALUES ('330','商品 5-1','5','400',5118.14,10);

微课视频

```
INSERT INTO product(pid,pname,cid,bid,price,qty)
VALUES ('2806','商品 7-1','7','683',805.49,2037);
INSERT INTO product(pid,pname,cid,bid,price,qty)
VALUES ('3424','商品 1-1','1','510',1532.99,6252);
```

执行完 SQL 命令后，执行菜单命令"对象"→"刷新"。

通过以下操作可查看二维表中的数据：在左侧对象浏览器中单击表名（如 pcate），再单击菜单栏下的 ⊞（"所有行"）按钮，系统会在一个新窗口的下半部分给出该表的数据。查看 product 表的数据，验证上述插入命令的执行结果。

2）修改数据

修改二维表中数据的 SQL 命令格式为：

格式 1：

UPDATE 表名 SET 属性 = 新值表达式

格式 2：

UPDATE 表名 SET 属性 = 新值表达式 WHERE 条件

如果要修改表的所有行的某一列的值，使用格式 1。

例如：

将商品基本信息 product 表中所有商品的库存数量减 1：

`UPDATE product SET qty = qty-1;`

如果要修改表中满足某条件的行的某一列的值，使用格式 2。

例如：

将商品基本信息 product 表中商品 ID 为"330"的商品的库存数量减 1：

`UPDATE product SET qty = qty-1 WHERE pid = '330';`

查看 product 表中的数据，验证上述 SQL 命令的执行结果。

3）删除数据

要删除二维表的数据，可以使用以下格式的 SQL 命令：

格式 1：

DELETE FROM 表名;

格式 2：

DELETE FROM 表名 WHERE 条件;

如果要删除表的所有行，使用格式 1；如果只想删除满足条件的行，使用格式 2。

例如：

删除 product 表中库存数量小于 10 的行：

`DELETE FROM product WHERE qty<10;`

查看 product 表中的数据，验证上述 SQL 命令的执行结果。

删除 pcate 表和 product 表中的所有数据：

`DELETE FROM product;`
`DELETE FROM pcate;`

查看 product 表中的数据，验证上述 SQL 命令的执行结果。

4.3.3 PostgreSQL 数据库数据的导入与导出

有时候，我们需要将外部文件（如电子表格文件、文本文件）中的数据导入数据库中，或者反之将数据库二维表中的数据导出到外部文件中。

1．二维表数据的导入

pgAdmin4 不直接支持从电子表格文件导入数据，我们通常需要先将电子表格文件转换为 CSV 格式，然后使用 PostgreSQL 的导入工具来完成导入，具体操作步骤如下。

1）准备电子表格文件

在电商购物网站案例中，我们已经拥有三张二维表对应的数据。假定这些数据存放在"D:\pc"文件夹下的电子表格文件 websales.xlsx 中。

首先，检查 websales.xlsx 中三张电子表格中的数据是否带有标题行；其次，将每张表的列排列顺序调整为和数据库二维表的列定义排列顺序一致；最后，检查表中数据是否满足数据库二维表的完整性约束。

2）将电子表格文件转换为 CSV 文件，并设置 CSV 文件的编码格式

在 websales.xlsx 中，选择要转换保存的电子表格（如商品大类编码表），执行"文件"→"另存为"命令。

在"另存为"对话框中，选择保存在"D:\pc"文件夹下，保存类型为"CSV（逗号分隔值）(*.csv)"，文件名可以改为对应的数据库二维表名，如 pcate.csv，单击"保存"按钮，然后在先后弹出的两个提示框中单击"确定"和"是"按钮。

在 pgAdmin 4 中，导入数据的默认编码格式通常是 UTF-8，因此需要将 CSV 文件的编码格式设置为 UTF-8。找到刚刚保存的 CSV 文件，右击，选择"打开方式"选项，然后选择"记事本"，在记事本中，执行"文件"→"另存为"命令，在弹出的"另存为"对话框中，将最下面一行的"编码（E）"选择为"UTF-8"，单击"保存"按钮，覆盖原 CSV 文件。

3）导入 CSV 文件

在 pgAdmin4 中，右击要导入数据的二维表（如 pcate），选择"导入/导出数据…"选项。

在新对话框的"常规"选项卡中选择"导入"选项，输入或选择导入的 CSV 文件名"D:\pc\pcate.csv"，参见图 4-3-7。

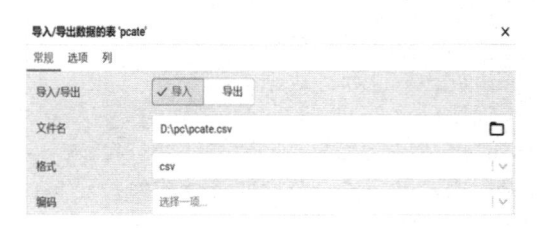

图 4-3-7 "常规"选项卡

在"选项"选项卡中开启选项"标题"（表示 CSV 文件带有标题行），参见图 4-3-8。

图 4-3-8 "选项"选项卡

因导入数据涵盖所有属性，不需要设置导入的"列"选项卡信息。

单击右下角的"确定"按钮，系统开始导入，显示"进程已启动"，如果导入成功结束，则会提示"进程结束"，如果导入不成功，则会提示"进程失败"。单击"View Processes"按钮，在"进程"窗口中单击 按钮，可查看进程的具体信息，查找失败原因。

导入完成后，可查看二维表中的数据，验证数据是否已经正常导入。

4）注意事项

在导入多张表时，一定要注意导入顺序，有外码引用的表要先导入，在电商购物网站案例中，必须按照先导入 pcate 表，再导入 product 表，最后导入 pstat 表。

2. 二维表数据的导出

在 pgAdmin4 中，二维表数据可以导出到 CSV 文件或 TEXT 文本文件中。实现方法有两种。

1）通过"导入/导出数据…"功能

具体操作与导入数据类似。

右击要导出数据的二维表（如 pcate），选择"导入/导出数据…"选项。

在新对话框的"常规"选项卡中选择"导出"选项，选择导出数据文件的格式，如 CSV，输入导出的 CSV 文件名，如"D:\pc\pcate_export.csv"；导出文件的默认编码格式为 UTF-8，如果需要更改，可以根据需要在"编码"框中设置编码格式。

如果要同时导出二维表的属性名，在"选项"选项卡中开启选项"标题"，否则关闭选项"标题"。

如果只导出二维表中的部分属性，则可以在"列"选项卡中设置需要导出的属性，默认为导出所有属性。

单击右下角的"确定"按钮，系统开始导出。

2）直接将二维表数据保存到外部文件中

单击要保存数据的二维表（如 product 表），再单击菜单栏中左边第二个按钮 查看表中的数据。在数据所在窗口中单击 （保存到文件）按钮，默认将数据保存为 CSV 文件，在弹出的对话框中选择导出文件所在的文件夹，输入文件名，单击"保存"按钮即可。

4.4 查询 PostgreSQL 数据库

查询操作是最常用的数据库操作，也是关系数据库和 SQL 命令的基础和核心。

4.4.1 SQL 查询语句基本格式

SQL 语言中实现查询功能的命令动词只有一个：SELECT，但其功能非常强大，从简单查询到统计汇总、数据分析，它都可以轻松实现。

在二维表中查询数据的 SQL 命令基本格式如下：

```
SELECT   [DISTINCT] <列或表达式>[,…]
FROM     <查询对象表>
[ WHERE <条件表达式> ]
[ GROUP BY <列名> [ HAVING <组条件表达式> ] ]
[ ORDER BY<列名> [ ASC|DESC ] ]
[LIMIT <行数>];
```

其中：<>之间的内容为必需部分，[]之间的内容为可选部分，根据需要选择使用，…表示重复前面的内容。在实际输入命令时，"< >""[ ]""…"这些符号是不输入的。

SELECT 语句的执行结果也是一张表，通常称为查询结果表，有时简称为查询表，是一张非永久存在的临时二维表。

前面我们讲过，SQL 语言是高度非过程化的，因此查询操作只需要描述查询的需求，具体包含六方面，用以下六个子句表达。

1）SELECT 子句

SELECT 子句指定查询结果表中包含的属性（列名或计算表达式），多个属性或表达式之间以逗号隔开。如果查询结果表中存在重复的行，可以在 SELECT 后面加 DISTINCT 关键字来删除重复行。

SELECT 子句对应关系模型中的"投影"操作。

2）FROM 子句

FROM 子句指定查询对象表，多个对象之间以逗号隔开。

FROM 子句也可以同时为查询对象表指定别名，形式为：

```
FROM <表名>   <别名>;
```

或

```
FROM <表名>   AS   <别名>;
```

查询对象表也可以是一个查询语句（因为查询的结果也是一张二维表）。

3）WHERE 子句

WHERE 子句指定从查询对象表中进行筛选时需要满足的条件，对应关系模型的"选择"操作，WHERE 子句后给出筛选条件。

4）GROUP BY 子句

GROUP BY 子句用于表示分组处理。对查询对象表中满足 WHERE 子句条件的行（如果没有 WHERE 子句，则表示所有行）按 GROUP BY 子句指定的列的值进行分组，列值相等的行为一个组，然后对每个组分别进行处理，这种处理通常是求总和、求平均值、计数等统计运算，一般体现为 SELECT 子句或 HAVING 短语中出现的统计函数。

HAVING 短语只能跟在 GROUP BY 子句后，表示在 GROUP BY 分组处理结果中筛选出满足指定条件的组，构成查询结果表。

5）ORDER BY 子句

ORDER BY 子句用于对查询结果表中的行按指定列的指定顺序（升序为 ASC（默认值）、降序为 DESC）排序。

6）LIMIT 子句

LIMIT 子句用于限制查询结果表中保留的行数。

在这六个子句中，SELECT 子句和 FROM 子句是必需的（也就是说，查询结果表的结构和查询对象表是必须指定的），其他子句根据查询的具体需要选择使用，但各子句的顺序不能颠倒。

4.4.2 单表数据查询

下面我们基于电商购物网站的三张二维表（结构如表 4-3-2～表 4-3-4 所示，数据通过导入/导出功能已经导入）完成某些查询。

1．查询一张表的部分属性

【例 4-1】查询每种商品的商品 ID 和商品名称。

根据查询需求，查询结果表中包括两列：商品 ID（pid）和商品名称（pname），也就是 SELECT 后要填写 pid, pname，查询对象表是商品基本信息表 product，在 FROM 子句中给出，不需要其他子句，查询结果表中不存在重复行。

具体查询命令如下：

```
SELECT pid,pname
FROM product;
```

2．查询一张表的所有属性

【例 4-2】查询所有商品的基本信息。

这个查询与上一个查询极为类似，只是查询结果表中包含了商品基本信息表 product 中的所有列，可以在 SELECT 后列出所有列名，但这样写起来有点麻烦，为简化表达，SQL 中用"*"表示一张表中的所有列（属性）。

具体查询命令如下：

```
SELECT    *
FROM product;
```

3．查询一张表的部分属性并删除查询结果表中的重复行

【例 4-3】查询商品被分为哪些大类（给出商品大类 ID）。

我们很容易写出以下查询命令：

```
SELECT cid
FROM product;
```

但观察查询结果表，发现其中有很多重复行，一个商品大类中包含多个商品，故查询结果表中应该将每个大类只保留一行。SQL 通过在 SELECT 后使用 DISTINCT 关键字删除查询结果表中的重复行。

```
SELECT DISTINCT cid
FROM product;
```

4．查询经过计算的表达式与属性重命名

查询结果表中不仅可以包括查询对象表中的列，也可以是经过计算的表达式结果，但表达式结果所在的列没有具体的、有意义的列名，此时可以为该列在查询结果表中重新命名，格式为：

```
<表达式>    [AS]   <别名>
```

【例 4-4】查询每种商品的商品 ID、商品名称及当前库存价值。

在 product 表中并没有"库存价值"属性，但可以通过商品单价*库存数量计算库存价值。

```
SELECT pid,pname, price * qty
FROM product;
```

其中，查询结果表中的第三列（库存价值）没有具体的列名，我们可以通过 AS 关键字为其指定新的列名 item_value，具体命令如下：

```
SELECT pid,pname, price * qty AS item_value
FROM product;
```

其中，AS 也可以省略：

```
SELECT pid,pname, price * qty   item_value
FROM product;
```

5．带条件的单表查询

如果需要从二维表中筛选出满足某条件的行,则需要使用 WHERE 子句。

筛选条件可以是简单条件，也可以是多个简单条件构成的复杂条件。

简单条件中常用的比较运算符如表 4-4-1 所示。

表 4-4-1 简单条件中常用的比较运算符

运 算 符	含 义	举 例
>、<、>=、<= =、!=	比较大小是否相等	qty > 1000 pid = '330'
BETWEEN 值 1 AND 值 2	是否在范围内（包含边界值）	qty BETWEEN 100 AND 1000

续表

运 算 符	含 义	举 例
IN (…) NOT IN (…)	是否在集合内	cid IN ('1','5','10') cid NOT IN ('1','5','10')
LIKE 模板字符串 NOT LIKE 模板字符串	字符模糊匹配：%表示匹配任意个数的字符，_表示匹配任意单个字符	bid LIKE '4%' bid LIKE '4_'
IS NULL IS NOT NULL	是否为空值	bid IS NULL bid IS NOT NULL

其中，"LIKE 模板字符串"用于判定字符数据是否匹配某种模式，例如，以什么开头、以什么结尾、包含什么等。"模板字符串"中出现的"%"表示任意个数的任意字符，"_"表示任意单个字符，其他字符表示字符本身。

多个简单条件可通过 AND（并且）、OR（或者）连接成复杂条件。在任何条件前加 NOT，表示对条件取反。

【例 4-5】查询所有商品大类 ID 为"1"的商品的基本信息。

查询结果表中包含所有属性，用"*"表示，查询对象表为商品基本信息表 product，需要从 product 表中筛选商品大类 ID 为"1"的行，在 WHERE 子句中给出筛选条件。

具体命令为：
```
SELECT *
FROM product
WHERE cid = '1';
```

【例 4-6】查询所有库存数量少于 10 的商品的 ID、名称及其库存数量。

查询结果表中包含三列，需要从查询对象表（product 表）中筛选满足条件的行。
```
SELECT pid,pname,qty
FROM product
WHERE qty < 10;
```

【例 4-7】查询所有库存数量在 10 和 50 之间并且商品大类 ID 为"1"的商品的 ID、名称及其库存数量。

该查询和上一个查询类似，只是行筛选条件是一个复杂条件，由两个简单条件构成，并且两个简单条件需要同时成立，即由 AND 连接。

具体命令为：
```
SELECT pid,pname,qty
FROM product
WHERE qty BETWEEN 10 AND 50 AND cid = '1';
```

【例 4-8】查询商品大类 ID 为"4"或"5"的商品的 ID 和名称。

该查询的行筛选条件可以有多种表达方式，一种是表示商品大类 ID 等于"4"或者等于"5"，另一种是商品大类 ID 在"4"和"5"构成的集合中。

具体命令为：
```
SELECT pid,pname
FROM product
WHERE cid ='4' OR cid ='5';
```

或：
```
SELECT pid,pname
FROM product
WHERE cid IN ('4','5');
```

【例 4-9】查询没有填写品牌的商品的基本信息。

没有填写品牌也就意味着商品品牌所在列的值为空。

具体命令为：
```
SELECT *
FROM product
WHERE bid IS NULL;
```

【例 4-10】查询品牌 ID 以 "4" 开头的商品的基本信息。

该查询的筛选条件涉及字符类型数据 bid，以 "4" 开头属于模糊匹配条件，需要使用 LIKE 运算符。

该查询显然需要用到通配符 "%"，具体命令为：
```
SELECT *
FROM product
WHERE bid LIKE '4%';
```

如果该查询变为：查询品牌 ID 以 "4" 开头并且只有 2 位字符的商品的基本信息，则需要将 "%" 换成 "_"：
```
SELECT *
FROM product
WHERE bid LIKE '4_';
```

6．统计汇总

【例 4-11】统计商品大类 ID 为 "4" 的商品有多少种。

这是一个典型的统计汇总查询问题，需要对商品基本信息表 product 中满足条件的行进行计数，这就需要用到统计函数。SQL 查询中常用的统计函数如表 4-4-2 所示。

表 4-4-2　SQL 查询中常用的统计函数

函 数 名 称	功　　能
AVG(数值型列名) AVG(DISTINCT 数值型列名)	按列计算平均值（包括所有非空值），如果使用 DISTINCT，则重复值只计算一次
SUM(数值型列名) SUM(DISTINCT 数值型列名)	按列计算值的总和（包括所有非空值），如果使用 DISTINCT，则重复值只计算一次
COUNT(列名) COUNT(DISTINCT 列名) COUNT(*)	按列统计值的个数（包括所有非空值），如果使用 DISTINCT，则重复值只计算一次 COUNT(*)表示统计行数
MAX(列名) MAX(DISTINCT 列名)	求一列中的最大值（包括所有非空值），如果使用 DISTINCT，则重复值只计算一次
MIN(列名) MIN[DISTINCT 列名)	求一列中的最小值（包括所有非空值），如果使用 DISTINCT，则重复值只计算一次

本例的 SQL 命令如下：
```
SELECT COUNT(*)
FROM product
WHERE cid ='4';
```

【例 4-12】统计商品大类 ID 为 "4" 的商品涉及多少个品牌。

该查询需要对商品大类 ID 为 "4" 的商品的不同品牌进行计数，需要用到计数函数及关键字 DISTINCT，即 COUNT(DISTINCT bid)。

具体 SQL 命令如下：
```
SELECT COUNT(DISTINCT bid)
FROM product
WHERE cid='4';
```

【例 4-13】统计 2022 年 10 月 10 日各商品的总成交金额和总成交笔数。

查询对象表是商品浏览和成交数据统计表 pstat，查询结果表中包含一行两列，分别是总成交金额和总成交笔数，用 SUM(damt) 和 SUM(dnum)表示，可以为其指定两个列名 sum_amt, sum_num，筛选条件为日期等于 2022 年 10 月 10 日，表达式为：odate = '2022-10-10'::date。

这里用到了类型转换，将字符串 '2022-10-10' 转换为日期。PostgreSQL 中某些类型之间可以进行隐式类型转换（但不推荐），更多采用 "::类型关键字" 的方式或者通过函数进行显式转换。

本例的具体 SQL 命令如下：
```
SELECT SUM(damt) AS sum_amt,SUM(dnum) AS sum_num
FROM pstat
WHERE odate = '2022-10-10'::date;
```

【例 4-14】统计 2022 年 10 月各商品的总成交金额和总成交笔数。

该查询和上一个查询非常相似，只是筛选条件改为 2022 年 10 月。在 pstat 表中，odate 列是发生日期，包括了年、月、日三部分，如何表达 odate 的值属于 2022 年 10 月呢？

在 PostgreSQL 数据库中，可以借助 TO_CHAR()函数将日期转化为指定格式的字符串来实现上述功能，其语法格式如下：

TO_CHAR(值,格式化字符串)

其中，"值"可以是日期值、日期时间值或时间值；

"格式化字符串"表示将值转化为字符串的格式，包括：

YYYY（或 yyyy）：4 位数的年份

MM（或 mm）：月份（01～12）

DD（或 dd）：一个月中的第几天（01～31）

HH24（或 hh24）：小时（00～23）

MI（或 mi）：分钟（00～59）

SS（或 ss）：秒（00～59）

例如，将 odate 转化为 "年-月" 格式的字符串，可以表示为：

TO_CHAR(odate, 'YYYY-MM')

统计 2022 年 10 月各商品的总成交金额和总成交笔数的具体 SQL 命令如下：
SELECT SUM(damt) AS sum_amt,SUM(dnum) AS sum_num
FROM pstat
WHERE TO_CHAR(odate,'YYYY-MM') = '2022-10';

7. 分组查询

【例 4-15】统计每个商品大类包含的商品种类数（结果包含两列：商品大类 ID 和包含的商品种类数）。

本例的查询对象表是商品基本信息表 product，需要将所有行按照商品大类 ID 分组，对每个组分别统计行数，这就需要进行分组处理，用 GROUP BY 子句实现。

分组查询的关键是确定按什么分组（即确定分组标志）和每个分组需要查询的目标。

该查询中，分组标志为商品大类 ID（cid），每个分组需要查询的目标是统计行数 COUNT(*)。具体 SQL 命令如下：
SELECT cid,COUNT(*)
FROM product
GROUP BY cid;

【例 4-16】统计每个商品的总成交金额、总成交笔数、总成交件数。

本例的查询对象表是商品浏览与成交数据统计表 pstat，需要将所有行按照商品 ID 分组，对每个组分别统计三方面（成交金额、成交笔数、成交件数）的总和，需要用 GROUP BY 子句。

具体 SQL 命令如下：
SELECT pid AS 商品 ID,SUM(damt) AS 总成交金额,SUM(dnum) AS 总成交笔数,SUM(dqty) AS 总成交件数
FROM pstat
GROUP BY pid;

为了提高命令及结果的可读性，上述命令中，对查询结果表中的列重新进行命名，给出了中文列名。

【例 4-17】查询日总成交金额大于 100 万的日期及其总成交金额。

本例需要先分组统计每日的总成交金额，再在分组统计结果中筛选满足条件的组。

从分组统计结果中再选择满足条件的组需要用到 HAVING 短语，在 HAVING 后给出分组的筛选条件。具体 SQL 命令如下：
SELECT odate AS 日期,SUM(damt) AS 总成交金额
FROM pstat
GROUP BY 日期 HAVING SUM(damt) > 1000000;

【例 4-18】查询月总成交金额大于 500 万的月份及其总成交金额。

该查询和上一个查询非常类似，只是分组标志不是日期，而是日期所属的月份，可以借助"TO_CHAR(odate,'YYYY-MM')"将日期转化为月份。

具体 SQL 命令如下：
SELECT TO_CHAR(odate,'YYYY-MM') AS 月份,SUM(damt) AS 总成交金额

```
FROM pstat
GROUP BY TO_CHAR(odate,'YYYY-MM')
HAVING SUM(damt) > 5000000;
```

注意：

（1）在带有 GROUP BY 子句的查询语句中，SELECT 子句中只能出现分组结果中包含的内容（分组标志、统计函数）或常量。

（2）HAVING 短语总在 GROUP BY 子句之后，不能单独使用。

8．对查询结果进行排序

当用户需要对查询结果进行排序时，可用 ORDER BY 子句指定排序的列（可以为多列）及每列的排序规则：升序（ASC）或降序（DESC），默认为升序。

当 ORDER BY 子句指定了多列时，查询结果表总体按照第一列的顺序排列，第一个列值相同的行再按照第二列的顺序排列，以此类推。

【例 4-19】查询所有商品的基本信息，结果按商品大类 ID 升序排列，同一大类按商品 ID 升序排列。

具体 SQL 命令如下：

```
SELECT *
FROM product
ORDER BY cid,pid;
```

上述命令中有两个排序字段，采用默认排序规则：升序。

【例 4-20】按商品大类 ID 查询每个大类下商品的平均库存数量，结果按平均库存数量从大到小的顺序排列。

该查询的查询对象表为商品基本信息表 product，需要按照商品大类 ID（cid）分组，统计每组的平均库存数量 avg(qty)，再将结果按平均库存数量 avg(qty)降序排列，为了方便表达，将 avg(qty)重新命名为 avg_qty。

具体 SQL 命令如下：

```
SELECT cid,sum(qty) AS avg_qty
FROM product
GROUP BY cid
ORDER BY avg_qty DESC;
```

注意：ORDER BY 子句用于对查询结果进行排序，因此，ORDER BY 后面可以使用 SELECT 子句为结果列指定的新列名（如本例中的 avg_qty）。

9．限制取查询结果的前几行

【例 4-21】查询库存数量最少的前 5 种商品的基本信息。

该查询需要对 product 表中的行按照库存数量 qty 升序排列，且取前 5 行。

在 PostgreSQL 中通过在 SQL 语句最后附加"LIMIT 行数"可限制取结果中的前若干行。

具体 SQL 命令如下：

```
SELECT    *
```

```
FROM product
ORDER BY qty
LIMIT 5;
```

4.4.3 多表连接查询

【例4-22】查询库存数量小于10的商品的商品ID、商品名称、对应商品大类名称。

在本例中，查询结果表应该包含三列，其中商品ID、商品名称来自商品基本信息表product，而商品大类名称则来自商品大类编码表pcate，因此该查询涉及两张二维表，这两张表的行需要按照同名属性cid（商品大类ID）值相同的原则进行水平拼接形成一张大表，也就是进行连接（内连接）操作。

如果两张表中存在同名属性，为了进行区分，往往使用"表名.属性名"的形式来具体指定某张表的某列（例如，product表的cid表示为product.cate_level_id），而单独存在于某张表中的属性，则直接用属性名表达。

微课视频

SQL语言中内连接操作有以下四种表达方式。

1）按条件连接

按条件连接的表达方式为：

表1 JOIN 表2 ON 连接条件

例如，product表与pcate表按照同名属性cid值相等的原则进行连接，可以表达为：

product JOIN pcate ON product.cid = pcate.cid

如果表名比较长，为了简化输入，可以为它指定一个短的别名，表达形式为：

表名 [AS] 别名

为product表指定别名pr，为pcate表指定别名pc，则上述连接操作可以表达为：

product AS pr JOIN pcate AS pc ON pr.cid = pc.cid

2）指定按同名属性进行等值连接

指定按同名属性进行等值连接的表达方式为：

表1 JOIN 表2 USIING(同名属性)

例如，product表与pcate表按照同名属性cid值相等的原则进行连接，也可以表达为：

product JOIN pcate USING (cid)

在PostgreSQL中，USING指定的同名属性在等值连接的结果表中只保留一个。

3）自然连接

自然连接的表达方式为：

表1 NATURAL JOIN 表2

自然连接隐含的连接条件为：两张表的所有同名属性相等，同名属性在自然连接的结果表中只保留一个。

4）SQL-86规范中的早期表达

SQL-86规范中的早期表达为：

FROM 表1, 表2

WHERE 连接条件

如果查询还有其他的筛选条件，则将连接条件和筛选条件用 AND 连接起来。

因此，本例的具体 SQL 命令可以有以下四种：

SELECT pid,pname,cname
FROM product JOIN pcate ON product.cid = pcate.cid
WHERE qty < 10;

或：

SELECT pid,pname,cname
FROM product JOIN pcate USING(cid)
WHERE qty < 10;

或：

SELECT pid,pname,cname
FROM product NATURAL JOIN pcate
WHERE qty < 10;

或：

SELECT pid,pname,cname
FROM product, pcate
WHERE qty<10 AND product.cid = pcate.cid;

【例 4-23】查询 2022 年每个商品的总成交金额，给出商品 ID、商品名称、总成交金额，结果按总成交金额从高到低排列。

本例的查询对象表涉及 product 表（唯一包含商品名称的表）和 pstat 表，二者需要按照商品 ID（pid）相同进行连接操作（两张表只有一个同名属性 pid，故用自然连接表达最简便）；连接后的大表需要筛选"日期属于 2022 年"的行；然后将这些行按照商品（pid,pname）进行分组，每组计算总成交金额；最后对分组统计结果进行排序。

具体 SQL 命令如下：

SELECT pid,pname,sum(damt) AS sum_amt
FROM product NATURAL JOIN pstat
WHERE TO_CHAR(odate,'YYYY') = '2022'
GROUP BY pid,pname
ORDER BY sum_amt DESC;

注意：因为分组统计结果中每种商品既需要商品 ID，又需要商品名称，因此，GROUP BY 子句中必须包含这两个属性。在带有 GROUP BY 子句的查询命令中，SELECT 子句后的非统计函数部分必须作为分组标志放在 GROUP BY 后。但 PostgreSQL 16 中引入了函数依赖优化，当分组列包含主键或唯一约束时，可以自动省略其他冗余列，因此上述 SQL 命令中 GROUP BY 后可以只给出 pid。

4.4.4 嵌套查询

【例 4-24】查询库存数量最多的商品的 ID、名称和库存数量。

这个查询只涉及 product 表，表中的行应该满足筛选条件：库存数量等于最大库存数量，但是，在筛选行时，最大库存数量在表中是不存在的，也是未知的，不能直接用

qty = MAX(qty)来表达。

我们可以先查询出最大库存数量（用一条独立的查询命令），再在筛选条件中使用这个值，这就形成了嵌套查询，即在查询命令中嵌套另一条查询命令，此时，主查询命令称为父查询，被嵌套的查询称为子查询。

前面我们已经学习了查询结果也是一张二维表，因此，SQL 查询语句中出现表名或集合的地方，也可以用一条独立的子查询命令来代替，其可以出现在 FROM 子句中和筛选条件用 IN 比较符的 WHERE 子句中。另外，当查询结果表中只有一行一列（即一个值）时，查询结果也可以当作一个值来使用，这种情况下，子查询可以作为一个值出现在父查询 WHERE 子句的行筛选条件和 HAVING 短语后的组筛选条件中。

本例中，查询出最大库存数量可以用以下 SQL 命令：

```
SELECT MAX(qty) AS max_qty
FROM product;
```

因此本例的完整 SQL 命令就可以表达为：

```
SELECT pid,pname,qty
FROM product
WHERE qty = (SELECT MAX(qty) AS max_qty
             FROM product);
```

> **注意**
> 半角分号是 SQL 命令结束的标志，括号内的子查询是查询命令的一部分，因此子查询对应语句不用半角分号结束。

【例 4-25】查询 2022 年各商品的总成交金额的平均值。

本例需要先计算 2022 年每种商品的总成交金额（将 pstat 表中 2022 年对应的所有行按照商品 ID 进行分组统计，得到每组的总成交金额），再在分组结果表中查询总成交金额的平均值，将分组结果表作为后一个查询的查询对象表，放在 FROM 子句中。

具体 SQL 命令如下：

```
SELECT AVG(sum_amt)
FROM (SELECT pid,SUM(damt) AS sum_amt
      FROM pstat
      WHERE TO_CHAR(odate,'YYYY') = '2022'
      GROUP BY pid) AS item_sum_qty;
```

> **注意**
> 在 PostgreSQL 中，上述 FROM 子句中出现的子查询结果中，需要在父查询中引用的统计函数必须重新命名（即 sum_amt 是必须的）。

【例 4-26】查询从未被浏览或销售过的商品的基本信息。

本例需要从查询对象表（product 表）中筛选出"从未被浏览或销售过"的行，筛选条件如何表达呢？

只要在 pstat 表中出现过的商品就是被浏览或销售过的，因此，被浏览或销售过的商品的编码表可以表示为：

```
SELECT DISTINCT pid
FROM pstat
```

那么，从未被浏览或销售过的商品满足的条件就是 pid 不在上述表中。因此，完整的 SQL 命令为：

```
SELECT *
FROM product
WHERE pid NOT IN (SELECT DISTINCT pid
                  FROM pstat);
```

思考题

根据本章给出的电商购物网站案例，使用 SQL 命令完成以下任务：

1．查看 pcate 表的所有信息，添加一个商品大类：ID 为 "11"，名称为 "其他"。
2．添加一个商品信息：商品 ID 为 "1101"，名称为 "商品 11-1"，商品大类 ID 为 "11"，单价为 100，库存数量为 20。
3．将商品 ID 为 "1101" 的商品单价提高 10%。
4．查询 pstat 表中出现的日成交金额为 0 的商品的 ID。
5．查询 product 表中没有填写品牌信息并且库存数量小于 50 的商品信息。
6．查询所有商品的平均库存数量。
7．查询库存数量大于 1000 的商品的名称和库存数量。
8．查询名称以 "生活" 开头的商品大类下所有商品的基本信息。
9．查询所有商品在 2023 年的总浏览次数。
10．查询每个商品大类的总库存数量，按照总库存数量降序排列。
11．查询总成交笔数为 0 的商品的 ID。
12．查询每个品牌的总成交金额，按照总成交金额降序排列。
13．查询库存数量低于 20 的商品在 2023 年的总成交金额。
14．查询 2023 年各月份的总成交金额，按照月份从小到大排列。
15．查询从未成交过的商品的 ID。

第 5 章 大数据基础

【学习目标】
1. 了解大数据的定义、特征、发展历程及典型应用。
2. 了解大数据处理的基本过程及关键技术。
3. 了解 Hadoop 生态系统的相关构成和核心组件。
4. 了解用 Hive、Python Spark 进行数据分析。

信息技术的快速发展带来了数据产生方式的变革，促成了大数据时代的来临。大数据已经渗透到当今多个行业和业务职能领域，成为重要的生产因素，对人类的社会生产和生活产生着重大而深远的影响。世界各国政府均高度重视大数据技术的研究和产业发展，纷纷把大数据上升为国家战略加以重点推进，以期在"第三次信息化浪潮"中占得先机。

5.1 大数据的概念

5.1.1 大数据的定义

1997 年，Michael Cox 和 David Ellsworth 在提出"大数据"术语时指出，如果数据大到在规定时间内，内存、本地磁盘，甚至远程磁盘都不能处理，那么这类数据可视化的问题称为"大数据"。在大数据发展演变过程中，"大数据"又被定义为规模超过一定大小，大到在获取、存储、管理、分析方面大大超出了传统数据库软件工具能力范围的数据集。

5.1.2 大数据的特征

大数据具有数据量大（Volume）、数据类型多（Variety）、价值密度低（Value）、处理速度快（Velocity）、准确性高（Veracity）、复杂性高（Complexity）等特点。

1. 数据量大

目前，人类正经历第二次"数据爆炸"。各种数据产生的数量和产生的速度都远远超出了人类现有数据处理技术可以控制的范围，"数据爆炸"成为大数据时代鲜明的特点。根据互联网数据中心（IDC）预测，全球 2024 年生成 159.2ZB 数据，2028 年将增加一倍以上，达到 384.6ZB，复合增长率为 24.4%。随着数据量的不断增加，数据所蕴含的价值变化将会从量变发展到质变。计算机数据计量及换算关系如表 5-1-1 所示，大数据的起始计量单位通常是 PB 级及以上。

表 5-1-1　计算机数据计量及换算关系

单　位	换　算　关　系
字节（Byte）	1B=8bit
千字节（KB）	1KB=1024B
兆字节（MB）	1MB=1024KB
吉字节（GB）	1GB=1024KB
太字节（TB）	1TB=1024GB
拍字节（PB）	1PB=1024TB
艾字节（EB）	1EB=1024PB
泽字节（ZB）	1ZB=1024EB
尧字节（YB）	1YB=1024ZB
珀字节（BB）	1BB=1024YB
诺字节（NB）	1NB=1024BB

2．数据类型多

大数据的数据来源众多，各行各业，每时每刻都在产生着不同类型的数据。从数据的组成形态来看，可以将数据分为结构化、半结构化和非结构化数据。其中结构化数据主要来自关系数据库中的数据表、电子表格文件等。半结构化数据不符合严格的数据模型，但仍具有一定的组织结构，使其便于处理，比如 JSON 和 XML 文件。非结构化数据种类繁多，结构复杂，主要包含文本信息、音频信息、视频信息、图像信息、位置信息、链接信息等。

3．价值密度低

大数据时代各种传感设备、自动化设备时刻产生出的海量数据，其价值密度远低于传统的关系数据库中的数据。数据中有价值的信息都分散在海量的数据中，为了从海量的数据中发现有价值的信息，需要投入大量的资金建设网络设备、存储设备、计算设备；同时，保障这些设备的正常运营也要耗费大量的电能、存储空间等。在大数据时代，由于大数据的价值密度低，因此针对数据价值开发各行业的各种应用，愿景是美好的，但实现的代价也是较大的。

4．处理速度快

在大数据环境下，随着数据量的剧增和数据类型的多样复杂化，处理这些数据所需要的时效性要求越来越突出。各行各业都需要基于快速生产的数据给出实时分析结果，用于指导生产和生活实践，因此，这类的数据处理和分析的速度都需要达到秒级甚至毫秒级。数据处理速度越快，数据发挥的价值越大。

5．准确性高

准确性主要指数据处理结果的准确度。大数据的产生来源于现实世界的生产和生活实践，基于大数据的应用主要就是从海量的数据中提取出能够解释和预测现实事件的数据的过程，通过对大数据的分析和处理，能够实现解释结果和预测未来。大数据时代，通过技术手段分析全部数据，能够在很大程度上避免传统数据时代因为采样和分析方法导致的偏差，极大提高数据分析的准确性。

6．复杂性高

大数据的高复杂性主要包含三方面含义：其一，数据复杂性，即数据自身存在的较高复杂性；其二，计算复杂性，即针对海量异构的复杂数据进行计算的复杂性；其三，系统复杂性，即支撑复杂数据存储和复杂计算的信息系统的复杂性。

数据复杂性：大数据涉及非常复杂的数据类型、复杂的数据结构和复杂的数据模式，导致组成大数据的数据集通常都具有极高的多样性和复杂性。

计算复杂性：在进行大数据的计算和分析时，由于大数据的数据量巨大，数据关联密切复杂，数据的价值密度分布并不均衡，针对 PB 级的数据集，无法像针对小样本数据集那样进行全量数据的分析和迭代，因此其计算复杂性更高。

系统复杂性：支撑大数据计算的系统要综合考虑吞吐率、并行处理能力、作业计算精度等，另外大数据对计算机的运行效率和运行能耗也提出了更苛刻的要求，因此，采用的分布式存储和处理架构具有更高的复杂性。

5.1.3 大数据的发展

大数据的发展过程始终和高效的数据集存储管理技术密切联系在一起，而数据集存储管理技术的不断发展往往会促进计算机处理能力的提升。大数据的发展过程大致可以划分为以下四个阶段。

1．第一阶段：萌芽期

大数据发展的萌芽期是 1980—2008 年。在 1980 年，未来学家托夫勒在其所著的《第三次浪潮》一书中，首次提出"大数据"一词，将大数据称赞为"第三次浪潮的华彩乐章"。在这一阶段，数据挖掘理论和数据库技术逐步发展并成熟，数据仓库、专家系统、知识管理系统等多种商业智能工具和技术开始应用；这些技术以利用企业、机构的内部数据为主，例如，ERP 系统就是通过对企业的人力、财务、生产等多个部门的数据进行整合，从而为管理层提供决策支撑的。

2．第二阶段：成长期

大数据发展的成长期是 2009—2012 年。截至 2009 年 12 月 31 日，中国互联网络信息中心（CNNIC）统计数据显示，中国网民规模达到 3.84 亿人，互联网普及率达到 28.9%。宽带网民规模达到 3.46 亿人，国际出口带宽达到 866367Mbps，互联网数据呈爆发式增长。2010 年 2 月，肯尼斯·库克尔在《经济学人》上发表了长达 14 页的大数据专题报告《数据，无所不在的数据》。2011年12月，我国工业和信息化部印发《物联网"十二五"发展规划》，把信息处理技术作为四项关键技术创新工程之一提出来，其中包括海量数据存储、数据挖掘、图像视频智能分析，这些都是大数据的重要组成部分。

3. 第三阶段：爆发期

大数据发展的爆发期是2013—2015年。2013年称为"大数据元年"，以阿里巴巴、腾讯、百度为代表的互联网公司纷纷推出创新型大数据应用。2013年以来，国家自然科学基金等重大研究计划都已把大数据研究列为重大的研究课题。2015年8月，国务院发布《关于促进大数据发展的行动纲要》，是到目前为止我国促进大数据发展的第一份权威性、系统性文件，从国家大数据发展战略全局的高度，提出了我国大数据发展的顶层设计，是指导我国未来大数据发展的纲领性文件。

4. 第四阶段：大规模应用期

大数据发展的大规模应用期是2016年至今。这个阶段，各行各业都开始涌现出大数据的应用，如智慧农业利用全产业链大数据优化种植技术，医疗行业利用基因大数据检测肿瘤基因，电商行业利用电商大数据进行精准营销等，大数据产业迎来快速发展和大规模应用实施。随着技术的不断进步，大数据处理和分析能力将持续提升，实现更高效、精准的数据挖掘和应用。同时，人工智能、云计算等技术的深度融合将进一步推动大数据行业的创新发展。

5.1.4 大数据应用场景

随着大数据应用需求的爆发以及大数据技术创新能力的不断提升，大数据已经成为推动数字经济发展的关键生产要素。在工业领域、政务服务、医疗健康、交通运输、金融财税、能源电力、商贸服务等行业都产生了很多优秀的大数据应用案例，影响着人民的衣食住行。

1. 大数据在医疗行业的应用

大数据让就医、看病更简单。过去，患者的治疗方案，大多数都是医生通过经验给出的，优秀的医生固然能够为患者提供好的治疗方案，但由于医生的水平不同，所以很难保证患者都能够接受最佳的治疗。而随着大数据与医疗行业的深度融合，大数据平台积累了海量的病例数据、处方数据、治愈方案、药物报告等信息资源，所有常见的病例、既往病例等都记录在案，医生通过有效、连续的诊疗记录，能够给患者优质、合理的诊疗方案。这样不仅能提高医生的看病效率，而且能降低误诊率，极大地帮助医生和患者，使疾病的治疗变得更加精准和高效。

2. 大数据在金融行业的应用

大数据在金融行业的应用范围较广。麦肯锡的一份研究显示，金融行业在大数据价值潜力指数榜中排名第一。花旗银行利用IBM沃森计算机为财富管理客户推荐产品；

美国银行利用客户单击数据集为客户提供特色服务，如有竞争力的信用额度；招商银行通过客户刷卡、存取款、电子银行转账、微信评论等行为对数据进行分析，每周给客户发送针对性广告信息，里面有客户可能感兴趣的产品和优惠信息。金融行业在大数据的驱动下实现了精准营销、风险管控、决策支持、效率提升、服务创新、产品创新等。

3．大数据在零售行业的应用

零售行业可以利用大数据技术进行精准营销。企业要想进入或开拓某一区域零售行业市场，首先要进行项目评估和可行性分析，只有通过项目评估和可行性分析，才能最终决定是否适合进入或者开拓这块市场。通常，企业需要分析这个区域的流动人口是多少，消费水平怎么样，客户的消费习惯是什么，市场对产品的认知度怎么样，当前的市场的供需情况怎么样。这些问题背后包含的海量信息构成了零售行业市场调研的大数据，对这些大数据的分析就是市场定位过程。企业可以根据客户消费喜好和趋势，进行商品的精准营销，降低营销成本，当客户购买商品以后，再依据客户购买的产品，为客户提供可能购买的其他产品，扩大销售额。零售行业可以通过大数据掌握未来消费趋势，有利于热销商品的进货管理和过季商品的处理，同时零售商的数据信息也会有助于资源的有效利用，化解产能过剩，厂商可依据零售商的信息按实际需求进行生产，减少不必要的生产浪费。

4．大数据在交通出行领域的应用

交通作为人类行为的重要条件之一，对于大数据的需求也是急迫的。近年来，我国的智能交通已实现了快速发展，通过对交通信息的感知和收集，对存在于各个管理系统中海量数据的共享运用、有效分析，实现了交通态势预测，从而满足了公众对交通信息服务的需求。目前，交通出行领域的大数据应用主要体现在两方面，一方面是利用大数据传感器收集的数据来了解车辆通行密度，合理进行道路规划，包括单行线路规划。另一方面是利用大数据来实现即时信号灯调度，提高已有线路运行能力。

5.2 大数据关键技术

大数据关键技术是伴随着大数据分析过程所呈现出的相关技术，包括在大数据的采集、存储、分析和结果呈现等过程中，使用非传统工具对大量结构化和非结构化数据进行处理，从而获得分析和预测结果的一系列技术。

5.2.1 大数据的采集

1．Web 数据采集

Web 数据采集是指从互联网网站上获取大量公共数据，并通过相应数据处理技术，将非结构化的信息从大量的网页中抽取出来以指定的方式存储。Web 数据采集过程主要分为三个步骤：访问 URL 解析网页内容；利用 HTML 标签等提取所需数据；

处理并存储数据。

2. 系统日志采集

系统日志采集是指收集计算机系统内部生成的日志信息，如操作系统、应用程序、网络设备等产生的日志。通过安装日志采集系统或软件，将日志信息收集到中央日志服务器或集中式日志管理平台中进行存储和管理，以便后续查询、分析和报告。采集这些日志信息有助于安全管理人员或系统管理员实时监控系统运行状态，发现系统故障或异常，及时采取措施保障系统安全稳定运行。常用的日志采集系统有 Hadoop 的 Chukwa、Apache Flume、Facebook（现名为 Meta）的 Scribe、LinkedIn 的 Kafka 等。

3. 数据库数据采集

数据库数据采集通常是指将大量的数据从不同的数据源中采集到一个集中的数据库中，以便进行分析和应用。这种方式适用于需要获取已经存储数据的场景，如企业内部的业务数据分析、用户数据分析等。数据库数据采集的优点在于数据质量高、获取速度快，但采集者需要具备一定的数据库操作技能，同时需要考虑数据的安全性和隐私保护问题。

4. 其他数据（感知设备数据采集）

感知设备数据采集是指通过传感器、摄像头和其他智能终端自动采集信号、图片或录像来获取数据。大数据智能感知系统需要实现对结构化、半结构化、非结构化的海量数据的智能化识别、定位、跟踪、接入、传输、信号转换、监控、初步处理和管理等。其关键技术包括针对数据源的智能识别、感知、适配、传输、接入等。

5.2.2 大数据的预处理

在采集到原始数据后，需要对其进行一系列预处理操作，如数据清洗、数据集成、数据格式转换等，以确保数据的准确性和一致性，为后续的数据分析和挖掘提供高质量的数据基础。

1. 数据清洗

数据清洗是指对数据进行处理和加工，以使其适合进行分析和建模。数据清洗包括去数据去重、缺失值处理、异常值处理等操作，以提高数据的准确性和可靠性。数据清洗通常是数据预处理过程中的一个必要步骤，它可以消除数据中的错误和噪声，并提高分析和建模的精度。

数据去重：去除数据集中的重复记录。这可以通过比较记录中的唯一标识符或关键字段来实现。

缺失值处理：填补数据集中的缺失值。这可以使用插值、平均值填补、中位数填补、众数填补等方法进行处理。

异常值处理：检测和处理数据集中的异常值。异常值可以被删除或替换为可接受的值。

数据标准化：将数据格式标准化为一致的格式，以便处理和分析。例如，可以将日期格式标准化为 ISO 格式。

数据验证：确保数据集中数据的准确性和完整性。例如，可以验证邮件地址是否符合标准格式，或验证电话号码是否正确。

2．数据集成

数据处理常常涉及数据集成操作，即对来自多个数据源（如数据库、数据立方、普通文件等）的数据进行集成，并形成一个统一数据集，为数据处理工作的顺利完成提供完整的数据基础。根据数据集成的方式和目的，数据集成可以分为以下三类。

垂直数据集成：涉及不同数据源的不同维度的数据，如对来自不同部门的销售数据和市场数据进行集成。

水平数据集成：涉及同一数据源的不同粒度的数据，如对来自不同时间段的销售数据进行集成。

混合数据集成：涉及垂直和水平方面的数据集成，如对来自不同部门和不同时间段的销售数据进行集成。

3．数据格式转换

数据格式转换是指将数据从一种格式、结构或类型转换为另一种格式、结构或类型的过程。常用的数据格式转换方式如下。

平滑处理：除去数据中噪声数据，使数据更加平滑、连续。常用的技术方法有移动平均、聚类和回归等。

合计处理：对数据进行总计或合计操作。例如，对每天的数据进行合计操作可以获得每月或每年的总额。这一操作常用于构造数据立方或对数据进行多粒度分析。

数据泛化处理：用更抽象（更高层次）的概念来取代低层次或数据层的数据对象。例如，街道属性可以泛化到更高层次的概念，如城市、国家。

规格化处理：将有关属性的数据按比例投射到特定的范围之中。例如，将工资收入属性值映射到 0 到 1 范围内。

属性构造处理：根据已有属性集构造新的属性，以帮助进行数据处理。例如，根据宽、高属性，可以构造一个新属性面积。构造合适的属性能够减少学习构造决策模型时出现的碎块情况。

4．数据消减

数据消减的目的就是缩小待分析数据的规模，但不会影响（或基本不影响）最终的分析结果。常用的数据消减方式如下。

数据聚合：从一个或多个来源中收集数据并将其合并为摘要形式的过程。换句话说，数据聚合涉及在多个来源中检索个别数据，并将其组织成简化的形式，如总数或有用的统计数据。尽管通常通过计数、求总和和求平均值操作来聚合数据，但也可以聚合非数值数据。

维度消减：主要用于检测和消除无关、弱相关或冗余的属性或维。数据集可能包含成百上千个属性，而这些属性中，有许多部分是冗余或与挖掘任务无关的，它们也会影响数据挖掘的效率，而维数消减就是通过消除无关属性来有效消减数据集的规模的。

数据压缩：利用数据编码或数据转换将原来的数据集压缩为一个较小规模的数据集。若仅根据压缩后的数据集就可以恢复原来的数据集，那么就认为这个压缩是无损的，否则就称为有损的。

数据块消减：数据块消减是指在保持原有数据集完整性的前提下，对待分析数据集进行精简，主要包括参数与非参数两种基本方法。所谓参数方法，就是利用一个模型来获得原来的数据，因此只需要存储模型的参数即可（当然异常数据也需要存储）。例如，线性回归模型就可以根据一组变量预测计算另一组变量。而非参数方法则需存储利用直方图、聚类或取样而获得的消减后数据集。

5.2.3 大数据计算

1．批处理计算

批处理计算的对象是"固定的"、有界的数据集。在进行批处理计算时，数据的导入与计算通常被严格地分成两个阶段，即先将数据导入，再对数据进行计算与处理，这种情况往往应用于离线数据计算上。批处理计算可以对大量数据进行高效处理和分析，适用于需要对历史数据进行分析和挖掘的场景中，例如，离线数仓、批量报表、离线推荐等。举例来说，银行系统可能需要每周或每个月对用户的账单做一次计算，这就是批处理计算。批处理计算的优点主要有：处理复杂度低，通常不需要考虑数据的顺序、时间窗口等因素；容错性高，数据多批次集中处理，通常个别数据的处理失败不会影响后续数据的处理，也可以采用多种容错机制来确保任务正确完成。批处理计算的缺点主要有：响应速度慢，批处理是周期性执行的，不能及时响应数据变化；处理结果滞后，批处理在某些场景下可能会出现处理结果滞后的情况。

2．流计算

流计算处理的对象是"不固定的"、无界的数据流。在一些场景下，数据会不停地产生，当数据产生之后，要立刻对其进行分析与处理。在这种情况下，数据的导入与计算往往是同时发生的，在数据进入计算系统后就要立刻对其进行响应，适用于需要实时处理数据的场景，例如，实时数仓、实时监控、实时推荐等。流计算的优点有：实时性，数据在产生的时候就能立即被处理，能及时反馈结果；高效性，能不间断接受新数据并进行处理，因此可以更加高效地利用硬件资源。流计算的缺点主要有：数据突发，因为流数据具有不可预测性，可能会出现突发的高峰，导致系统压力急剧增加；处理复杂度高，实时处理可能需要更高的处理能力和更复杂的算法。

3．图计算

在日常工作生活中存在各种类型的数据，包括结构化数据、非结构化数据，还包括以图或网络形式呈现的数据，如社交网络、传染病传播链、交通路网状态等。许多非图结构的大数据，也常常会被转换为图模型后进行分析。图数据结构能够清晰地展示数据与数据之间的关联，因此可以高效地进行关联性计算，即通过获得数据的关联性，可以从存在很多噪声的海量数据中抽取有用的信息。比如，通过为购物者之间的关系建模，就能很快找到口味相似的用户，并为之推荐商品。又如，在社交网络中，通过传播关系就能够发现意见领袖。

由于图数据的规模通常非常大，无法完全加载到单个计算节点的内存中。因此，图计算通常采用分布式处理的方式，将图数据划分为多个分区，并将每个分区分配给不同的计算节点进行处理。图计算通常需要进行多轮迭代，每轮迭代都会更新节点的属性或计算节点之间的关系。在迭代计算的过程中，节点的属性会不断更新，直到达到收敛条件为止。在图计算中，节点之间的关系通常是通过边来表示的。由于节点之间的关系是任意的，因此图计算需要具有支持随机访问的能力，以便在计算过程中能够根据节点的关系进行数据传递和计算。

4．查询分析计算

查询分析计算主要用于对大规模数据进行存储管理和查询分析。它能够提供类似于传统关系数据库的查询接口，支持复杂的查询和分析操作，同时能够高效地管理和存储大规模数据。这种计算模式的特点是简单、灵活和高效，适合进行大规模数据的存储管理和查询分析。查询分析计算的代表技术产品有 Hive、Dremel、Cassandra 和 Impala 等。

5.2.4 大数据挖掘

数据挖掘（Data Mining）是从大量的、不完全的、有噪声的、模糊的、随机的数据中提取隐含在其中的、人们事先不知道的、但又潜在有用的信息和知识的过程。

根据信息存储格式，数据挖掘的对象有关系数据库、面向对象数据库、数据仓库、文本数据源、多媒体数据库、空间数据库、时态数据库、异质数据库以及 Internet 等。

数据挖掘中的核心算法包括：

（1）聚类分析：聚类分析是一种无监督学习算法，用于根据数据的特征将其分为多个群集。常见的聚类分析算法有 K 均值、DBSCAN、HDBSCAN 等。

（2）关联规则挖掘：关联规则挖掘是一种无监督学习算法，用于发现数据中的关联规则，如市场中的商品关联。常见的关联规则挖掘算法有 Apriori、Eclat、FP-Growth 等。

（3）决策树：决策树是一种监督学习算法，用于根据数据的特征构建一个树状结构，进行预测和决策。常见的决策树算法有 ID3、C4.5、CART 等。

（4）支持向量机：支持向量机是一种监督学习算法，用于解决二分类问题。常见的支持向量机算法有线性支持向量机、径向支持向量机、径向基支持向量机等。

（5）随机森林：随机森林是一种监督学习算法，通过构建多个决策树来预测和决策。常见的随机森林算法有 Breiman 随机森林、HOFFRAND 随机森林、AdaBoost 随机森林等。

5.2.5 大数据安全

传统的信息安全侧重于信息内容（信息资产）的管理，更多地将信息作为企业/机构的自有资产进行相对静态的管理，无法适应业务上实时动态的大规模数据流转和大量用户数据处理的特点。

大数据的特性和新的技术架构颠覆了传统的数据管理方式，在数据来源、数据处理使用和数据思维等方面带来革命性的变化，这给大数据安全防护带来了严峻的挑战。大数据的安全不仅是大数据平台的安全，而且是以数据为核心，围绕数据全生命周期的安全。数据在全生命周期各阶段流转过程中，在采集汇聚、存储处理、共享使用等方面都面临新的安全挑战。

1. 大数据采集汇聚安全

大数据环境下，随着 IoT 技术特别是 5G 技术的发展，出现了各种不同的终端接入方式和数据应用。数据显示，截至 2023 年 8 月末，应用于公共服务、车联网、智慧零售、智慧家居的物联网终端规模已分别达 7 亿、4.4 亿、3.2 亿、2.4 亿个。来自大量终端设备和应用的超大规模数据源输入，对鉴别大数据源头的真实性提出了挑战：数据来源是否可信，数据来源是否被篡改等，都是需要分析的风险。在数据采集过程中，数据技术协议的漏洞，采集过程中的误差，传输过程中的遗漏、破坏和拦截等问题不仅会带来数据安全风险，而且会造成隐私泄露、谣言传播等安全管理失控的问题。

2. 大数据存储处理安全

在传统的信息系统的数据处理模式中，数据的产生、存储、计算、传输都对应明确界限的实体，这种分段式处理信息的方式，用边界防护方法进行防护相对有效。而大数据平台采用分布式存储、分布式数据库、并行计算、流计算等技术，同时采用多种数据处理模式，完成多种业务处理，导致不存在明确的边界，传统的防护措施开始失效。

（1）大数据平台的分布式计算涉及多台计算机和多条通信链路，一旦出现多点故障，容易导致分布式系统出现问题。此外，分布式计算涉及的组织较多，在安全攻击和非授权访问防护方面比较脆弱。

（2）采用分布式存储时，数据被分块存储在各个数据节点上，导致了多种问题发生的可能，比如数据的安全域划分失效，分布式节点之间的传输网络容易受到攻击，节点的分布式存储增加了暴露风险，传统的数据存储加密技术无法满足大容量数据的性能要求等。

（3）在基础设施安全问题中，大数据平台不仅要考虑传统的安全问题，如 DDoS 攻击、存储加密、容灾备份、服务器的安全加固、防病毒、接入控制等，还要考虑特有的安全问题，如虚拟化软件安全、虚拟服务器安全、容器安全，以及由云服务引起的商业风险等。

（4）大数据平台支撑的业务应用多种多样，对外提供的服务接口千差万别，这给攻击者通过服务接口攻击大数据平台带来机会，因此，如何保证不同的服务接口安全是大数据平台面临的又一巨大挑战。

（5）大数据的应用核心是数据挖掘，从数据中挖掘出高价值信息为企业所用，是大数据价值的体现。然而在使用数据挖掘技术为企业创造价值的同时，也要考虑因为数据滥用和挖掘导致的数据泄露和隐私泄露问题。

3. 大数据共享使用安全

数据的保密问题。频繁的数据流转和交换使得数据泄露不再是一次性的事件，众多非敏感的数据可以通过二次组合形成敏感的数据。通过大数据的聚合分析能形成更有价值的衍生数据。如何更好地在数据使用过程中对敏感数据进行加密、脱敏、管控、审查等，阻止外部攻击者进行数据窃取、数据挖掘，以及根据算法模型参数梯度分析对训练数据的特征进行逆向工程推导等，避免隐私泄露，仍然是大数据给人们带来的巨大挑战。

数据保护策略问题。在大数据环境下，通过汇聚不同渠道、不同用途和不同重要级别的数据，采用大数据融合技术形成不同的数据产品，能使大数据成为有价值的知识，发挥巨大作用。如何对这些数据进行保护，以支撑不同用途、不同重要级别、不同使用范围的数据被充分共享、安全合规使用，确保大数据环境下高并发多用户使用场景中数据不泄露、不被非法使用，是大数据安全的一个关键性问题。

数据的权属问题。与传统的数据资产不同，大数据具有不同程度的社会性。一些敏感数据的所有权和使用权并没有被明确界定，很多基于大数据的分析都未考虑其中涉及的隐私问题。防止数据丢失、被盗取、被滥用和被破坏存在一定的技术难度，传统的安全工具不再像以前那么有用。如何管控大数据环境下数据流转、权属关系、使用行为和敏感数据追溯，解决数据权属关系不清、数据越权使用等问题，是一个巨大的挑战。

5.2.6 大数据可视化

随着大数据技术的迅速发展，数据处理和数据分析已经成为众多领域的关键技术。在大数据领域，数据可视化是一个至关重要的环节，它可以帮助我们更好地理解、探索和发现大数据中的规律和趋势。

1. 数据可视化的基本特征

（1）易懂性，数据可视化可以使碎片化的数据转换成具有特定结构的知识，从而为决策提供帮助。

（2）必然性，大数据所产生的数据量必然要求人们对数据进行归纳总结，对数据的结构和形式进行转换处理。

（3）片面性，数据可视化的片面性体现在可视化模式不能替代数据本身，只能作为数据表达的一种特定形式。

（4）专业性，专业性是指人们需要从可视化模型中提取专业知识，这也是数据可视化应用的最后一个流程。

2．数据可视化工具

Matplotlib（Python）：Matplotlib 是一个 Python 2D 绘图库，只需几行代码，它就可以画出许多高质量的图像，如直方图、条形图、饼图、散点图等。

Seaborn（Python）：Seaborn 是带着定制主题和高级界面控制的 Matplotlib 扩展包，兼容 Numpy 与 Pandas 数据结构。Seaborn 绘图接口更集中，可通过少量参数设置实现大量封装绘图，对 Pandas 和 Numpy 数据类型非常友好，风格设置更为多样，可进行风格、绘图环境和颜色配置等。

Tableau：Tableau 是斯坦福大学一个计算机科学项目的成果，该项目旨在改善分析流程并让人们能够通过可视化工具更轻松地使用数据。Tableau 是一个可视化分析平台，该平台通过直观的界面将拖放操作转化为数据查询，从而对数据进行可视化呈现。

ECharts：ECharts 是一个纯 JavaScript 图表库，可以流畅地运行在 PC 和移动设备上，兼容当前绝大部分浏览器（IE 8/9/10/11、Chrome、Firefox、Safari 等），底层依赖轻量级的 Canvas 类库 ZRender，提供直观、生动、可交互、可高度个性化定制的数据可视化图表。ECharts 3 中加入了更多丰富的交互功能及更多的可视化效果，并且对移动端做了深度的优化。

5.3 大数据应用案例

5.3.1 金融大数据应用案例

证券市场风险研究是金融领域的一个经典命题。随着互联网的发展，媒体信息对证券市场风险波动的影响日趋显著，媒体信息的发布、传播和吸收都与证券市场波动紧密相关，成为证券市场风险研究中不可忽视的重要因素。

Stock++证券市场风险量化分析系统以媒体信息数据为驱动力，利用先进的自然语言处理技术和深度学习模型，构建智能化的金融市场风险分析系统，能够全方位、多层次地探究互联网媒体对证券市场的影响机理、传导机制，使得从微观视角分析证券市场局部波动性成为可能，为传统金融学研究提供了全新的研究视角和技术方案。

Stock++系统是全国最大的财经新闻数据库系统。研究团队长期深耕于证券市场媒体效应研究领域，自 2015 年起与同花顺深度合作，监控中国证券市场主流新闻网站，持续收集 1300 多万条财经新闻数据，涉及 4293 家上市公司，构建完成全国最大的财经新闻数据库。如图 5-3-1 所示，Stock++股票走势图不仅展示了股票走势，还展示了相关的新闻数量和情感分析指标情况。

Stock++系统是多种人工智能算法的集成平台。通过证券市场关键拐点算法帮助用户及时判断价格趋势走向，辅助用户进行市场风险决策管理；通过证券市场图神经网络算法，基于上市公司关联关系，构建关联关系网络，如图 5-3-2 所示；通过可视化方式为用户展示市场风险传播的全过程，帮助用户在短时间内获取市场的价值信息。

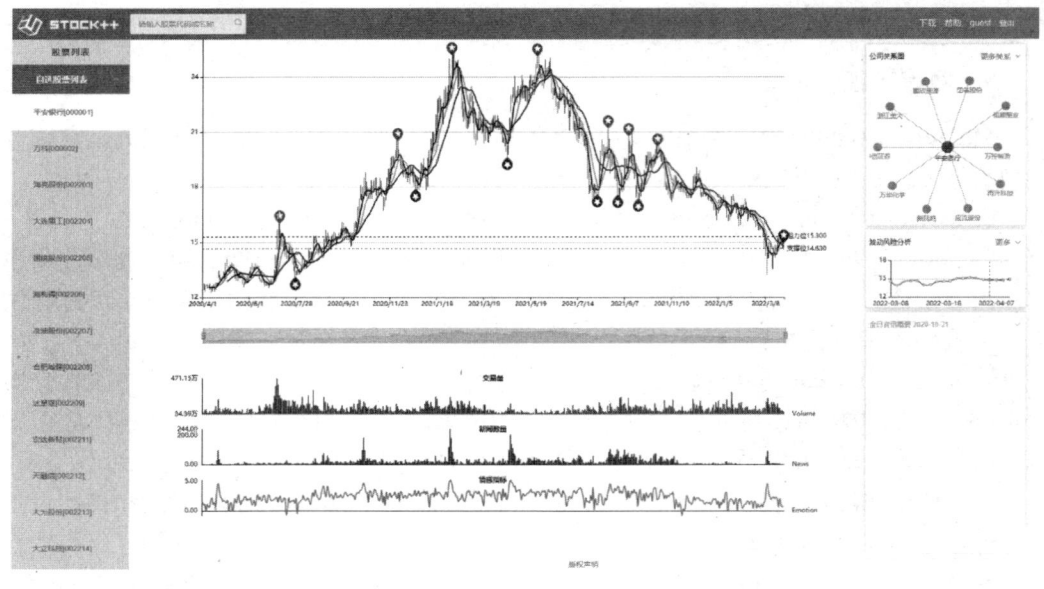

图 5-3-1　Stock++股票走势图

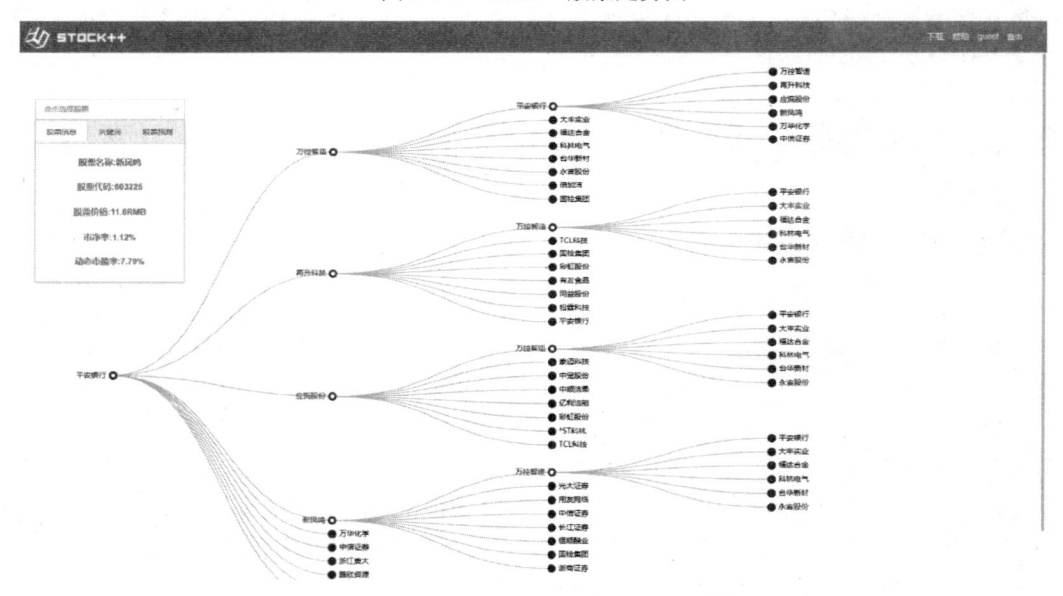

图 5-3-2　Stock++关联关系网络

Stock++系统是价值信息的转化载体。基于数据与算法优势，为用户提供关键拐点、重要风险路径的财经新闻文摘与具体原文，帮助用户第一时间获取市场价值信息，具象化市场风险，了解最新行情资讯。

5.3.2　互联网大数据应用案例

从不确定的海量企业数据中识别出存在重大风险的企业，帮助政府部门、融资机构、企业自身实现高效的智能决策管理,已经成为大数据挖掘和信息管理领域的重要命题。企业风险智能预警与防控作为防范化解重大风险中的关键任务,是衡量社会主义市场经济发展水平的重要标志,对我国打好防范化解市场风险攻坚战具有重要的理论和实践意义。

企业风险智能预警与防控大数据分析平台聚焦于数字化时代背景,针对企业风险呈现出的源头多、类型杂、传播速度快、波及面广、破坏力大、关联性强等新特性,致力于构建面向全国的海量企业数据库,利用先进智能技术手段,提升企业数据特征价值,挖掘企业之间的关联关系,构建智能化的企业风险识别与决策模型,让洞察企业风险微观波动成为可能,能及时、精准地识别企业风险,为政府监管、融资机构、企业自身提供智能决策依据,提升企业风险的数字化监管水平。图 5-3-3 给出了企业风险排行总榜,展示了风险排名较高的企业,并从风险项目、行业、地区三个不同维度展示了风险较高的企业。

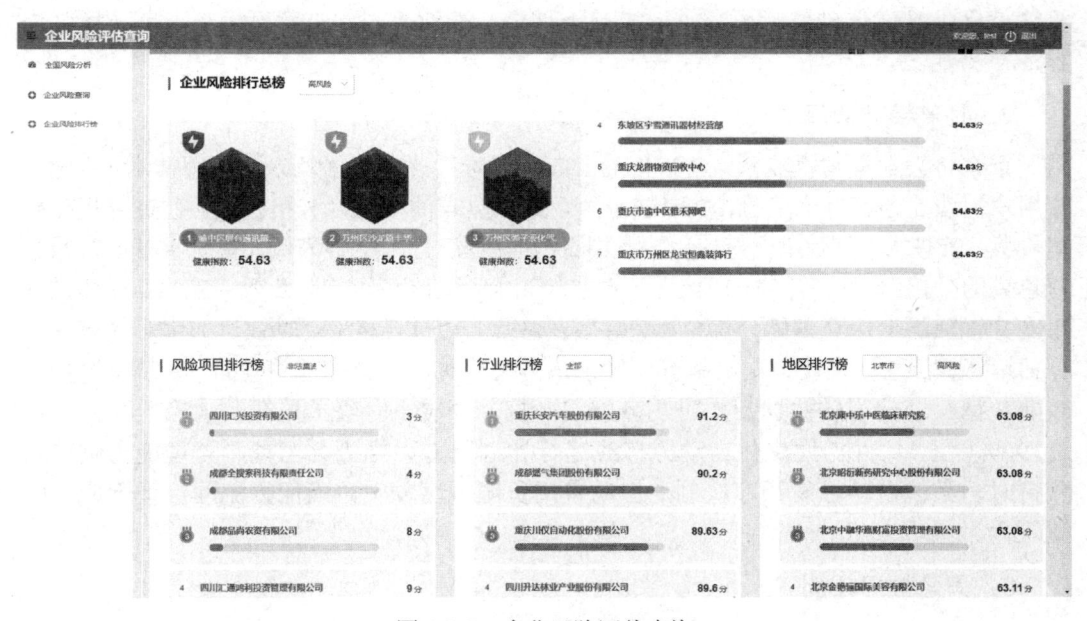

图 5-3-3　企业风险评估查询

大数据企业风险智能分析系统面向企业数据特征可进行增强优化,利用自然语言处理与深度学习方法,分析解决企业存在的三大数据特征问题:结构化数据缺失、非结构数据量化困难、深层关联关系难以提取,提升企业风险研究数据的价值,提升模型对企业风险识别的精准性。

大数据企业风险智能分析系统面向动态演化与多源风险侦测的智能算法构建。企业风险的产生是一个动态发展、不断演化的过程,基于动态演化视角的深度学习算法构建有助于及时发现、处置企业风险,强化企业风险监管与治理能力。另外,企业风险研究是一个多风险源侦测问题,不同企业面临的企业风险不尽相同,且可能同时面临多种企业风险(例如,企业在现金流枯竭时,往往同时面临债务风险和融资风险)。系统针对企业风险预警与防控的痛点问题,构建符合实际需求的动态演化与多风险源侦测智能算法,强化系统对企业风险的识别功能,提升企业风险的数字化监管效率。

5.3.3 其他领域大数据应用案例

1. 短视频精准推荐

抖音通过多元化组合分析用户行为大数据实现精准推荐机制。系统首先识别创作者领域并提取内容关键标签,用户端初始时会收到基于兴趣挖掘的试探性内容,通过互动反馈(如点击、停留时长等)逐步构建用户兴趣画像并标注对应标签。推荐引擎对内容标签与用户画像进行匹配,形成"兴趣—内容"双向适配的闭环系统。在深度运营层面,系统持续分析用户浏览、点赞、评论、转发等全维度行为数据,强化兴趣建模并拓展关联标签,实现"标签扩散"效应。当检测到用户与创作者兴趣图谱高度重合时,算法将优先推送该创作者内容,形成基于兴趣共振的"同频推荐"机制,有效增强内容消费黏性。

2. 物流精准管理

京东将大数据与物流系统深度融合,依托高质量核心数据及先进处理技术,构建覆盖用户消费习惯、商品流通、供应链协同及地理分布的全维度分析模型。通过可视化数据看板,管理人员可实现物流运营全景监控,以智能分拣中心为例,系统实时追踪数百万包裹的分拣路径、节点时效及处理单号,精准呈现核心环节运营效率差异。该数据体系支持管理层下探至具体分拣中心、片区及站点,通过合格率、时效达成率等关键指标评估运营健康度,使决策层与执行团队形成信息对称。在智能预测方面,系统融合历史消费数据、仓储周转数据及实时物流网络数据,开展小时级单量预测(当前预测精度达90%以上),并据此优化自动分拣线运行计划及人力排班。当预测处理能力临界超负荷时,系统自动触发预警机制,启动备用资源调度预案,确保物流网络弹性应对峰值压力。

3. 舆论数据分析

新冠疫情作为重大公共危机,既对医疗卫生体系造成强烈冲击,也对国家治理能力提出重大考验。疫情期间,社交媒体舆论场呈现高度活跃态势,如何精准把握舆论特征并优化应急处置与舆论疏导,成为公共管理与政府决策的关键议题。复旦大学跨学科团队对此展开专项研究,由大数据学院魏忠钰副教授与新闻学院周葆华教授联合领衔的用户画像研究团队,基于新浪微博平台抓取2020年1月15日至2月16日之间约3000万篇疫情相关博文,运用情感分析、话题聚类等技术手段,精准捕捉群体舆论演化轨迹及典型群体特征,并提出系统性引导策略。研究表明:疫情初期负面情绪呈现显著极化特征,随着中央防控体系快速运转及医学专家深度介入,公众情绪逐步转向理性积极。值得注意的是,即使疫情扩散曲线趋稳,舆论情感仍呈现波动特征,这与防疫次生议题(如医疗资源分配、复工复产争议等)密切相关,反映出危机传播的多轮次特性,为建立长效舆情治理机制提供重要启示。

4．电商数据分析

"数据就是力量"的核心理念始终贯穿亚马逊的商业实践。这家电商巨擘基于 20 亿个用户的账户数据资产，在由 140 万台服务器集群构建的算力基座上，持续解析 10EB 级行为数据（涵盖用户浏览轨迹、愿望清单、关联消费等 128 个行为维度），驱动智能推荐系统的迭代进化。其全球商品库包含 15 亿 SKU（库存单位）数据，通过 200 个智能履行中心实现跨国流转，并依托 S3 云存储系统完成每小时 420 万次数据更新。该体系每 30 分钟即触发一次全目录扫描，将分析结果反馈至分布式数据库网络，支撑毫秒级个性化推荐响应。值得关注的是，亚马逊通过智能推荐创造的增量价值占整体营收的 10%～30%。在覆盖 2 亿个消费者的全球市场中，其算法引擎每天处理超 50 亿次用户交互数据，驱动着由 200 万个第三方卖家构成的生态体系高效运转，完美诠释数据智能在零售领域的颠覆性力量。

5.4 Hadoop 大数据分析

5.4.1 Hadoop 框架体系

Hadoop 是一个能够让用户轻松使用的分布式计算机平台。用户可以轻松地在 Hadoop 平台上开发和运行处理海量数据的应用程序，并且该平台的数据处理方式是可靠、高效及可伸缩的。Hadoop 的核心由三大组件组成：HDFS、MapReduce 和 YARN。其中，HDFS 是一个分布式文件系统；MapReduce 是一个用于大数据计算的分布式并行编程模型；YARN 是一个资源管理和调度平台，负责为计算模型提供运算资源。

微课视频

5.4.2 HDFS

HDFS 是 Hadoop 生态系统中的一个分布式文件系统，能够在集群的廉价硬件上可靠地存储大数据集，主要由 NameNode 和 DataNode 两类节点组成。

1．NameNode

NameNode 是 HDFS 的主节点，负责管理文件系统的命名空间和文件块的映射关系。它存储所有文件和目录的元数据（如文件名、权限、块位置等），并协调客户端对数据的访问请求。

2．DataNode

DataNode 是 HDFS 的工作节点，负责存储实际的数据块。DataNode 按照 NameNode 的指示执行数据块的创建、删除及复制等操作，并定期向 NameNode 发送"心跳"信号，报告其健康状态和存储情况。

5.4.3 MapReduce

MapReduce 采用 M/S（Master/Slave）架构，它主要由 JobClient、JobTracker、TaskTracker 和 Task 组件组成。

1．JobClient

用户编写的 MapReduce 程序通过 JobClient 提交到 JobTracker 端；同时，用户可通过客户端提供的一些接口查看作业运行状态。在 Hadoop 内部用作业表示 MapReduce 程序。一个 MapReduce 程序可对应若干个作业，每个作业会被分解成若干个 Map/Reduce 任务。

2．JobTracker

JobTracker 主要负责 MapReduce 的资源监控和作业调度。JobTracker 监控所有 TaskTracker 与作业的状态情况，一旦发现失败，它会将相应的任务转移到其他节点。同时，JobTracker 会跟踪任务的执行进度、资源使用量等信息，并将这些信息告诉任务调度器，任务调度器在资源出现空闲时，选择合适的任务使用这些资源。

3．TaskTracker

TaskTracker 主要负责执行由 JobTracker 分配的任务。TaskTracker 会周期性地通过"心跳"信号将本节点上资源的使用情况和任务的执行进度汇报给 JobTracker，同时接收 JobTracker 发送过来的命令并执行相应的操作。

4．Task

Task 分为 MapTask 和 ReduceTask 两种，均由 TaskTracker 启动，负责具体执行 Map 任务和 Reduce 任务。

5.4.4 YARN

YARN 主要由 ResourceManager、NodeManager、ApplicationMaster 和 Container 等组件构成。

1．ResourceManager

ResourceManager 主要负责集群中所有资源的统一管理和分配，接收来自各个节点的资源汇报信息，并按照一定的策略将这些信息分配给各个应用程序。ResourceManager 的主要作用包括处理客户端请求、监控 NodeManager、启动或监控 ApplicationMaster 以及资源的分配与调度。

2．NodeManager

NodeManager 主要负责接收处理来自 ResourceManager 的资源分配请求，由每个节点自己的 NodeManager 分配具体的资源给应用；同时，它还负责监控并报告节点的资源使用情况给 ResourceManager。NodeManager 只负责管理自身节点的资源,它并不知道运行在它上面应用的信息。

3．ApplicationMaster

ApplicationMaster 主要负责数据切分,管理 YARN 内运行的各个应用程序,并为这些实例向 ResourceManager 申请资源;它与 NodeManager 协同工作来执行应用的各个任务,并监控任务的状态和执行情况,重启失败的任务。

4．Container

Container 是一个动态资源分配单位,它将某个节点上的内存、CPU、硬盘、网络等资源封装在一起,便于规划每个任务使用的资源量。一个节点会运行多个 Container,但一个 Container 不会跨节点运行。

5.4.5 Hadoop 相关技术及生态系统

Hadoop 技术经过不断地拓展,在原来的基础上研发出了很多其他技术,构成了一个完整的分布式计算系统。Hadoop 生态系统整体结构如图 5-4-1 所示。

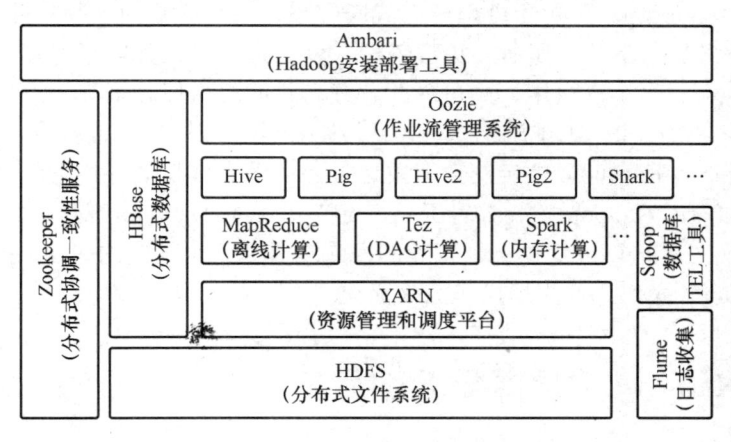

图 5-4-1 Hadoop 生态系统整体结构

（1）HDFS,分布式文件系统。它是一个高度容错的系统,能检测和应对硬件故障,可以在低成本的通用硬件上运行。其简化了文件一致性模型,通过流数据访问,能够提供高吞吐量应用程序数据访问功能,适合带有大型数据集的应用程序。

（2）MapReduce,分布式并行编程模型,用于在大规模并行计算机集群系统上编写对大规模数据进行快速处理的并行化程序。

（3）YARN,资源管理和调度平台。

（4）Tez,运行在 YARN 之上的下一代 Hadoop 计算处理框架。它把 Map/Reduce 过程拆分成若干子过程,同时也把多个 Map/Reduce 子任务组合成一个较大的 DAG（Directed Acyclic Graph）任务,从而减少 Map/Reduce 之间的文件存储,合理组织其子过程，减少任务执行时间。

（5）Hive，Hadoop 上的数据仓库架构，它提供了类似 SQL 的查询语言 HiveQL。通过实现该语言，可以方便地进行数据汇总、数据查询以及分析存放在 Hadoop 兼容文件系统中的大数据。

（6）HBase，Hadoop 上的非关系型面向列的动态模式分布式数据库。HBase 适用于非结构化大数据存储，支持随机、实时读/写访问。

（7）Pig，一个基于 Hadoop 的大规模数据分析平台，提供类似 SQL 的查询语言 Pig Latin。Pig 包含了一个数据分析语言和运行环境，其结构设计支持真正的并行化处理，适用于大数据环境。

（8）Sqoop，全称为 SQL-to-Hadoop，用于在结构化数据存储与 Hadoop 和传统数据库之间进行数据传递。它既可用于将传统数据库中的数据导入 HDFS 或者 MapReduce，又可用于将处理后的结果导出到传统数据库中。

（9）Oozie，Hadoop 上的作业流管理系统，它内部定义了三种作业：工作流作业，由一系列动作构成的有向无环图（DAGs）；协调器作业，按时间频率周期性触发 Oozie 工作流作业；Bundle 作业，管理协调器作业。

（10）Zookeeper，提供分布式协调一致性服务，解决分布式计算中的一致性问题。在此基础上，Zookeeper 可用于处理分布式应用系统中常遇到的一些数据管理问题，包含统一命名服务、状态同步服务、集群管理、分布式应用配置项管理等。

（11）Flume，一个高可用、高可靠的、分布式的海量日志采集、聚合和传输系统。它将数据从产生、传输、处理并最终写入目标路径的过程抽象成数据流，在具体的数据流中，数据源支持在 Flume 中定制数据发送方，从而支持收集各种不同协议下的数据。

（12）Ambari，Hadoop 安装部署工具，支持 Apache Hadoop 集群的供应、管理和监控的 Web 界面工具，可以提供一个直观的操作工具和一个稳定的 Hadoop API，可以隐藏复杂的 Hadoop 操作，使集群操作大大简化。

5.5 Hadoop 大数据分析实践

5.5.1 应用 Hive 进行大数据分析

1．案例描述

本案例的数据集为电商购物网站用户购物行为数据集，包含约 30 万条数据，文件名为 small_table.txt。

数据集格式如表 5-5-1 所示。

表 5-5-1　数据集格式说明

字段名称	字段含义	示　　例
id	主键	"1"
uid	用户 ID	"10001082"

续表

字 段 名 称	字 段 含 义	示 例
item_id	商品 ID	"53616768"
behavior_type	购物行为 1,2,3,4 分别代表浏览、收藏、加入购物车和购买	"1"
item_category	商品类别	"5503"
time	记录产生时间	"2014-12-12"
province	记录产生时的地点	"浙江"

数据集展示如图 5-5-1 所示。

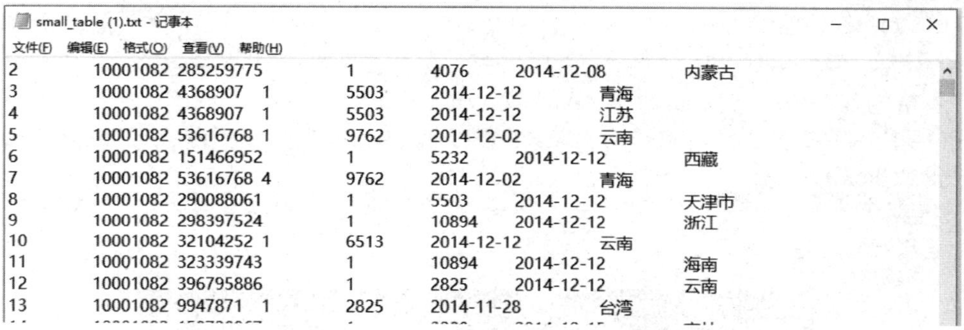

图 5-5-1 数据集展示

上述文件为 txt 格式的,数据分隔符为 "\t",要求将数据导入 Hive 数据库中,并利用 HiveQL 完成下列任务:

(1)查看前 10 个用户的购物行为;
(2)查看前 20 个用户购买商品的时间和商品的种类;
(3)查看表内有多少个用户;
(4)查看不重复的数据有多少条;
(5)给定时间和地点,求当天发到指定地点的货物数量。

根据上面的任务,下面对本案例进行分析,具体如下:

(1)利用 HiveQL 创建一张 Hive 表,并且导入 txt 文件;
(2)购物行为属性是 behavior_type,使用 LIMIT 限制结果展示数量为 10;
(3)behavior_type=4,查询 LIMIT 20 内的 item_category;
(4)使用 DISTINCT 进行去重,然后用 COUNT 函数计算记录数量;
(5)对 uid、item_id、behavior_type、item_category、visit_date、province,用 GROUP BY 进行分组,筛选出数量为 1 的记录 a;然后使用 COUNT 计算 a 的数量;
(6)利用 WHERE 指定 province、visit_data 及 behavior_type 的约束,然后使用 COUNT 计算数量。

2.案例实现

具体实现步骤如下。

1）创建 Hive 表并导入数据

进入 Hive 命令行，输入下面的 HiveQL 语句，创建 Hive 表 small，指定分隔符为“\t”：

```
CREATE TABLE small(
  id INT,
  uid STRING,
  item_id STRING,
  behavior_type INT,
  item_category STRING,
  visit_date DATE,
  province STRING)
ROW FORMAT DELIMITED FIELDS TERMINATED BY '\t'
STORED AS TEXTFILE;
```

表格创建完成，将 small_table.txt 导入 small 表：

```
LOAD DATA INPATH '/input/small_table.txt' INTO TABLE small;
```

查看 small 表：

```
DESC small;
```

结果如图 5-5-2 所示。

```
OK
id                      int
uid                     string
item_id                 string
behavior_type           int
item_category           string
visit_date              date
province                string
Time taken: 0.058 seconds, Fetched: 7 row(s)
```

图 5-5-2　查看表格

2）查看前 10 个用户的购物行为

执行下面的 HiveQL 语句：

```
SELECT behavior_type FROM small LIMIT 10;
```

结果如图 5-5-3 所示。

```
OK
1
1
1
1
1
4
1
1
1
1
Time taken: 0.133 seconds, Fetched: 10 row(s)
```

图 5-5-3　查看前 10 个用户的购物行为

结果说明：从图 5-5-3 中可以看出，前 10 个用户中，9 个用户的购物行为是“1”，代表“浏览”，1 个用户的购物行为是“4”，代表购买。

3）查看前 20 个用户购买商品的时间和商品的种类

执行下面的 HiveQL 语句：

```
SELECT visit_date,item_category FROM small WHERE behavior_type=4 LIMIT 20
```

结果如图 5-5-4 所示。

```
OK
2014-12-02      9762
2014-12-14      7079
2014-12-02      10576
2014-12-02      12097
2014-12-13      5689
2014-12-07      4953
2014-11-29      3673
2014-12-12      3628
2014-12-12      9559
2014-12-11      10431
2014-12-07      7344
2014-12-14      231
2014-11-25      4588
2014-12-11      10431
2014-12-07      1121
2014-12-11      9618
2014-11-25      4677
2014-11-20      10135
2014-12-02      3660
2014-12-02      6648
Time taken: 0.439 seconds, Fetched: 20 row(s)
```

图 5-5-4　查看前 20 个用户购买商品的时间和商品的种类

结果说明：从图 5-5-4 中可以看出，前 20 个用户购买商品的时间均在 2014 年 11 月、12 月，购买的商品大多数属于不同的类型。

4）查看表内有多少个用户

执行下面的 HiveQL 语句：

```
SELECT COUNT(DISTINCT uid) FROM small;
```

结果如图 5-5-5 所示。

```
INFO  : org.apache.hadoop.hive.ql.exec.tez.HiveInputCounters:
INFO  :    GROUPED_INPUT_SPLITS_Map_1: 1
INFO  :    INPUT_DIRECTORIES_Map_1: 1
INFO  :    INPUT_FILES_Map_1: 1
INFO  :    RAW_INPUT_SPLITS_Map_1: 1
INFO  : Completed executing command(queryId=hive_20241021102638_34181f15-adb4-45
af-b702-b5bc52bd1963); Time taken: 22.653 seconds
INFO  : OK
+-------+
| _c0   |
+-------+
| 270   |
+-------+
1 row selected (23.413 seconds)
```

图 5-5-5　查看表内有多少个用户

结果说明：从图 5-5-5 中可以看出，表内共有 270 个用户。

5）查看不重复的数据有多少条

执行下面的 HiveQL 语句：

```
SELECT COUNT(*) FROM (SELECT uid,behavior_type,item_category,visit_date,province FROM small GROUP BY uid,item_id,behavior_type,item_category,visit_date,province HAVING COUNT(*)=1) a;
```

结果如图 5-5-6 所示。

图 5-5-6　查看不重复的数据有多少条

结果说明：从图 5-5-6 中可以看出，不重复的数据有 284183 条。

6）给定时间和地点，求当天发到指定地点的货物数量

执行下面的 HiveQL 语句：

SELECT COUNT(*) FROM small WHERE province='江西' AND visit_date='2014-12-12' AND behavior_type=4;

结果如图 5-5-7 所示。

图 5-5-7　查看 2014 年 12 月 12 日发到江西的货物数量

结果说明：从图 5-5-7 中可以看出，2014 年 12 月 12 日发到江西的货物数量是 8 个。

5.5.2　应用 HDFS 和 Python Spark 进行大数据分析

Spark，一个开源的数据分析集群计算框架，建立于 HDFS 之上，类似于 Hadoop MapReduce 的通用并行框架。Spark 与 Hadoop 一样，用于构建大规模、低延时的数据分析应用。Spark 采用 Scala 语言实现，使用 Scala 作为应用框架，能够对大数据进行分析处理。

微课视频

1．案例描述

本案例依然采用 5.5.1 节中的数据集，先将数据导入 HDFS，然后利用 PySpark（Python Spark）完成下面分析任务：

（1）计算购买数量排名前 10 的商品；

（2）计算购买数量排名前 10 的地区；

（3）计算不同地区浏览数量最多的商品类别；

（4）计算 2014 年不同月份浏览数量最多的商品；

（5）分别计算浏览、收藏、加入购物车及购买数量排名前 10 的商品，取这些商品的交集。

根据上面的任务，对本案例进行分析，具体如下：

（1）使用 HDFS 中的 put 命令，将数据上传到 HDFS；

（2）通过 spark.read.formatd 读取文本文件，设置分隔符为"\t"，然后通过 with-ColumnRenamed 对列进行重命名；

（3）利用 filter 获取 behavior_type 为 4 的数据，然后对 item_id 进行 groupby 操作，并用 count 计算数量；按照数量进行从高到低排序，并输出排名前 10 的数据；

（4）利用 filter 获取 behavior_type 为 4 的数据，然后对 province 进行 groupby 操作，并用 count 计算数量，最后对数量进行从高到低的排序，并输出排名前 10 的数据；

（5）利用 filter 获取 behavior_type 为 1 的数据，然后对 province 和 item_category 同时进行 groupby 操作，并用 count 计算数量；接着对 count 结果进行从高到低的排序；最后利用 dropDuplicates，只保留不同地区数量最高的商品类别并进行结果输出；

（6）利用 withColumn 将 visit_date 拆分为 year 和 month，然后通过 filter 获取 behavior_type 为 4、year 为 2014 的数据；接着对 month 和 item_category 同时进行 groupby 操作，并用 count 计算数量；最后按照数量进行从高到低的排序，并输出排名前 10 的数据；

（7）通过 filter 分别对浏览、收藏、加入购物车和购买四种行为进行提取，并对 item_category 进行 groupby 操作及 count 计数操作，获取排名前 10 的商品类别；然后将四个结果表通过 inner 的方式进行 join 操作，最后输出结果。

2．案例实现

具体实现步骤如下。

1）将数据上传到 HDFS

（1）将数据集复制到本地文件夹 /swufe 中：

cp small_table.txt /swufe

（2）在 HDFS 上创建文件夹：

hadoop dfs -mkdir /swufe

（3）将文件上传到 HDFS 的 swufe 文件夹中：

hadoop dfs -put /swufe/small_table.txt /swufe

（4）查看上传的 HDFS 文件：

hadoop dfs -ls /swufe

结果如图 5-5-8 所示。

```
WARNING: Attempting to execute replacement "hdfs dfs" instead.

Found 7 items
drwxr-xr-x   - hdfs hdfs          0 2023-10-31 10:58 /swufe/business_etl
-rw-r--r--   3 hdfs hdfs       1881 2024-09-12 17:25 /swufe/industryPeopleNumber
.py
-rw-r--r--   3 hdfs hdfs   20814841 2024-09-19 13:23 /swufe/item_feature.csv
-rw-r--r--   3 hdfs hdfs 1191588884 2024-10-16 15:14 /swufe/large_table.txt
-rw-r--r--   3 hdfs hdfs  263810691 2024-09-12 15:43 /swufe/salary_data.json
-rw-r--r--   3 hdfs hdfs   15591196 2024-10-21 11:31 /swufe/small_table.txt
-rw-r--r--   3 hdfs hdfs  152898689 2023-10-31 10:48 /swufe/yelp_academic_datase
t business.json
```

图 5-5-8　查看 HDFS 上的 swufe 文件夹

2）通过 PySpark 读取文本文件

执行下面的语句：

```
def data_process(raw_data_path):
    spark = SparkSession.builder \  # 创建 SparkSession 对象，作为访问 Spark 的入口
        .appName("Read TXT with Dataframe") \
        .getOrCreate()
    df = spark.read.format("csv") \   # 读取文本文件，并指定分隔符
        .options(delimiter="\t") \
        .load(raw_data_path)
    df = df.withColumnRenamed("_c0","id")\  # 对列名进行重命名
          .withColumnRenamed("_c1","uid")\
          .withColumnRenamed("_c2","item_id")\
          .withColumnRenamed("_c3","behavior_type")\
          .withColumnRenamed("_c4","item_category")\
          .withColumnRenamed("_c5","time")\
          .withColumnRenamed("_c6","province")
    df.show(10)
```

结果如图 5-5-9 所示。

```
+---+--------+---------+-------------+-------------+----------+--------+
| id|     uid|  item_id|behavior_type|item_category|      time|province|
+---+--------+---------+-------------+-------------+----------+--------+
|  2|10001082|285259775|            1|         4076|2014-12-08|  内蒙古|
|  3|10001082|  4368907|            1|         5503|2014-12-12|    青海|
|  4|10001082|  4368907|            1|         5503|2014-12-12|    江苏|
|  5|10001082| 53616768|            1|         9762|2014-12-02|    云南|
|  6|10001082|151466952|            1|         5232|2014-12-12|    西藏|
|  7|10001082| 53616768|            4|         9762|2014-12-02|    青海|
|  8|10001082|290088061|            1|         5503|2014-12-12|  天津市|
|  9|10001082|298397524|            1|        10894|2014-12-12|    浙江|
| 10|10001082| 32104252|            1|         6513|2014-12-12|    云南|
| 11|10001082|323339743|            1|        10894|2014-12-12|    海南|
+---+--------+---------+-------------+-------------+----------+--------+
only showing top 10 rows
```

图 5-5-9　通过 PySpark 读取文本文件

结果说明：从图 5-5-9 中可以看出，代码既实现了文本文件的读取，也对列名进行了调整。

3）计算购买数量排名前 10 的商品

执行下面的语句：

```
df2 = df.filter(df.behavior_type == '4')
    result1 = df2.groupby("item_id").count()
```

```
result1 = result1.orderBy(result1["count"].desc())
result1.show(10)
```

结果如图 5-5-10 所示。

图 5-5-10　计算购买数量排名前 10 的商品

结果说明：从图 5-5-10 中可以看出，购买数量最多的商品的 ID 是 "356542435"，购买数量是 12。

4）计算购买数量排名前 10 的地区

执行下面的语句：

```
df3 = df.filter(df.behavior_type == '4')
result2 = df3.groupby("province").count()
result2 = result2.orderBy(result2["count"].desc())
result2.show(10)
```

结果如图 5-5-11 所示。

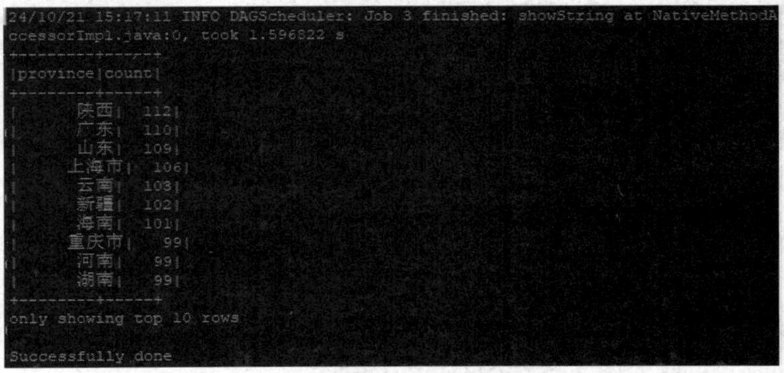

图 5-5-11　计算购买数量排名前 10 的地区

结果说明：从图 5-5-11 中可以看出，陕西省的购买数量是 112，在所有地区中排名第一；其次是广东省，购买数量为 110，再次是山东省，购买数量是 109。

5）计算不同地区浏览数量最多的商品类别

执行下面的语句：

```
df4 = df.filter(df.behavior_type == '1')
```

```
result3 = df4.groupby(["province","item_category"]).count()
result3 = result3.orderBy(result3["count"].desc())
result3 = result3.dropDuplicates(subset = ["province"])
result3 = result3.orderBy(result3["count"].desc())
result3.show(40)
```

结果如图 5-5-12 所示。

province	item_category	count
吉林	13230	394
江苏	13230	391
陕西	13230	388
黑龙江	13230	382
青海	13230	378
香港	13230	378
重庆市	13230	376
内蒙古	13230	376
海南	13230	373
江西	13230	369
河北	13230	367
四川	13230	366
广东	13230	364
上海市	13230	364
辽宁	13230	362
云南	13230	360
浙江	13230	358
湖南	13230	358
甘肃	13230	355
天津市	13230	354
山西	13230	353
北京市	13230	352
广西	13230	351
澳门	13230	350
宁夏	13230	345
贵州	13230	343
山东	13230	341
西藏	13230	339
台湾	13230	337
福建	13230	335
湖北	13230	328
新疆	13230	325
安徽	13230	323
河南	13230	318

图 5-5-12　计算不同地区浏览数量最多的商品类别

结果说明：从图 5-5-12 中可以看出，不同地区浏览数量最多的商品类别是 "13230"。

6）计算 2014 年不同月份浏览数量最多的商品

执行下面的语句：

```
df5 = df.withColumn("year", substring(df.time, 0, 4))
df5 = df5.withColumn("month", substring(df.time,6, 2))
df5.show(5)
df5 = df5.filter((df5.year == '2014') & (df5.behavior_type =='1'))
result4 = df5.groupby(['month','item_category']).count()
result4 = result4.orderBy(result4["count"].desc())
result4.show(20)
```

结果如图 5-5-13 所示。

```
+-----+-------------+-----+
|month|item_category|count|
+-----+-------------+-----+
|   12|        13230| 6882|
|   12|         5894| 6714|
|   12|         1863| 5751|
|   11|        13230| 5271|
|   12|         6513| 5261|
|   12|         5399| 5069|
|   12|         5027| 4811|
|   11|         1863| 3859|
|   11|         5894| 3123|
|   11|         5399| 2879|
|   11|         6513| 2857|
|   11|         5027| 2520|
|   12|         5232| 2129|
|   12|        11279| 2078|
|   12|         2825| 1962|
|   12|         4370| 1866|
|   12|         6000| 1828|
|   12|        10894| 1698|
|   12|         5271| 1616|
|   12|        10392| 1594|
+-----+-------------+-----+
only showing top 20 rows
```

图 5-5-13　计算 2014 年不同月份浏览数量最多的商品

结果说明：从图 5-5-13 中可以看出，2014 年不同月份浏览数量最多的商品类别是"13230"，浏览量为 6882。

7）分别计算浏览、收藏、加入购物车及购买数量排名前 10 的商品，取这些商品的交集执行下面的语句：

```
tmpdf1 = df.filter(df.behavior_type == '1')
tmpresult1 = tmpdf1.groupby("item_category").count()
tmpresult1 = tmpresult1.orderBy(tmpresult1["count"].desc())
tmpresult1 = tmpresult1.withColumnRenamed("count","count_1")
tmpresult1 = tmpresult1.limit(10)
tmpdf2 = df.filter(df.behavior_type == '2')
tmpresult2 = tmpdf2.groupby("item_category").count()
tmpresult2 = tmpresult2.orderBy(tmpresult2["count"].desc())
tmpresult2 = tmpresult2.withColumnRenamed("count","count_2")
tmpresult2 = tmpresult2.limit(10)
tmpdf3 = df.filter(df.behavior_type == '3')
tmpresult3 = tmpdf3.groupby("item_category").count()
tmpresult3 = tmpresult3.orderBy(tmpresult3["count"].desc())
tmpresult3 = tmpresult3.withColumnRenamed("count","count_3")
tmpresult3 = tmpresult3.limit(10)
tmpdf4 = df.filter(df.behavior_type == '4')
tmpresult4 = tmpdf4.groupby("item_category").count()
tmpresult4 = tmpresult4.orderBy(tmpresult4["count"].desc())
tmpresult4 = tmpresult4.withColumnRenamed("count","count_4")
tmpresult4 = tmpresult4.limit(10)
result5 = tmpresult1.join(tmpresult2,on='item_category',how='inner')\
                    .join(tmpresult3,on='item_category',how='inner')\
```

```
                            .join(tmpresult4,on='item_category',how='inner')
            result5.show(10)
```

结果如图 5-5-14 所示。

```
+-------------+-------+-------+-------+-------+
|item_category|count_1|count_2|count_3|count_4|
+-------------+-------+-------+-------+-------+
|        13230|  12153|    174|    163|     33|
|         5894|   9837|    166|    150|     30|
|         1863|   9610|    181|    181|     46|
+-------------+-------+-------+-------+-------+
```

图 5-5-14　计算浏览、收藏、加入购物车及购买数量排名前 10 的商品的交集

结果说明：从图 5-5-14 中可以看出，浏览、收藏、加入购物车及购买数量均排名前 10 的商品只有三个，分别是"13230""5894""1863"；在这四种行为中，浏览数量远高于其他三种，收藏和加入购物车数量较为相近，购买数量最少。

本节分别用 Hive 和 PySpark 介绍了数据分析的步骤和方法，其中 Hive 数据分析主要通过类似 SQL 的查询语言 HiveQL，在 Hive 命令行中进行数据的查询及分析；PySpark 是 Spark 的 Python API，通过 PySpark 可以方便地使用 Python 编写 Spark 应用程序，利用 spark-submit 命令可执行代码文件得到执行结果。

思考题

1. 试述大数据预处理包含哪些技术。
2. 试述批处理计算和流计算的区别。
3. 举例说明大数据挖掘所用到的算法。
4. 试述 YARN 包括哪些核心组件及每个组件的作用。
5. 举例说明大数据在教育行业的应用。

参考文献

[1] 匡松，李自力，康立. 大学计算机应用教程[M]. 3 版. 成都：西南财经大学出版社，2014.

[2] 王移芝，鲁凌云等. 大学计算机[M]. 6 版.北京：高等教育出版社，2019.

[3] 赵宏. 计算思维应用实例[M]. 北京：清华大学出版社，2015.

[4] 丛秋实. 大学计算机基础教程[M]. 北京：清华大学出版社，2017.

[5] 张义刚，李自力. 面向经管类专业的大学计算机基础教育[M]. 北京：高等教育出版社，2020.

[6] 匡松，梁庆龙. 大学计算机基础[M]. 成都：西南财经大学出版社，2011.

[7] 薛胜军. 计算机组成原理[M]. 4 版. 北京：清华大学出版社，2017.

[8] 唐朔飞. 计算机组成原理[M]. 2 版. 北京：高等教育出版社，2013.

[9] 雷震甲. 网络工程师教程[M]. 5 版. 北京：清华大学出版社，2018.

[10] 谢希仁. 计算机网络[M]. 7 版. 北京：电子工业出版社，2017.

[11] 张焕国. 信息安全工程师教程[M]. 北京：清华大学出版社，2016.

[12] 龙马高新教育. Windows 10 从新手到高手[M]. 北京：人民邮电出版社，2016.

[13] 龙马高新教育，Windows 10 使用方法与技巧从入门到精通 [M]. 北京：北京大学出版社，2019.

[14] 鼎翰文化. Windows 10 从入门到精通[M]. 北京：人民邮电出版社，2018.

[15] 教育部考试中心. 全国计算机等级考试三级教程——信息安全技术[M]. 北京：高等教育出版社，2019.

[16] 金山办公软件. 全国计算机等级考试二级教程 WPS Office 高级应用与设计[M]. 北京：高等教育出版社，2023.

[17] 何钰娟，朱烨. 办公软件高级应用 WPS Office [M]. 北京：高等教育出版社，2023.

[18] Excel Home.WPS Office 应用大全[M]. 北京：北京大学出版社，2023.

[19] 王珊，杜小勇，陈红. 数据库系统概论[M]. 6 版. 北京：高等教育出版社，2023.

[20] 伊恩·古德费洛. 深度学习[M]. 北京：人民邮电出版社，2017.

[21] Tom White. Hadoop 权威指南：大数据的存储与分析[M]. 4 版. 王海等，译. 北京：清华大学出版社，2017.

[22] Jiawei Han，Micheline Kamber. 数据挖掘：概念与技术[M]. 范明，孟小峰，译. 北京：机械工业出版社，2012.

[23] 林子雨. 大数据技术原理与应用：概念、存储、处理、分析与应用[M]. 3 版. 北京：人民邮电出版社，2021.